■ 采用中热硅酸盐水泥建成的长江三峡水电站大坝

■ 采用油井水泥固井的油田

■ 采用白色硅酸盐水泥装饰装修的国家大剧院

■ 采用 CA-50 铝酸盐水泥不定形耐火材料的水泥预分解窑新型干法厂

■ 采用 CA-60 铝酸盐水泥不定形耐火材料的火箭发射台

■采用快硬硫铝酸盐水泥负温施工建成的南极长城站

■ 1978 年采用快硬硫铝酸盐水泥冬季施工的北京复兴门前国家海洋局大楼（摄于 2012 年）

■ 为纪念国庆 60 周年采用快硬硫铝酸盐水泥快速修缮的北京天安门金水桥（摄于 2012 年）

■ 采用低碱度硫铝酸盐水泥 GRC 弧形外墙板建造的北京亚运村五洲大酒店（摄于 2012 年）

■ 1983 年采用快硬铁铝酸盐水泥砌筑的福建东山岛南门海堤
（摄于 2003 年）

■ 1993 年采用快硬铁铝酸盐水泥建造的北京西三环航天桥
（摄于 2012 年）

■ 1994 年采用快硬铁铝酸盐水泥建造的辽宁物产大厦
（摄于 2012 年）

SPECIAL CEMENTS OF CHINA

中国特种水泥

王燕谋 苏慕珍 路永华 章银祥 • 编著

中国建材工业出版社

图书在版编目(CIP)数据

中国特种水泥/王燕谋等编著. —北京:中国建材
工业出版社,2012.11
ISBN 978-7-5160-0228-5

I.①中… II.①王… III.①特种水泥—中国 IV.
①TQ172.79

中国版本图书馆CIP数据核字(2012)第185228号

内 容 简 介

本书全面、系统地介绍了当今中国的特种水泥,除绪论外,设特种硅酸盐水泥、铝酸盐水泥、硫铝酸盐水泥和其他类水泥四个篇章。在介绍重要特种水泥时,一般先是其物理化学理论,然后是其生产技术、性能与应用。书中既有中国特种水泥各品种的发展历史,又反映了其最新科技成就。

本书可作为水泥、建筑工程和其他相关行业专业人员的科技读物,也可作为相关院、校的教学用书。

中国特种水泥

王燕谋　苏慕珍　路永华　章银祥　编著

出版发行:中国建材工业出版社

地　　址:北京市西城区车公庄大街6号
邮　　编:100044
经　　销:全国各地新华书店
印　　刷:北京雁林吉兆印刷有限公司
开　　本:880mm×1230mm　1/32
印　　张:11.5
字　　数:336千字
版　　次:2012年11月第1版
印　　次:2012年11月第1次
定　　价:96.00元

本社网址:www.jccbs.com.cn
本书如出现印装质量问题,由我社发行部负责调换。联系电话:(010)88386906

作者简介

王燕谋，男，1932年11月生，江苏省张家港市人。

1956年毕业于南京工学院（现东南大学）化工系本科，1958年底赴苏联列宁格勒建工学院（现俄罗斯圣·彼得堡建筑大学）留学，1962年获苏联技术科学副博士学位。

大学毕业后在中国建筑材料科学研究总院工作，留学苏联归国后仍回到研究总院工作，历任水泥工艺室负责人、水泥研究所负责人、副院长和院长等职务，获工程师、高级工程师等职称。1982年调国家建筑材料工业局工作，历任副局长、局长等职务。

曾任第八届全国政协委员，中国硅酸盐学会第五届理事会理事长，国家建筑材料工业局第二、三、四届科学技术委员会主任，中国建材协会名誉会长。

在中国建材研究总院工作期间，参加试制大坝水泥；主持研究油井水泥缓凝机理和水热条件下水化硅酸钙形成理论；指导研究开发硫铝酸盐水泥、铁铝酸盐水泥和玻璃纤维增强水泥；主管水泥预分解窑试验项目。1978年到1979年曾被借调到国家建材总局任引进办公室负责人，组织引进国外日产4000吨熟料水泥新型干法成套设备，用于冀东水泥厂和宁国水泥厂建设。

在国家建材局工作期间，主持研究制订和组织实施中国建材工业技术政策；决策建设水泥新型干法、玻璃浮法、建筑陶瓷自动流水作业和玻璃纤维万吨池窑拉丝等主要建材产品新技术示范生产线；领导制订和实施建材工业"出口、节能、调整"发展方针；倡导和启动墙体材料革新和建筑节能；重点推进水泥预分解窑新型干法的发展，决定引进水泥新型干法设备设计和制造专利技术，提出和领导实施水泥T型发展战略；按中共中央十四届三中全会精神积极推进国家重点大中型建材企业改革。

1994年卸任国家建材工业局局长职务后，任中国国际工程咨询公司专家委员会顾问、中国投资协会特邀顾问和中国水泥协会高级顾问等职，继续帮助建材企业改革和发展。

参加试制大坝水泥,获全国科技大会奖;主持研究油井水泥缓凝机理,获建材部科技大会奖;指导研究开发铁铝酸盐水泥,获国家发明二等奖;主持研究制订中国建材工业技术政策,取得显著成效,获国家科技进步一等奖。

著作有:著《中国建筑材料工业概论》;合著《硫铝酸盐水泥》;编著《中国玻璃纤维增强水泥》;主编《当代中国的建筑材料工业》;主编《新中国建筑材料工业的创业者》;编著《中国水泥发展史》。

苏慕珍,女,1939年9月生于天津市宝坻县。

1957年入南京工学院(现东南大学)化工系硅酸盐专业学习。1962年毕业于南京化工学院(现南京工业大学)无机系水泥专业。

1962年10月起在中国建材总院从事水泥的物化性能、水化理论、水泥品种等研究工作。2003年退休。先后担任物化室主任、水泥所所长、建材研究总院副院长等职务。1986年被聘为高级工程师,1987年被聘为教授级高级工程师。曾任博士生导师。

担任主要项目负责人之一的硫铝酸盐水泥和铁铝酸盐水泥项目各获得国家发明二等奖,另获得部级科技进步奖多项。1986年被国家授予"中青年有突出贡献专家",1997年被授予国家级"科技先进工作者",1991年享受政府特殊津贴。

合著《硫铝酸盐水泥》一书。在国际及国内会议论文集上发表论文20余篇,国内有关杂志上发表文章40余篇。

路永华,女,1967年3月生,祖籍江苏省宜兴市,副教授,硕士研究生导师。

1989年于上海同济大学硅酸盐专业本科毕业。1989年考入武汉工业大学(现武汉理工大学)北京研究生部,师从于王燕谋、苏慕珍二位老师从事硫铝酸盐水泥微结构的研究,1992年获工学硕士学位。

1992年进入中国建材研究总院工作,从事硫铝酸盐水泥的研发及技术推广工作。参与研究的课题获得行业部级二等奖及院科学技术奖。

现为北京工业大学教师,从事教学及特种水泥的应用技术研究等工作。主持及参加了多项国外及国家攻关项目。研究成果 CSA 膨胀剂、SL 土壤固化剂、超早强高性能材料等已广泛应用于工程中,发表 EI 论文及核心论文 20 余篇。

章银祥,男,1967 年 4 月生,安徽省枞阳县人,高级工程师。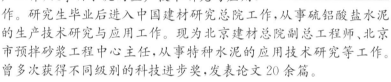

1989 年于南京化工学院(现南京工业大学)硅酸盐工程专业本科毕业。1992 年考入武汉工业大学(现武汉理工大学)北京研究生部,从事复合硫铝酸盐水泥的性能与其微观结构相关性的研究,1995 年获工学硕士学位。

1989 年至 1992 年,在安徽省安庆白水泥厂工作,从事白水泥的生产技术研究与应用工作。研究生毕业后进入中国建材研究总院工作,从事硫铝酸盐水泥的生产技术研究与应用工作。现为北京建材总院副总工程师、北京市预拌砂浆工程中心主任,从事特种水泥的应用技术研究等工作。曾多次获得不同级别的科技进步奖,发表论文 20 余篇。

发展出版传媒　　服务经济建设
传播科技进步　　满足社会需求

我 们 提 供

图书出版、图书广告宣传、企业定制出版、团体用书、会议培训、其他深度合作等优质、高效服务。

编 辑 部	图书广告	出版咨询	图书销售
010-68343948	010-68361706	010-68343948	010-68001605

jccbs@hotmail.com　　www.jccbs.com.cn

中国建材工业出版社
China Building Materials Press

前　言

　　中华人民共和国成立后,特种水泥突飞猛进地发展,形成了一个庞大的具有特色的品种体系。本书全面介绍中国的特种水泥。为更好地介绍特种水泥,作者对众多品种科学地进行了梳理并系统化;叙述中理论与实用并举,既突出重点又照顾到完整性;在内容上不仅有性能与应用,还有生产技术。使该书具有明显的特点。

　　中国特种水泥的系统化是通过分类来实现的。本书按国家标准 GB/T 4131—1997《水泥的命名、定义和术语》所规定的原则对特种水泥进行分类,并按此分类设置各篇章,揭示了品种间的内在联系,避免了随意性,提高了通用性。

　　水泥的物理性能是内部化学作用的外部表象。原料的配制、熟料的烧成、水泥的制备和使用,都离不开化学理论的指导;水泥品种的创新往往首先是理论上的突破;在特种水泥发展进程中,物化理论占有重要地位。本书介绍重要特种水泥时一般都先叙述其物化理论,不仅提高了学术水平,而且有利于读者正确理解和把握该种水泥的生产、性能和使用。

　　新中国创建以来,科研单位与企业、院校合作,研发出许多特种水泥新品种,其中有些品种已成为重要工业产品,正广泛应用于国家经济建设和国防建设。然而,另一些品种虽曾投入过试生产和试用,但至今已销声匿迹,未能推广。本书着重叙述了大批量生产和广泛应用的特种水泥品种,为保持完整性,对过去研发成功但目前已不用或不常用的品种,也作了扼要介绍。

　　20 世纪 70 至 80 年代,中国建筑材料科学研究总院在理论研究基础上开发成功硫铝酸盐水泥系列。自开发成功后,硫铝酸盐水泥连续生产和使用至今有 30 多年历史,已成为中国特种水泥不可分割的部分和中国特色的主要象征。与同类书相比,本书的特点之一是全面正确地叙述了硫铝酸盐水泥的理论、生产、性能和使用情况。

　　改革开放后,国民经济加速发展,对水泥品种不断提出新的要求,一些重要水泥品种标准几经修订,品种名称、技术要求和性能指标等发生很大变化,本书按现行标准论述特种水泥各品种。进入新世纪后,我国水泥工业生产技术基本实现了向世界最先进的新型干法的划时代转变,同时也推动了特种水泥生产技术的进步。本书中介绍了重点品种在生产技术方面的进步,全面反映了中国特种水泥的最新成就,内容上具有鲜明的时代特征。

发展特种水泥是水泥工业实现可持续发展的重要措施。为此既要进一步推广现有品种,还要不断开发新的品种。在这两方面都有很大发展空间。兴旺发达的特种水泥将使繁荣昌盛的中国水泥工业焕发出更加鲜丽的光彩。

中国特种水泥体系是由千万水泥工作者所创建,中国建筑材料科学研究总院从事水泥研究的几代人为之付出毕生精力,作出了突出贡献,本书是对前人研究成果的一次科学总结。期盼本书的出版能推进特种水泥更好更快地发展。

全书除绪论外设置四个篇章,第一篇特种硅酸盐水泥,第二篇铝酸盐水泥,第三篇硫铝酸盐水泥,第四篇其他类水泥。

在本书编著过程中,得到了水泥行业设计、科研和企业等单位领导和科技人员的珍贵帮助。他们是天津水泥工业设计研究院前院长侯宝荣、中国建筑材料科学研究总院院长姚燕、安徽海螺集团董事长郭文叁、山东山水水泥集团董事长张才奎、湖北葛洲坝水泥厂厂长潘德富、中国建筑材料科学研究总院院长助理颜碧兰、中国建筑材料科学研究总院水泥科学与新型建筑材料研究院副院长文寨军、中国建材南方水泥有限公司副总裁石珍明、中国建筑材料科学研究总院教授级高级工程师成希弼和资深水泥专家周季楠等。在此表示深切感谢。

书中难免有遗漏和差错,望读者批评指正。

作　者

2012 年 10 月

目　　录

绪　　论 ……………………………………………………… 1

 第一节　含义与定位 ………………………………………… 1

 第二节　发展史 ……………………………………………… 2

 第三节　分类与命名 ………………………………………… 3

 第四节　重要意义 …………………………………………… 7

第一篇　特种硅酸盐水泥

第一章　特种硅酸盐水泥基础化学理论 ……………… 11

 第一节　矿物组分的形成 ………………………………… 13

 第二节　主要矿物的水化 ………………………………… 20

 第三节　矿物的水化特性 ………………………………… 23

第二章　大坝水泥 ………………………………………… 26

 第一节　概述 ……………………………………………… 26

 第二节　物化理论 ………………………………………… 28

 第三节　中热硅酸盐水泥 ………………………………… 34

 第四节　低热矿渣硅酸盐水泥 …………………………… 44

 第五节　低热硅酸盐水泥 ………………………………… 49

 第六节　低热微膨胀水泥 ………………………………… 52

第三章　油井水泥 ………………………………………… 56

 第一节　概述 ……………………………………………… 56

 第二节　物化理论 ………………………………………… 60

 第三节　A级油井水泥 …………………………………… 65

 第四节　G级油井水泥和H级油井水泥 ………………… 67

 第五节　D级油井水泥 …………………………………… 70

 第六节　普通油井水泥其他品种 ………………………… 72

 第七节　关于普通油井水泥生产方法的讨论…………… 76

第八节　特种油井水泥 ……………………………………… 77
第四章　白色硅酸盐水泥 …………………………………… 80
　第一节　概述 ……………………………………………… 80
　第二节　物化理论 ………………………………………… 82
　第三节　技术要求 ………………………………………… 86
　第四节　生产技术 ………………………………………… 88
　第五节　其他白色水泥 …………………………………… 96
　第六节　彩色硅酸盐水泥 ………………………………… 97
第五章　特种硅酸盐水泥其他品种 ………………………… 100
　第一节　核电水泥 ………………………………………… 100
　第二节　道路硅酸盐水泥 ………………………………… 102
　第三节　抗硫酸盐硅酸盐水泥 …………………………… 104
　第四节　膨胀硅酸盐水泥和自应力硅酸盐水泥 ………… 106
　第五节　明矾石膨胀水泥和明矾石自应力水泥 ………… 111
　第六节　无收缩快硬硅酸盐水泥(CaO 膨胀剂) ………… 113
　第七节　快硬硅酸盐水泥 ………………………………… 120

第二篇　铝酸盐水泥

第六章　铝酸盐水泥基础化学理论 ………………………… 125
　第一节　矿物组分的形成 ………………………………… 125
　第二节　主要矿物的水化 ………………………………… 127
　第三节　矿物的水化特性 ………………………………… 129
　第四节　矿物特性比较 …………………………………… 130
第七章　铝酸盐水泥 ………………………………………… 131
　第一节　概述 ……………………………………………… 131
　第二节　物化理论 ………………………………………… 133
　第三节　CA-50 铝酸盐水泥 ……………………………… 137
　第四节　CA-60 铝酸盐水泥 ……………………………… 148
　第五节　CA-70 铝酸盐水泥和 CA-80 铝酸盐水泥 …… 151
第八章　铝酸盐水泥其他品种 ……………………………… 155
　第一节　概述 ……………………………………………… 155

第二节　物化理论 ·················· 155

第三节　快硬高强铝酸盐水泥 ·········· 157

第四节　特快硬调凝铝酸盐水泥 ········ 159

第五节　膨胀铝酸盐水泥 ············· 162

第六节　自应力铝酸盐水泥 ············ 165

第三篇　硫铝酸盐水泥

第九章　硫铝酸盐水泥基础化学理论 ········ 173

第一节　主要矿物 ················· 173

第二节　少量矿物 ················· 181

第三节　主要水化产物 ·············· 183

第四节　单矿物的水化 ·············· 187

第十章　普通硫铝酸盐水泥 ·············· 191

第一节　概述 ···················· 191

第二节　熟料化学 ················· 194

第三节　熟料生产 ················· 199

第四节　水泥制成 ················· 213

第五节　水泥水化理论 ·············· 218

第六节　快硬硫铝酸盐水泥和高强硫铝酸盐水泥 ·· 225

第七节　膨胀硫铝酸盐水泥和自应力硫铝酸盐水泥 ··· 239

第八节　低碱度硫铝酸盐水泥(GRC 水泥) ······ 246

第十一章　高铁硫铝酸盐水泥(铁铝酸盐水泥) ··· 253

第一节　概述 ···················· 253

第二节　熟料化学 ················· 254

第三节　熟料生产 ················· 256

第四节　水泥制成 ················· 259

第五节　水泥水化理论 ·············· 261

第六节　快硬铁铝酸盐水泥(海洋水泥)和

　　　　高强铁铝酸盐水泥 ·········· 263

第七节　膨胀铁铝酸盐水泥和自应力铁铝酸盐水泥 ··· 298

第八节　铁铝酸盐水泥与普通硫铝酸盐水泥的区别 ····· 309

第十二章　硫铝酸盐水泥其他品种和应用新领域 …………… 312
　第一节　其他品种 ………………………………………… 312
　第二节　应用新领域 ……………………………………… 315

第四篇　其他类水泥

第十三章　特种水泥其他品种 ……………………………… 319
　第一节　氟铝酸盐水泥 …………………………………… 319
　第二节　氯铝硅酸盐水泥(阿里尼特水泥) ……………… 327
　第三节　钡水泥和锶水泥 ………………………………… 332
第十四章　无熟料水泥 ……………………………………… 336
　第一节　石灰火山灰质水泥 ……………………………… 336
　第二节　石膏矿渣水泥 …………………………………… 337
　第三节　碱矿渣水泥 ……………………………………… 341
　第四节　地聚水泥 ………………………………………… 342

结束语 ………………………………………………………… 344

参考文献 ……………………………………………………… 345

绪　论

第一节　含义与定位

中国国家标准 GB/T 4131—1997《水泥的命名、定义和术语》第 2.1.1 项规定，水泥按其用途及性能分为三种：

（1）通用水泥，一般土木建筑工程通常采用的水泥；

（2）专用水泥，专门用途的水泥；

（3）特性水泥，某种性能比较突出的水泥。

在中国水泥界，将专用水泥和特性水泥统称为特种水泥。

特种水泥通过制作成混凝土（或砂浆）用于各种工程，这种混凝土通常称为特种混凝土。

特种混凝土，相对普通混凝土而言，是指具有特种性能的混凝土，有多种制备方法：

（1）通用水泥中掺入固体或液体外加剂。如喷射混凝土，由通用水泥掺促凝剂制成。

（2）通用水泥或特种水泥加特殊骨料。如防辐射混凝土，其制备方法之一是采用通用水泥或特种水泥掺大密度骨料或高结晶水骨料。

（3）采用特种水泥。如制备大体积混凝土时采用中热硅酸盐水泥。

（4）特种水泥加外加剂。如石油井固井时，按使用要求采用油井水泥与相应的外加剂。

从上可见，特种水泥主要用于制作特种混凝土，但特种混凝土并非全都是用特种水泥制成，还可用通用水泥掺外加剂或特种骨料制成。在施工实践中，由于成本和采购条件等原因，往往首选通用水泥的方案。然而，在大多数特种工程中，采用通用水泥方案制备的特种混凝土性能往往无法达到工程所需的技术条件，必须使用特种水泥制作的混凝土。自 1908 年发明铝酸盐水泥以来，特种水泥不断创新，持续发展，在近代，虽然受到混凝土外加剂的挑战，但从未停止过前进的步伐。实践表明，特种水泥有着不可取代的地位，具有独自的发展空间，是现代社会不可或缺的重要工业产品。

第二节 发 展 史

中国特种水泥的研究可追溯到 20 世纪 30 年代。1932 年王涛被聘任为启新洋灰公司总技师，从而结束了中国水泥工业一直聘用洋人担任总技师的历史。以后不久，王涛应母校校长、著名桥梁专家茅以升先生的邀请，着手研究抗海水侵蚀的水泥新品种，用于建设钱塘江大桥的墩基。通过调整熟料化学组成和水泥组分，王涛很快研制出能满足大桥建设所需的水泥，还亲临施工现场指导水泥使用，取得成功。后来，将这种水泥命名为"抗海水水泥"。王涛曾留学德国，师从世界著名水泥化学家库尔教授，具有深厚水泥化学造诣，因而能在较短时间内研制出抗海水水泥，开创了中国特种水泥研究的先河。

1947 年，王卓然开办的白色硅酸盐水泥厂在上海建成投产，从此开创了中国白水泥生产的历史。该厂装备了 $\Phi 0.93/1.18 \times 20.86m$ 回转窑，采用重油煅烧熟料，日产水泥近 8 吨。1948 年工厂搬迁到江苏苏州，定名为苏州光华水泥厂，后来成为新中国白水泥生产的发祥地。王卓然在生产过程中发明白水泥熟料的水介质漂白技术，大大改善了水泥的白度，为此获得国家发明奖。

1949 年中华人民共和国成立后，水泥品种和生产技术的研究开发从市场经济中的企业行为改变为计划经济条件下的政府行为，由政府出资组建的科研单位承担。特种水泥的研究单位主要是中国建筑材料科学研究总院。新中国的水泥科学研究是从制定标准和开发新品种起步的。为研究开发新品种，中国建筑材料科学研究总院前身水泥工业研究院设立了品种室和工艺室。王涛时任院长，赵庆杰和缪纪生首任品种室主任和工艺室主任，他们对我国水泥品种发展，发挥了重要作用。中国建筑材料科学研究总院特种水泥的研究与开发经历了以下三个阶段。

(1) 仿造阶段。新中国诞生初期，中共中央在经济领域推行"向苏联学习"的方针。在这种形势下，中国建筑材料科学研究总院自然地从仿照苏联技术着手，开始特种水泥新品种的研究开发。20 世纪 50 年代仿造出的产品有快硬硅酸盐水泥、油井水泥和大坝水泥等，它们都成功应用于各种工程。

(2) 开发阶段。在使用过程中发现，一些仿造产品不能全部适应我国企业生产和工程建设的要求。在这种情况下，中国建筑材料科学研究总院按我国原料特征和使用条件，对特种水泥的研究由仿造转向自主开发。例如：研究铝酸盐水泥时，开始仿照苏联的倒焰窑工艺，后来改用回转窑工艺，取得成功，使铝酸盐水泥能连续生产，满足了大批量使用含铁量较低原料的要求。又例如：按苏联技术条件和质量评定标准，仿造出冷井和热井两个油井水泥品种，但由于我国油井地质条件不同，这两个品种不能满足油田建设需要，中国建筑材料科学研究总院在此基础上开发出 45℃、75℃、95℃和 150～180℃油井水泥系列，并成功应用于各油田建设，为我国 20 世纪 60～80 年代自力更生发展石油生产事业作出了贡献。

（3）创新阶段。中国建筑材料科学研究总院水泥品种研究由仿造阶段走向开发阶段的同时，1958 年成立水泥物理化学研究室，刘公诚首任室主任，标志着中国建筑材料科学研究总院的研究工作进入了更深层次。数十年来，该室对水泥熟料化学、水化化学和水泥石结构进行了大量研究，积累了丰硕理论知识，在这基础上发明了硫铝酸盐水泥和高自应力铝酸盐水泥等新品种。中国建筑材料科学研究总院其他研究单位借助物化室的设备和理论知识，开展科学研究，也取得很多成果，中国建筑材料科学研究总院水泥品种研究进入到不断创新的新阶段。

改革开放后实行社会主义市场经济，特种水泥研究由政府行为改为市场行为，研究主体由科研单位转变为科技企业和生产企业。中国建筑材料科学研究总院从事业单位改制为科技企业，使用自有资金和申请国家专项资金开展理论研究和新品种开发。安徽海螺集团、广西渔峰水泥集团有限公司、湖北华新水泥股份有限公司、中建材中联水泥公司和河北唐山北极熊建材有限公司等许多企业都加入到研究开发水泥新品种的行列。企业研究开发水泥新品种的特点是研究与生产相结合，生产是为满足市场需求，研究开发周期短，经济效益高，使品种开发走上新台阶。

第三节　分类与命名

1984 年 1 月 17 日国家标准局发布了国家标准 GB 4131—84《水泥命名原则》，于 1985 年 1 月 1 日开始实施。水泥品种的分类与命名从此有章可循。

1997 年该标准进行修订，1998 年 2 月 1 日实施新标准 GB/T 4131—1997《水泥的命名、定义和术语》，取代老标准 GB 4131—84。

现行国家标准 GB/T 4131—1997 第 2.1.2 项规定，水泥按主要水硬性物质名称分为：

（1）硅酸盐水泥即国外统称的波特兰水泥；

（2）铝酸盐水泥；

（3）硫铝酸盐水泥；

（4）铁铝酸盐水泥；

（5）氟铝酸盐水泥；

（6）以火山灰性或潜在水硬性材料以及其他活性材料为主要组分的水泥。

按国家标准 GB/T 4131—1997 第 2.1.1 项规定，上述六类水泥的种别为：硅酸盐水泥既有通用的也有特种用途的，属特种用途的称为特种硅酸盐水泥；铝酸盐水泥为特种水泥；硫铝酸盐水泥为特种水泥；铁铝酸盐水泥为特种水泥，并且是硫铝酸盐水泥类中的一个品种系列；氟铝酸盐水泥为特种水泥；以火山灰性或潜在水硬性材料以及其他活性材料为主要组分的水泥，按中国惯例，将它们分类于无熟料水泥。

遵照国家标准 GB/T 4131—1997 第 2.1.1 项规定和第 2.1.2 项规定，特种水泥可分成以下四类：

（1）特种硅酸盐水泥；

（2）铝酸盐水泥；

（3）硫铝酸盐水泥；

（4）特种水泥其他品种，包括氟铝酸盐水泥和氯铝硅酸盐水泥等。

在现有报道中可以看到，各种水泥分类方法的依据不外乎用途、性能和主要矿物组成。水泥用途由性能所决定，而性能则由组成所决定，所以按矿物组成进行分类是科学的，既揭示了各类水泥间的本质区别，又表明了本类水泥各品种间的内在联系。

国家标准 GB/T 4131—1997 第 2.2.3 项规定，专用水泥以其专门用途命名，并可冠以不同型号。第 2.2.4 项规定，特性水泥以水泥的主要水硬性矿物名称冠以水泥的主要特性命名，并可冠以不同型号或混合材名称。根据这两项规定，对前述四类特种水泥可作进一步细分。

例如：特种硅酸盐水泥可分为：大坝水泥系列、油井水泥系列、装饰水泥系列和特种硅酸盐水泥其他品种系列等，而大坝水泥系列又可细分为：中热硅酸盐水泥、低热矿渣硅酸盐水泥、低热硅酸盐水泥和低热微膨胀水泥等品种。

又例如：硫铝酸盐水泥可分为：普通硫铝酸盐水泥系列和高铁硫铝酸盐水泥即铁铝酸盐水泥系列，而普通硫铝酸盐水泥系列又可细分为：快硬硫铝酸盐水泥、膨胀硫铝酸盐水泥、自应力硫铝酸盐水泥和低碱度硫铝酸盐水泥等品种。

根据国家标准 GB/T 4131—1997 第 2 项规定"水泥的分类和命名原则"，中国特种水泥的分类列于下表所示。

中国特种水泥分类表

类　别	系　列		品　种
特种硅酸盐水泥	大坝水泥		中热硅酸盐水泥
			低热硅酸盐水泥
			低热矿渣硅酸盐水泥
			低热微膨胀水泥
	油井水泥	通用油井水泥	A 级油井水泥
			B 级油井水泥
			C 级油井水泥
			D 级油井水泥
			E 级油井水泥
			F 级油井水泥
			G 级油井水泥
			H 级油井水泥
		特种油井水泥	超深油井水泥
			低比重油井水泥
			膨胀油井水泥
	装饰水泥		白色硅酸盐水泥
			彩色硅酸盐水泥

续表

类　别	系　列	品　种
特种硅酸盐水泥	特种硅酸盐水泥其他品种	核电水泥
		道路硅酸盐水泥
		抗硫酸盐硅酸盐水泥
		膨胀硅酸盐水泥和自应力硅酸盐水泥
		明矾石膨胀水泥和明矾石自应力水泥
		无收缩快硬硅酸盐水泥
		快硬硅酸盐水泥
铝酸盐水泥	铝酸盐水泥	CA-50 铝酸盐水泥
		CA-60 铝酸盐水泥
		CA-70 铝酸盐水泥
		CA-80 铝酸盐水泥
	铝酸盐水泥其他品种	快硬高强铝酸盐水泥
		特快硬调凝铝酸盐水泥
		膨胀铝酸盐水泥
		自应力铝酸盐水泥
硫铝酸盐水泥	普通硫铝酸盐水泥	快硬硫铝酸盐水泥
		膨胀硫铝酸盐水泥
		自应力硫铝酸盐水泥
		低碱度硫铝酸盐水泥
	高铁硫铝酸盐水泥即铁铝酸盐水泥	快硬铁铝酸盐水泥（海洋水泥）
		膨胀铁铝酸盐水泥
		自应力铁铝酸盐水泥
特种水泥其他品种	氟铝酸盐水泥	型砂水泥
		快硬快硬硅酸盐水泥
		快凝快硬氟铝酸盐水泥
	特种水泥其他品种	氯铝硅酸盐水泥即阿里尼特水泥
		钡水泥
		锶水泥

本书特种水泥的分类和命名方法有以下特点：

（1）按国家标准进行分类和命名，具有权威性，可作为特种水泥统一的分类和命名方法。

（2）按水泥主要矿物组成进行分类和命名，具有高度科学性，有利于研究者进一步开发新品种，便于客户对不同水泥的识别。

（3）按用途和主要特性进行分类和命名，具有实用性，有利于产品的推广和应用。

（4）此分类和命名方法揭示了中国特种水泥是一个独立的品种科学体系。

第四节　重　要　意　义

特种水泥与通用水泥相比，有着不同的生产工艺和使用性能，在国民经济发展中发挥着不同的作用，同时也是不可缺少的社会产品。发展特种水泥具有重要意义，因为它是：

1. 国民经济必需的功能材料

石油是涉及国家经济命脉的重要工业产品。油田建设中最主要的任务是油井建设。固井是油井建设工序中最后一步，也是最关键的一步。如果固井失败，历尽艰险打成的油井将全部报废，造成时间和经济方面的巨大损失。为确保固井成功，选择固井材料十分重要，油井水泥则是目前无可取代的油田固井材料。

石化、冶金和水泥等工业广泛采用不定形耐火材料作窑炉内衬。耐火水泥是配制不定形耐火材料的主要组分，是工业生产中必需的配套材料。为延长窑炉内衬使用寿命，从而提高设备运转率和企业效益，耐火水泥发挥着关键性的作用。

2. 资源节约型工程结构材料

20世纪50年代，我国大坝水泥刚试制成功，尚未推广。当时，浙江新安江水电站大坝建设中采取了埋设钢管通水的方法进行坝体内部冷却。河南三门峡水电站建成后，大坝水泥被普遍推广，不再采用钢管通水的冷却方法。相比之下，采用大坝水泥的技术措施可节省大量钢材并降低造价。

采用通用水泥建设的海洋工程，在常年海水浸泡和海风劲吹的部位，使用 3~4 年后一般就得进行修补。采用快硬铁铝酸盐水泥建设的海洋工程，使用 10 年后仍完好无损，不仅可节省修补材料和相应费用，而且大大提高了海洋工程的安全性。

采用膨胀硫铝酸盐水泥取代通用硅酸盐水泥建造防水工程，不需做防水处理，从而可节省防水处理时所需的材料和人力，并且加快了工程进度。

采用快硬硫铝酸盐水泥时，在冬季施工中不需现场蒸汽养护，在水泥制品生产中不需蒸汽养护工序。取消蒸汽养护的技术措施可节省能源、缩短工期并提高经济效益。

3. 环境友好型工业产品

硫铝酸盐水泥熟料中氧化钙含量较低，生料中石灰石用量减少，使熟料烧成时排出的二氧化碳气体量下降。此外，硫铝酸盐水泥熟料的烧成温度比硅酸盐水泥熟料的低 100℃，因而燃煤所产生的二氧化碳气体量也减少。两者相加，硫铝酸盐水泥熟料的生产比硅酸盐水泥熟料的生产可减排二氧化碳气体量约 30%。

硫铝酸盐水泥生产中可大量利用废弃的低品位矾土和工业废渣。

白色硅酸盐水泥在施工和使用中不会挥发出有毒气体，是绿色装饰装修材料。

开发和推广特种水泥是水泥行业促进提高社会效益、创建资源节约型与环境友好型社会和可持续发展的重要手段。

第一篇
特种硅酸盐水泥

第一章 特种硅酸盐水泥基础化学理论

为撰写方便，本书叙述中的化合物化学分子式按表 1-1"化合物化学式简写对照表"，用简写化学式表示。

表 1-1 化合物化学式简写对照表

化合物化学式	简写化学式
$3CaO \cdot SiO_2$	C_3S
$2CaO \cdot SiO_2$	C_2S
$3CaO \cdot 2SiO_2$	C_3S_2
$CaO \cdot SiO_2$	CS
$4CaO \cdot 2SiO_2 \cdot CaSO_4$	$C_4S_2 \cdot CaSO_4$
$3CaO \cdot Al_2O_3$	C_3A
$12CaO \cdot 7Al_2O_3$	$C_{12}A_7$
$5CaO \cdot 3Al_2O_3$	C_5A_3
$CaO \cdot Al_2O_3$	CA
$CaO \cdot 2Al_2O_3$	CA_2
$CaO \cdot 6Al_2O_3$	CA_6
$3CaO \cdot 3Al_2O_3 \cdot CaSO_4$	$C_4A_3\bar{S}$
$2CaO \cdot Al_2O_3 \cdot SiO_2$	C_2AS
$11CaO \cdot 7Al_2O_3 \cdot CaF_2$	$C_{11}A_7 \cdot CaF_2$
$2CaO \cdot Fe_2O_3$	C_2F
$CaO \cdot Fe_2O_3$	CF
$CaO \cdot 2Fe_2O_3$	CF_2
$6CaO \cdot 2Al_2O_3 \cdot Fe_2O_3$	C_6A_2F
$4CaO \cdot Al_2O_3 \cdot Fe_2O_3$	C_4AF
$6CaO \cdot Al_2O_3 \cdot 2Fe_2O_3$	C_6AF_2

续表

化合物化学式	简写化学式
$MgO \cdot Al_2O_3$	MA
$CaO \cdot TiO_2$	CT
$xCaO \cdot SiO_2 \cdot yH_2O$ (gel)	C-S-H (gel)
$(0.8\sim1.5) CaO \cdot SiO_2 \cdot (0.5\sim2.5) H_2O$ （I）	C-S-H （I）
$(0.8\sim1.5) CaO \cdot SiO_2 \cdot (0.5\sim2.5) H_2O$ （B）	CSH （B）
$(1.5\sim2.0) CaO \cdot SiO_2 \cdot (1\sim4) H_2O$ （II）	C-S-H （II）
$2CaO \cdot SiO_2 \cdot 2H_2O$	C_2SH_2
$2CaO \cdot SiO_2 \cdot 2H_2O$ （A）	C_2SH_2 （A）
$2CaO \cdot SiO_2 \cdot 2H_2O$ （C）	C_2SH_2 （C）
$3CaO \cdot SiO_2 \cdot 2H_2O$	C_3SH_2
$4CaO \cdot 5SiO_2 \cdot 5H_2O$	$C_4S_5H_5$
$4CaO \cdot Al_2O_3 \cdot 13H_2O$	C_4AH_{13}
$2CaO \cdot Al_2O_3 \cdot 8H_2O$	C_2AH_8
$3CaO \cdot Al_2O_3 \cdot 6H_2O$	C_3AH_6
$CaO \cdot Al_2O_3 \cdot 10H_2O$	CAH_{10}
$3CaO \cdot Al_2O_3 \cdot CaSO_4 \cdot 12H_2O$	$C_3A \cdot CaSO_4 \cdot 12H_2O$
$3CaO \cdot Al_2O_3 \cdot 3CaSO_4 \cdot 32H_2O$	$C_3A \cdot 3CaSO_4 \cdot 32H_2O$
$3CaO \cdot (Al_2O_3 \cdot Fe_2O_3) \cdot CaSO_4 \cdot 12H_2O$	$C_3(A \cdot F) \cdot CaSO_4 \cdot 12H_2O$
$3CaO \cdot (Al_2O_3 \cdot Fe_2O_3) \cdot 3CaSO_4 \cdot 32H_2O$	$C_3(A \cdot F) \cdot 3CaSO_4 \cdot 32H_2O$
$3CaO \cdot Al_2O_3 \cdot CaCO_3 \cdot 11H_2O$	$C_3A \cdot CaCO_3 \cdot 11H_2O$
$3CaO \cdot Al_2O_3 \cdot 3CaCO_3 \cdot 32H_2O$	$C_3A \cdot 3CaCO_3 \cdot 32H_2O$
$4CaO \cdot Fe_2O_3 \cdot 13H_2O$	C_4FH_{13}
$3CaO \cdot Fe_2O_3 \cdot 6H_2O$	C_3FH_6
$4CaO \cdot (Al_2O_3 \cdot Fe_2O_3) \cdot 13H_2O$	$C_4(A \cdot F)H_{13}$
$3CaO \cdot (Al_2O_3 \cdot Fe_2O_3) \cdot 6H_2O$	$C_3(A \cdot F)H_6$

特种硅酸盐水泥的基本特征是，其熟料主要矿物组成与硅酸盐水泥熟料一样，有硅酸三钙（C_3S）、硅酸二钙（C_2S）、铝酸三钙（C_3A）和铁铝酸四钙（C_4AF）。这些矿物的形成、水化和基本性能构成了特种硅酸盐水泥的基础化学理论。

第一节 矿物组分的形成

用化学系统的物相平衡图来阐明矿物组分的形成。与特种硅酸盐水泥熟料矿物组分相关的化学系统有：$CaO\text{-}SiO_2$、$CaO\text{-}Al_2O_3$、$CaO\text{-}Fe_2O_3$、$CaO\text{-}SiO_2\text{-}Al_2O_3$、$CaO\text{-}Al_2O_3\text{-}Fe_2O_3$ 和 $CaO\text{-}SiO_2\text{-}Al_2O_3\text{-}Fe_2O_3$ 六个系统。

1. $CaO\text{-}SiO_2$ 二元系统

J. H. Welch 和 W. Gutt[1] 提供的 $CaO\text{-}SiO_2$ 二元系统相平衡图示于图 1-1。

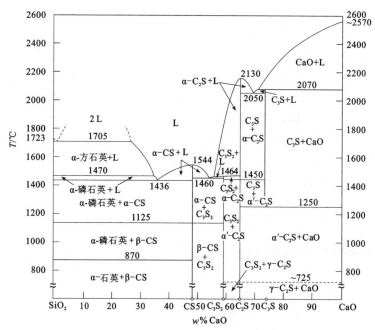

图 1-1 $CaO\text{-}SiO_2$ 二元系统相平衡图

从图 1-1 可以看到，CaO-SiO_2 系统内有四个化合物：CS、C_3S_2、C_2S 和 C_3S。在硅酸盐水泥熟料中，硅灰石 CS 和硅钙石 C_3S_2 不存在，而 C_3S 和 C_2S 则是最主要矿物组分。

C_3S 是不一致熔融化合物，存在于 2070℃ 到 1250℃ 温度区间内，超过 2070℃ 出现 CaO 和液相。在 2050℃，与 α-C_2S 有一个低共熔点。温度低于 1250℃ 时，如果在平衡条件下冷却，C_3S 分解为 α′-C_2S 和 CaO；如果在不平衡条件下冷却，如急冷，C_3S 便以介稳状态保留到室温。介稳状态的 C_3S 具有较高内能，表现为活性很大，与水反应能力很强。为获得介稳状态的 C_3S，须从 1250℃ 开始采取急冷措施，这是硅酸盐水泥熟料出窑后必须在冷却机内进行急冷的理论依据。F. M. Lea[2] 提供的资料表明，介稳状态的 C_3S 有六种晶型：三个三斜型（即 T_I、T_{II}、T_{III}）；两个单斜型（即 M_I、M_{II}）；一个三方型 R。这些晶型的转变温度为：

$$R \underset{1050℃}{\rightleftharpoons} M_{II} \underset{990℃}{\rightleftharpoons} M_I \underset{980℃}{\rightleftharpoons} T_{III} \underset{920℃}{\rightleftharpoons} T_{II} \underset{600℃}{\rightleftharpoons} T_I$$

在硅酸盐水泥熟料中，C_3S 一般为单斜型，有时会发现有三斜型和三方型。C_3S 在形成过程中具有熔融其他氧化物的能力，包括钠、镁等轻金属氧化物和铬、镉等重金属氧化物。这种固熔物称为阿里特。阿里特固熔的金属氧化物不会被浸出。

C_2S 是一致熔融化合物，熔点是 2130℃，在熔点以下的不同温度区间内，C_2S 呈不同的晶型。在平衡条件下，C_2S 在 1450～2130℃ 范围内呈六方结构的 α-C_2S 型，低于 1450℃ 时会可逆地转变为斜方晶系的 α′-C_2S 型，在 725℃ 左右则可逆地转变为相同晶系的 γ-C_2S 型。如果在不平衡条件下冷却，如急冷，α′-C_2S 在 650～670℃ 温度范围内会可逆地转变为 β-C_2S，并保持到室温。如果 β-C_2S 在 525℃ 左右停止急冷，又重新回到平衡条件下冷却，即慢冷，β-C_2S 会不可逆地转变为 γ-C_2S，并且伴随体积膨胀，发生晶体的粉化现象。γ-C_2S 在常温下没有活性，所以在水泥熟料生产中必须避免粉化现象的发生。根据晶型转化原理，经冷却机急冷处理后的硅酸盐水泥熟料中的 C_2S 是属于介稳状态的 β-C_2S，它具有很好的后期水化活性。β-C_2S 与 C_3S 一样也能固熔金属氧化物，该固熔体称为贝利特。

阿里特和贝利特固熔重金属氧化物并不会被水浸出的特性，是水泥工业协同处理城市有毒废弃物的理论依据之一。

2. CaO-Al_2O_3 二元系统

G. A. Rawkin 和 F. E. Wright[1] 研究得出的 CaO-Al_2O_3 二元系统相平衡图示于图 1-2 和图 1-3。

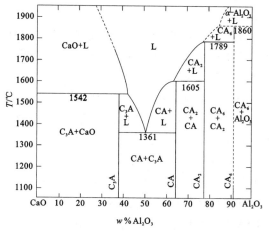

图 1-2　在干空气中的 CaO-Al_2O_3 二元系统相平衡图

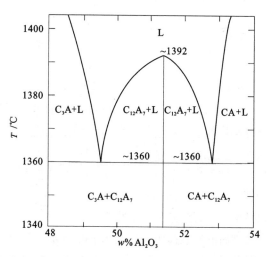

图 1-3　在正常湿度空气中的 CaO-Al_2O_3 系统部分相图

从图 1-2 可看出，CaO-Al_2O_3 系统中存在四个化合物：C_3A、CA、CA_2 和 CA_6。其中，C_3A 是硅酸盐水泥熟料中的四个主要矿物之一，CA、CA_2 和 CA_6 存在于铝酸盐水泥中。C_3A 是不一致熔融化合物，在 1542℃ 转变为 CaO 和液相。此外，C_3A 与 CA 在 1361℃ 有一个低共熔点。C_3A 为粒度相等的颗粒，有时呈现出晶体轮廓，属立方晶系。

从图 1-3 看到，在正常湿度空气中加热 CaO-Al_2O_3 混合物，能生成一致熔化合物 $C_{12}A_7$，熔点为 1392℃。$C_{12}A_7$ 还能与 C_3A 有一个低共熔点，其温度大约在 1360℃。$C_{12}A_7$ 亦即 C_5A_3，二者组成上的差别很小。$C_{12}A_7$ 矿物在硅酸盐水泥熟料中很少见到。对比图 1-1 和图 1-3 还可以看到，C_3S 与 CaO 的转熔点为 2070℃，而 C_3A 与 CaO 的转熔点为 1542℃；C_2S 的一致熔温度为 2130℃，$C_{12}A_7$ 的一致熔温度为 1392℃；C_3S 与 C_2S 的低共熔点为 2050℃，而 C_3A 与 CA 的低共熔点为 1361℃。从对比数据可得出 C_3A 和 $C_{12}A_7$ 在加热过程中出现液相的温度比 C_3S 和 C_2S 要低得多。

3. CaO-Fe_2O_3 二元系统

B. Phillips 和 A. Muan[1] 对 CaO-Fe_2O_3 二元系统的最新研究结果示于图 1-4。

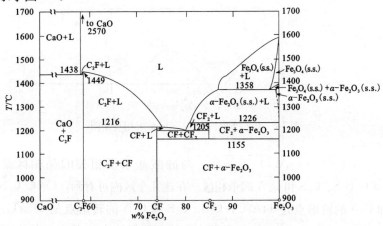

图 1-4 CaO-Fe_2O_3 二元系统相平衡图

从图 1-4 看到，CaO-Fe_2O_3 系统内有 C_2F、CF 和 CF_2 三个化合

物。C_2F 是一致熔融化合物，熔点是 1449℃。C_2F 与 CaO 的低共熔点为 1438℃，比 C_3A 与 CaO 的转熔点 1542℃低 100 多度。C_2F 在硅酸盐水泥熟料中并不存在，但它是熟料铁相固熔系列中的一个重要组分。

4. CaO-SiO_2-Al_2O_3 三元系统

E. F. Osbern 和 A. Muan[1] 的 CaO-SiO_2-Al_2O_3 系统的相平衡图示于图 1-5。

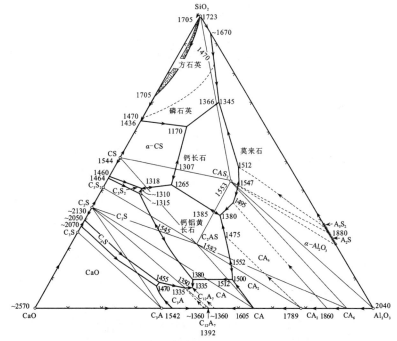

图 1-5　CaO-SiO_2-Al_2O_3 三元系统相平衡图

在 CaO-SiO_2-Al_2O_3 系统中，与硅酸盐水泥相关的晶相区是 CaO、C_3S、C_2S 和 C_3A 四个相区。在这几个区内可看到，CaO、C_3S 和 C_3A 的转熔点是 1470℃；C_3S、C_2S 和 C_3A 的转熔点是 1455℃。对比图 1-1 与图 1-5 可以得出，CaO 与 C_3S 系统由于 C_3A 的加入而使转熔点下降了 600℃；C_3S 与 C_2S 系统由于 C_3A 的加入而使液相出现的温度下降了 595℃。这说明 C_3A 矿物在硅酸盐水泥熟料中不仅影响其性能，还起到降低烧成温度的作用。

5. CaO-Al_2O_3-Fe_2O_3 三元系统

T. W. Newkirk 和 R. D. Thwaite[1] 制作的 CaO-CA-C_2F 系统相平衡图示于图 1-6。

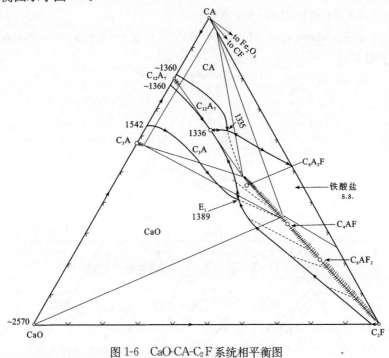

图 1-6 CaO-CA-C_2F 系统相平衡图

从图 1-6 可看到，硅酸盐水泥熟料四个主要矿物之一的 C_4AF 是 C_6A_2F-C_2F 固熔系列中的一个固熔化合物。在该图中还可看出，CaO、C_3A 与铁酸盐（Ferrite，组成接近 C_4AF）之间的转熔点为 1389℃；C_3A、$C_{12}A_7$ 与铁酸盐的低共熔点为 1336℃。图 1-2 表明 CaO 与 C_3A 的转熔点为 1542℃，C_3A 与 $C_{12}A_7$ 的低共熔点为 1336℃。通过比较可以得出，由于铁酸盐相组分的存在使 CaO-C_3A 和 C_3A-$C_{12}A_7$ 系统出现液相的温度明显下降了。

6. CaO-SiO_2-Al_2O_3-Fe_2O_3 四元系统

F. M. Lea 和 T. W. Parker[1] CaO-C_2S-"C_5A_3"（$C_{12}A_7$）-C_4AF 系

统相平衡图示于图 1-7。

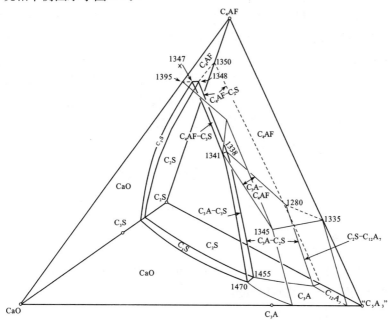

图 1-7　CaO-C_2S-"C_5A_3"-C_4AF 系统相平衡图

图 1-7 所示的 CaO-C_2S-$C_{12}A_7$-C_4AF 系统是 CaO-SiO_2-Al_2O_3-Fe_2O_3 大系统中的一个子系统。该子系统相图是由 CaO-C_2S-C_4AF、CaO-C_2S-$C_{12}A_7$、CaO-C_4AF-$C_{12}A_7$ 和 C_2S-C_4AF-$C_{12}A_7$ 四个平面组成的三向立体图。硅酸盐水泥熟料组成相区位于这个三向立体相图中。

在这个相图中可看出，CaO-C_3S-C_3A-C_4AF 的转熔点温度是 1341℃，C_3S-C_2S-C_3A-C_4AF 的转熔点是 1338℃。对比图 1-5 可得出，CaO-C_3S-C_3A 的转熔点因 C_4AF 的存在而降低了 129℃，C_3S-C_2S-C_3A 的转熔点因 C_4AF 的加入而下降了 117℃。这些数据说明 C_4AF 具有降低液相出现温度的作用。

按相图可得出，C_3S-C_2S-C_3A-C_4AF 系统出现液相的温度是 1338℃。随着温度升高，液相量增加，另外，液相粘度也会降低。研究表明，C_3S 主要通过液相进行重结晶而大量形成；液相的数量

和液相粘度对 C_3S 重结晶有很大影响。为保证 C_3S 大量形成须通过调节烧成温度来获得合适的液相量和液相粘度。因此，硅酸盐水泥熟料烧成温度必须控制在 $1350\sim1450℃$，通常是在 $1400℃$ 到 $1450℃$。

C_3S-C_2S-C_3A-C_4AF 系统在高温下的液相数量和液相粘度与系统组成密切相关。例如，提高 C_3A 和 C_4AF 的比例会使液相量增多；减少 C_3A 比例则使液相粘度下降。所以，通过改变矿物组成生产特种硅酸盐水泥熟料时必须相应调整烧成工艺。

第二节　主要矿物的水化

矿物水化与矿物形成一样是水泥化学的重要方面。在叙述水化过程前，先介绍特种硅酸盐水泥相关的水化产物。

1. 水化产物

特种硅酸盐水泥水化产物主要包括水化硅酸钙、水化铝酸钙、水化铁酸钙和水化硫铝酸钙等。

（1）水化硅酸钙

水化硅酸钙有天然水化硅酸钙和人工水化硅酸钙两类，人工水化硅酸钙又分常温生成的和水热条件下生成的两类[1]。

在常温下，特种硅酸盐水泥浆体中生成的水化硅酸钙是水化硅酸钙凝胶，通常用 C-S-H gel 来表示。C-S-H gel 分低钙型水化硅酸钙凝胶和高钙型水化硅酸钙凝胶两种。低钙型水化硅酸钙现在通常用 C-S-H（Ⅰ）表示，过去曾用 CSH（B）代表[2]，其 CaO 和 SiO_2 的摩尔比为 $0.8\sim1.5$，在电子显微镜下呈箔状碎片。高钙型水化硅酸钙现在用 C-S-H（Ⅱ）表示，曾用 C_2SH_2（A）代表，其 CaO 和 SiO_2 的摩尔比为 $1.5\sim2.0$，呈纤维状。这两种水化物凝胶生长成晶体后的结构，类似于天然水化硅酸钙托勃莫来石，所以，对它们统称为托勃莫来石凝胶。

在水热条件下合成的水化硅酸钙达数十种，在特种硅酸盐水泥浆体中遇到的主要有 C_2SH_2（A）和 CSH（B）。从本质上看，C_2SH_2（A）就是结晶度较高的 C-S-H（Ⅱ），CSH（B）就是结晶度较高的 C-S-H（Ⅰ）。CSH（B）形成温度主要在 $100\sim175℃$，进一步提高温度，它会转变成结晶度更好的层状结构的托勃莫来石 $C_4S_5H_5$。

（2）水化铝酸钙

水化铝酸钙是水泥水化物中的一个大类[2]。在特种硅酸盐水泥浆体中可见到的有 C_4AH_{13}、C_2AH_8 和 C_3AH_6。与常温下的水化硅酸钙不同的是它们都是结晶度很好的晶体。C_4AH_{13} 和 C_2AH_8 都是六方片状晶体，在常温下属介稳态化合物，条件发生变化时，如环境温度升高时，它们很易转变成稳定的 C_3AH_6。C_3AH_6 为立方型晶体，密度较高，X 射线衍射谱上晶面清晰，容易鉴别，是硅酸盐水泥硬化体中常见的一个稳定化合物。

（3）水化铁铝酸钙

水化铁铝酸钙是一个水化固溶体。C_3AH_6 与 C_3FH_6 同属立方晶型，C_3AH_6 是一个稳定的晶体，而 C_3FH_6 则是不稳定的晶体。两者在同一反应体系内会产生固溶现象，C_3FH_6 中的铁离子进入 C_3AH_6 的晶格中，生成水化铁铝酸钙固溶体[2]。该固溶体常用 $C_3(A \cdot F)H_6$ 表示。

（4）水化硫铝酸钙

水化硫铝酸钙分高硫型水化硫铝酸钙和低硫型水化硫铝酸钙两种。高硫型水化硫铝酸钙属六方晶系，一般呈针状晶型，化学式一般写为 $C_3A \cdot 3CaSO_4 \cdot 32H_2O$，简写为 AFt。低硫型水化硫铝酸钙属假六方晶系，一般呈六方片状晶型，化学式一般写为 $C_3A \cdot CaSO_4 \cdot 12H_2O$，简写为 AFm。

高硫型水化硫铝酸钙与低硫型水化硫铝酸钙会相互转换，低硫型水化硫铝酸钙在石灰饱和溶液中存在足够数量 $CaSO_4$ 的条件下，会转变成高硫型水化硫铝酸钙。高硫型水化硫铝酸钙在 $CaSO_4$ 不足的条件下会转变成低硫型水化硫铝酸钙。此外，高硫型水化硫铝酸钙的热稳定性较差，超过 90℃ 时会转变成低硫型水化硫铝酸钙。

2. C_3S 和 $\beta\text{-}C_2S$ 的水化

学界一般认为，C_3S 遇水后会形成高钙型水化硅酸钙凝胶 C-S-H（Ⅱ）和氢氧化钙 $Ca(OH)_2$，$\beta\text{-}C_2S$ 水化时产生低钙型水化硅酸钙 C-S-H（Ⅰ）和氢氧化钙 $Ca(OH)_2$。

C_3S 活性高，遇水后很快发生反应，分解出大量 $Ca(OH)_2$，并使液相迅速达到饱和状态。在饱和 $Ca(OH)_2$ 溶液中形成的 C-S-H gel 为 C-S-H（Ⅱ）。

β-C_2S 活性差，与水发生反应的速度很低，析出的 $Ca(OH)_2$ 量少，不易达到饱和状态。在未饱和的 $Ca(OH)_2$ 液相中形成的 C-S-H gel 往往是 C-S-H（Ⅰ）。

β-C_2S 与 C_3S 一起水化时，水化硅酸钙凝胶的形成条件发生变化，液相中 $Ca(OH)_2$ 浓度由不饱和变成饱和状态，在这种条件下形成的水化产物是 C-S-H（Ⅱ），也可认为是 C-S-H（Ⅱ）和 C-S-H（Ⅰ）的混合物。

C_3S 和 β-C_2S 的水化产物 C-S-H 凝胶的形成不仅与液相中的 $Ca(OH)_2$ 浓度有关，还与水固比、温度和反应时间等水化条件密切相关。在不同的水化条件下会形成不同组成的 C-S-H 凝胶，其 CaO 和 SiO_2 摩尔比和凝胶水量等都有一定差别，不能用一个化学式来表示，同样也无法用化学平衡式来表示反应过程。在文献资料中，通常用下式来表示 C_3S 和 β-C_2S 的水化过程：

$$C_3S + nH_2O \longrightarrow \text{C-S-H（Ⅱ）} + (3-x)\,Ca(OH)_2$$
$$\beta\text{-}C_2S + mH_2O \longrightarrow \text{C-S-H（Ⅰ）} + (2-y)\,Ca(OH)_2$$

3. C_3A 的水化

在文献资料［1］［2］［3］中看到，公认 C_3A 水化时先形成 C_4AH_{13} 和 C_2AH_8，以后便转化为稳定的 C_3AH_6，其反应式为如下两个阶段：

第一阶段：$2C_3A + 21H_2O \Longrightarrow C_4AH_{13} + C_2AH_8$

第二阶段：$C_4AH_{13} + C_2AH_8 \Longrightarrow 2C_3AH_6 + 9H_2O$

为调节凝结时间，在硅酸盐水泥中一般都掺加 5% 左右的石膏（$CaSO_4 \cdot 2H_2O$）。水化铝酸钙遇 $CaSO_4 \cdot 2H_2O$ 会形成高硫型水化硫铝酸钙（$C_3A \cdot 3CaSO_4 \cdot 32H_2O$），当石膏量不足时，还会形成低硫型水化硫铝酸钙（$C_3A \cdot CaSO_4 \cdot 12H_2O$）。存在 $CaSO_4 \cdot 2H_2O$ 条件下 C_3A 的水化反应式有如下两个方面：

第一方面是 C_4AH_{13} 遇石膏后的反应。存在石膏时：

$$C_4AH_{13}+3(CaSO_4 \cdot 2H_2O)+14H_2O =\!\!=$$
$$C_3A \cdot 3CaSO_4 \cdot 32H_2O+Ca(OH)_2$$

石膏耗尽时：

$$C_3A \cdot 3CaSO_4 \cdot 32H_2O+2C_4AH_{13} =\!\!=$$
$$3(C_3A \cdot CaSO_4 \cdot 12H_2O)+2Ca(OH)_2+20H_2O$$

第二方面是 C_3AH_6 遇石膏后的反应。存在石膏时：

$$C_3AH_6+3(CaSO_4 \cdot 2H_2O)+20H_2O =\!\!= C_3A \cdot 3CaSO_4 \cdot 32H_2O$$

石膏耗尽时：

$$C_3A \cdot 3CaSO_4 \cdot 32H_2O+2(C_3AH_6) =\!\!=$$
$$3(C_3A \cdot CaSO_4 \cdot 12H_2O)+8H_2O$$

4. C_4AF 的水化

作者等的研究结果[4]表明，C_4AF 水化后会形成水化铁铝酸钙固溶体 $C_3(A \cdot F)H_6$，遇到石膏后会形成水化硫铁铝酸钙 $C_3(A \cdot F) \cdot 3CaSO_4 \cdot 32H_2O$，反应式如下：

$$C_4AF+7H_2O =\!\!= C_3(A \cdot F)H_6+Ca(OH)_2$$
$$C_3(A \cdot F)H_6+3(CaSO_4 \cdot 2H_2O)+20H_2O =\!\!=$$
$$C_3(A \cdot F) \cdot 3CaSO_4 \cdot 32H_2O$$

第三节　矿物的水化特性

1. 矿物与水化物的密度

矿物水化前后的密度的变化是矿物水化的重要特性之一。F. M. Lea 提供的数据[2]如表 1-2 所示。

表 1-2　矿物与水化物的密度（$\times10^3 \, kg/m^3$）

未水化矿物	密　度	水化物	密　度
C_3S	3.12~3.15	C-S-H（Ⅱ） (C/S=1.5，H=3)	2.63
β-C_2S	3.28	C-S-H（Ⅰ） (C/S=1.0，H=0.35)	2.67

续表

未水化矿物	密 度	水化物	密 度
C_3A	3.04	C_4AH_{13}	2.02
		C_3AH_6	2.52
C_4AF	3.97	$C_3A \cdot 3CaSO_4 \cdot 32H_2O$	1.73
$CaSO_4 \cdot 2H_2O$	2.32	$C_3A \cdot CaSO_4 \cdot 12H_2O$	1.99
		$Ca(OH)_2$	2.23

2. 矿物的水化速度

俄国学者 B. H. 容克等[5]曾用测定水化物结合水的方法研究水泥矿物水化速度。设完全水化的结合水为 100%，测定不同龄期水化物结合水量，算出其水化程度的百分数。不同矿物水化程度的实测结果示于表 1-3。

表 1-3 不同水泥矿物的水化程度（%）

矿物	水化龄期				
	3d	7d	28d	3m	6m
C_3S	36	46	69	93	94
$\beta\text{-}C_2S$	7	11	11	29	30
C_3A	83	82	84	91	93
C_4AF	70	71	71	89	91

从表 1-3 可看出，C_3A 和 C_4AF 的水化速度很快，$\beta\text{-}C_2S$ 的水化速度较慢，C_3S 的水化速度比 C_3A 和 C_4AF 要慢些，但比 $\beta\text{-}C_2S$ 要快得多。

3. 矿物的硬化特性

P. H. Bats 和 R. J. Colony 等的研究结果[2]表明：

C_3S 具有一定的初凝和终凝时间、良好的和易性和安定性，还有很高的抗压强度和抗折强度，并且在 7d 内就能产生出大部分强度，早期强度较高。

$\beta\text{-}C_2S$ 调水数天后才缓缓凝结，没有一定的凝结时间，它早期强度很低，但后期能稳定提高，最后接近 C_3S 的强度水平。

C_3A 加水后几乎立即凝结，产生假凝，同时大量放热，继续搅拌，假凝消失，呈现出较好的和易性。浆体在湿空气中养护，缓慢凝结和硬化，经一定时间会呈现出不高的强度。凝结的浆体放置于水中，会崩溃成粉末。C_3A 中掺入石膏可得到正常的凝结时间。C_3S 中掺入少量 C_3A，可提高硬化体的强度，特别是早期强度。

C_4AF 水化速度也很快，凝结时间较短，但不发生 C_3A 那样的假凝现象，C_4AF 凝结时也放出大量热，但远不像 C_3A 那样剧烈。这些说明，C_4AF 的硬化性能与 C_3A 有所不同。

F. M. Lea[2] 提供的俄国学者 Ю. M. 布特等关于水泥单矿物净浆抗压强度的实验结果示于表 1-4。

表 1-4　单矿物净浆试体抗压强度（MPa）

单矿物	硬化龄期			
	7d	28d	180d	365d
C_3S	31.6	45.7	50.2	57.3
$\beta\text{-}C_2S$	2.4	4.1	18.9	31.9
C_3A	11.6	12.2	0	0
C_4AF	29.4	37.7	48.3	58.3

从表 1-4 可得出，布特与 Bats 等人关于 C_3S、$\beta\text{-}C_2S$ 和 C_3A 方面的研究结果基本上是一致的。此外，布特的数据明确表明，C_4AF 具有一定的早期强度和后期强度。

综合考察水泥矿物的形成、水化和水化特性后可以得出：C_3S 具有硅酸盐水泥的基本特性，包括凝结时间、和易性、安定性和强度等，它是硅酸盐水泥熟料中的矿物主体；C_2S 是 C_3S 形成中的伴生矿物；C_3A 和 C_4AF 都是为降低 C_3S 形成温度而必需的熔媒矿物。此外还可以看到，C_2S、C_3A 和 C_4AF 都有各自的硬化特性，并且与 C_3S 的硬化特性有着明显不同，这就为通过调整矿物组成生产特种硅酸盐水泥提供了可能。

第二章 大坝水泥

第一节 概 述

大坝水泥是专用于建造水库大坝等大体积混凝土工程的水泥。这是根据国家标准GB/T 4131—1997第2.2.3项规定，专用水泥以其专门用途命名的水泥品种系列名称。有些书刊中，将大坝水泥名称改为水工水泥，有的还称低热水泥，并将抗硫酸盐水泥和灌浆水泥纳入水工水泥之列。众所周知，水利工程包括江河工程和海洋工程，两者由于水质不同而对所用水泥的性能要求有很大区别，抗硫酸盐水泥和灌浆水泥不仅用于水利工程，还用于陆地工程；低热水泥与系列中的中热硅酸盐水泥品种的名称不一致，又与低热硅酸盐水泥的简称相混淆。通过分析和比较，用大坝水泥的命名来统称主要用于大坝工程的水泥品种系列显得更为确切。

20世纪50年代初，原苏联援建的我国河南省境内的三门峡水库工程，提出了其所用水泥的技术要求。中国建筑材料科学研究总院前身水泥工业研究院承接了该种水泥的研究试制任务。当时参加研究试制工作的有黄学奇、王燕谋、王赞和李玉芳。经大量实验室研究，建材部安排在山西省太原水泥厂进行试制。1957年我国首次试制出大坝水泥，并开始大批量提供给三门峡工程应用。工程完工后，发现坝体有裂缝。工程管理部门认为裂缝的产生是由于水泥质量有问题。经苏联专家鉴定，裂缝是施工原因，并非水泥质量问题所造成。大坝水泥研究者经历了一场虚惊。"文革"期间，三门峡水库管理部门通过应变片测试，发现坝体不断膨胀，怀疑其原因是与水泥熟料中f-CaO含量有关，就此与中国建筑材料科学研究总院进行交涉。时任研究院水泥所负责人的王燕谋随即组织李玉芳等进行验证性试验。正当试验工作紧张进行时，接获通知，发现坝体已由膨胀转为收缩，膨胀现象与水泥无关。大坝水泥研究者经历了又一场虚惊。这两次事件表明，大坝水泥研究者的责任非常重大。

中国建筑材料科学研究总院按原苏联技术要求，在太原水泥厂试制成功的大坝水泥有三个品种：硅酸盐大坝水泥、普通硅酸盐大坝水泥和矿渣大坝水泥。硅酸盐大坝水泥和普通硅酸盐大坝水泥用于大坝溢流面的面层和水位变动区等要求较高耐磨性和抗冻性的工程条件；矿渣大坝水泥主要用于大坝或大体积建筑物内部及水下和地下等工程条件。

大坝水泥系列品种在太原水泥厂试制成功后，中国建筑材料科学研究总院邱文智、成希弼、甄向贤、林春玉、隋同波、文寨军、岳德云、王显斌等不断地对该系列水泥进行推广、研究和开发新的品种。20 世纪 70 年代成希弼等与浙江大学、长江水利科学研究院合作，成功开发出低热微膨胀水泥，获得国家发明二等奖；90 年代，隋同波和文寨军等成功开发出低热硅酸盐水泥也获得国家发明二等奖。中国大坝水泥系列品种得到很大发展。在这期间，中国建筑材料科学研究总院还研究了低热粉煤灰硅酸盐水泥和粉煤灰低热膨胀水泥。这些水泥品种虽然未能推广应用，但其研究工作对大坝水泥系列品种的发展都有很大帮助。

继太原水泥厂后，洛阳水泥厂、永登水泥厂、抚顺水泥厂、华新水泥厂、柳州水泥厂和峨眉水泥厂等国家重点企业都生产出大坝水泥系列品种，应用于全国各地的水库工程建设。2005 年到 2009 年间，大坝水泥平均年产量已超过 100 万吨，成为我国重要特种水泥之一。

经过大批量生产和广泛应用，1963 年制定颁发我国第一个大坝水泥国家标准 GB 200—63，包括硅酸盐大坝水泥、普通硅酸盐大坝水泥和矿渣大坝水泥三个品种。该标准于 1980 年进行过第一次修订。1989 年第二次修订时，为了与国际同类产品名称一致，并考虑到实际使用情况，在新标准中将硅酸盐大坝水泥改名为中热硅酸盐水泥，矿渣大坝水泥改名为低热矿渣硅酸盐水泥，撤销了普通硅酸盐大坝水泥。从此，国家标准 GB 200—89 中只有中热硅酸盐水泥和低热矿渣硅酸盐水泥两个品种。在第三次修订大坝水泥国家标准时，隋同波、文寨军等研制出的低热硅酸盐水泥，相当于英国 BS 1370 标准的低热波特兰水泥，列入国家标准 GB 200—2003，填补了我国大坝水泥系列的空白。至此，现行国家标准 GB 200—2003 包括三个品种：中热硅酸盐水泥、低热矿渣硅酸盐水泥和低热硅酸盐水泥。

实践表明，近期大坝建设工程中常用的是中热硅酸盐水泥和低热矿渣硅酸盐水泥。

举世瞩目的长江三峡大坝工程于 1998 年开始浇灌混凝土，选用了 525 中热硅酸盐水泥，由华新水泥厂、葛洲坝水泥厂和石门特种水泥厂三个工厂定点生产供应，前后使用了 500 多万吨水泥。为保证水泥质量，三峡工程指挥部邀请中国建筑材料科学研究总院派专家驻厂，对水泥生产进行检测和监理。成希弼被任命为三峡工程驻厂监测员。他年过花甲、不辞辛劳、长期驻厂、认真负责、一丝不苟，出色完成了驻厂监测任务，保证了水泥质量，为大坝水泥成功应用于三峡工程发挥了重要作用，作出了贡献。

继长江三峡大坝后，在西南地区正在修建多座大型水电站大坝，如溪洛渡水电站大坝等。我国许多水泥企业都成功生产和提供了各地大坝建设所要求的中热水泥。

第二节　物 化 理 论

水泥性能是水化体内部物理化学作用的外部表象。设计水泥的某种性能，往往从调整水泥水化进程着手。所以，把握物理化学理论显得特别重要。为研究大坝水泥，尤其要深入理解水化热、碱骨料反应和体积补偿收缩等三方面的理论。

1. 水化热

水泥遇水形成水化物是一个放热反应，水泥混凝土硬化过程要放出热量，这种热称为水化热。如果是小体积混凝土，在硬化过程中，水化热能较快地散发到大气中，体内外不会形成很高温差，不会产生具有破坏性的应力。大体积混凝土水化热的散发情况则有很大不同，在水化过程中水化热不易散发，在体内形成很高温差，如大坝混凝土体内外温差可达 20～25℃。温差愈高，混凝土体内在硬化收缩过程中生成的应力愈大。当应力超过极限抗拉强度时，混凝土产生开裂，遭到破坏。为解决大体积混凝土由于温度差而造成破坏的问题，有多种技术措施，如：埋设冷却水管、分块浇灌和采用水化热低的水泥等。实践证明，采用低水化热的水泥可降低成本、加快工期和节省资源，是一个可持续发展的解决方案。

研究水化热低的水泥的技术路线主要是调整熟料矿物组成和水泥组分。

硅酸盐水泥熟料含四个主要矿物：C_3S、C_2S、C_3A 和 C_4AF。这四个主要矿物遇水后形成水化产物时放出的热量有很大差别。按俄国学者 С.Д. 奥克拉可夫[5] 提供的资料（表 2-1）制成图 2-1 和图 2-2。图 2-1 表明，各种矿物的水化热中，C_3A 最大，C_3S 其次，C_2S 最低。从图 2-2 可清楚地看出，C_3A 和 C_3S 不仅水化热总量大，而且它们的水化速率比 C_2S 高出多倍；C_2S 早期水化速率较低，但 28d 以后则明显地比其他矿物高。根据这些数据可以得出，为制得低水化热的水泥，熟料矿物组成的调整方向应当是，在满足早期强度要求的条件下，降低 C_3A 和 C_3S 的比例，同时提高 C_2S 的百分数。

表 2-1　水泥熟料单矿物水化热（kJ/kg）

矿　物	水化龄期					完全水化
	3d	7d	28d	90d	180d	
C_3S	406	460	485	518	564	669
$\beta\text{-}C_2S$	63	105	167	197	230	351
C_3A	589	660	874	928	1024	1062
C_4AF	176	251	376	414	—	569

表 2-2　单矿物形成不同水化产物的水化热（kJ/kg）

矿　物	水化产物	水化热
C_3A	$C_3A \cdot 6H_2O$	865
C_3A	$C_3A \cdot 3CaSO_4 \cdot 32H_2O$	1451

表 2-3　混合材掺量对水化热的影响（kJ/kg）

混合材掺量/%	高炉矿渣	粉煤灰
0	248	343
20	230	282
30	216	263
50	199	217

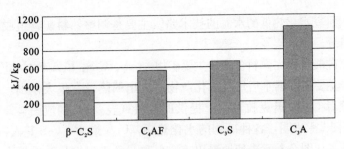

图 2-1　水泥熟料矿物完全水化发热量示意图

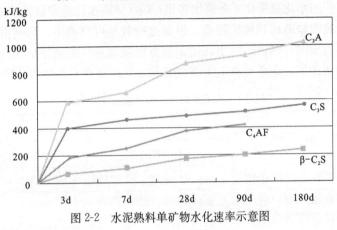

图 2-2　水泥熟料单矿物水化速率示意图

水泥组分除熟料外一般是石膏和混合材。石膏是缓凝剂，其作用原理是：水解后形成的 SO_4^{2-} 离子阻止水泥水化物凝胶体系过快地凝聚，使水泥水化体在适当时间内达到初凝和终凝。然而，SO_4^{2-} 离子在水泥水化过程中会与 C_3A 发生反应，形成 $C_3A \cdot 3CaSO_4 \cdot 32H_2O$ 矿物，同时放出热量。美国研究者 R. H. Bogue 等[1] 提供的资料列于表 2-2。从表 2-2 可看到，C_3A 形成不同水化产物时会放出不同量的水化热，石膏与 C_3A 作用形成 $C_3A \cdot 3CaSO_4 \cdot 32H_2O$ 时要放出大量的水化热。此外，$C_3A \cdot 3CaSO_4 \cdot 32H_2O$ 生成时还要伴随体积膨胀，所以石膏与 C_3A 的反应必须在水泥水化体尚具塑性状态时完成。如果这种反应在硬化体失去塑性状态后发生，就会产生膨胀裂缝。无论从水化热方面还是从体积安定方面考虑，水泥中石膏掺量必须限制在一定范围内。

水泥混合材一般采用高炉矿渣和电厂粉煤灰。根据甄向贤[6]提供的资料制成表2-3。此表说明，水泥水化热随着混合材组分掺入量的增大而减小。高炉矿渣中的 $CaO\text{-}SiO_2\text{-}Al_2O_3$ 玻璃体和粉煤灰中的 $SiO_2\text{-}Al_2O_3$ 玻璃体与水泥水化体中的 $Ca(OH)_2$ 发生反应形成C-S-H凝胶时也会放出热量，这在表2-3中可以看到，不同混合材掺量的水泥水化热并不随熟料取代量等量地下降。

通过物化机理的研究可以得出，水化热是水泥遇水后发生各种化学作用的综合反应，通过调控这些化学进程可使水泥水化反应形成水化产物时的放热量降低。

2. 碱骨料反应

水泥的粘土质原料中常夹杂有含钾、钠氧化物的长石和云母等矿物。在水泥熟料烧成的过程中，钾、钠氧化物反应形成 $K_2O \cdot 23CaO \cdot 12SiO_2$ 和 $8CaO \cdot Na_2O \cdot 3Al_2O_3$ 化合物。这些化合物遇水后分解出钾、钠和氢氧根离子。

碱骨料反应就是指水泥水化过程中逸出的 K^+、Na^+ 和 OH^- 离子与骨料中活性矿物发生的化学反应。这种反应会导致混凝土硬化体的膨胀开裂，造成水库坝体破坏。在美国和加拿大等国家，都有碱骨料反应造成坝体破坏的实例。长久以来，防止碱骨料反应是大坝建设中必须解决的课题。

大坝工程所用骨料数量很大，虽对骨料资源进行精心挑选，但难免混入含有活性矿物的骨料。因此，建设大坝时，对水泥必须提出防止碱骨料反应的要求。大坝水泥要具备不会引起碱骨料反应的特性。

按骨料中活性矿物的不同，碱骨料反应分碱-硅酸反应和碱-碳酸盐反应两类。

碱-硅酸反应是指碱与骨料中活性 SiO_2 矿物发生的反应。骨料活性 SiO_2 矿物有蛋白石、玉髓、磷石英和酸性或中性的火山灰玻璃体等。蛋白石是分布最普遍、活性最大的活性 SiO_2 矿物，常出现在页岩、硅灰岩和低等级的石灰岩之中。活性 SiO_2 与非活性 SiO_2 的不同在于其晶体结构。非活性 SiO_2 是由硅-氧键联结在一起的有序排列的硅氧四面体，具有很强的化学稳定性。活性 SiO_2 矿物则不同，硅氧四面体呈任意的网状结构，分子群间空隙不规则，内表面积很大，水化速度快，其硅-氧键很容易被碱离子所破坏。所以，骨料中的活性 SiO_2 矿物遇到水泥水化过程中析出的碱离子后便发生反应，生成溶胶，在钙和其他金属离子的作用下，溶胶离子凝聚成碱硅凝胶。研究者[2]对这种碱硅凝胶的成分和氧化物之间百分比进行了测定，两个试样的测定结果如下：

(1) $82SiO_2 \cdot 4Na_2O \cdot 2K_2O \cdot CaO \cdot 10H_2O$；

(2) $53SiO_2 \cdot 13Na_2O \cdot 5K_2O \cdot 5CaO \cdot 21H_2O$。

碱硅凝胶与硅酸钙凝胶不同，它遇水后发生膨胀，使水泥硬化体产生膨胀应力。当膨胀应力超过极限抗拉强度时便出现开裂。一般认为[2]，水泥中总碱量小于 0.6％时不会发生膨胀。

碱-碳酸盐反应是指碱与骨料中的白云石矿物发生的反应。反应式如下：

$$CaCO_3 \cdot MgCO_3 + 2NaOH =\!=\!= CaCO_3 + Mg(OH)_2 + Na_2CO_3$$

这种反应称反白云化反应。研究者[2]认为，岩石中的白云石晶体含有未水化的粘土包裹物，在反白云化反应中，未水化粘土被暴露在湿气中，并进行水化，同时产生膨胀力，造成水泥硬化体开裂。一般认为[2]，当水泥中总碱量降低到 0.4％左右时，这种膨胀量可降低到允许值。在各种工程中，遇到碱-碳酸盐反应的机会较少，国内外对其研究不多，认识上也不一致。

在水库大坝建设中，为防止碱骨料反应造成的破坏，水泥中的含碱总量必须限定在一定的范围之内。

3. 体积补偿收缩

水泥在硬化过程中会伴随着体积收缩，包括化学收缩、干燥收缩、温度收缩和碳化收缩等。在不均匀收缩条件下，水泥硬化体内产生收缩应力。当收缩应力超过硬化体极限抗拉强度时便产生开裂。向水泥混凝土中植入膨胀源，在硬化过程中产生膨胀，使约束状态下（如配钢筋时）的混凝土体产生预压应力，用以补偿收缩应力，从而防止开裂。这就是混凝土的补偿收缩理论。20 世纪 60 年代以来，国内、外开展了补偿收缩混凝土的大量研究和开发。低热微膨胀水泥成功用于水库大坝建设工程，开创了我国大坝建设采用补偿收缩混凝土的先例。

向混凝土植入膨胀源的方法有两种，第一种是采用含有膨胀源的水泥，第二种是在制作混凝土时掺入膨胀剂。按膨胀龄期，膨胀源可分早期硬化膨胀源和后期硬化膨胀源两种。早期硬化膨胀源有 $C_3A \cdot 3CaSO_4 \cdot 32H_2O$ 型和过烧氧化物型（如 1250℃ 烧 CaO）等，主要发挥混凝土硬化早期的补偿收缩作用。后期硬化膨胀源是水泥生料中 MgO 在熟料烧成过程中形成的死烧 MgO（方镁石），主要发挥混凝土硬化后期的收缩补偿作用。方镁石作为硬化后期膨胀源的发现，有如下一个过程。

早在 20 世纪 60～70 年代，抚顺水泥厂的大坝水泥以其优等的质量闻名全国，甚至不远千里从东北运到关内水库工地使用，成为我国水利部门的首选。抚顺水泥厂大坝水泥深受用户欢迎的原因有二：一是碱含量低，二是施工后混凝土收缩裂缝大大减少。南京工业大学唐明述等通过大量实验后发现，该水泥的混凝土收缩裂缝少的原因是由于水泥熟料中 MgO 含量较高，都在 4.0%～5.0% 之间，比其他水泥厂要高得多。

我国早期的水泥国家标准规定熟料中 MgO≤4.5%。辽宁省本溪、抚顺一带石灰石矿中 MgO 含量都比较高，本溪水泥厂、工源水泥厂和抚顺水泥厂控制 MgO≤4.5% 在生产上非常困难，要报废大量石灰石资源。通过大量试验工作，中国建筑材料科学研究总院在国家标准修改中，将 MgO 含量限定指标改为与国际上许多工业发达国家相同的 ≤5.0%。另外增加一项内容：如水泥经压蒸安定性试验合格，则熟料中 MgO 含量允许放宽到 6.0%。矿山资源条件造成抚顺水泥厂大坝水泥的 MgO 含量较高。

MgO 在水泥熟料中的形态有两种：一种是熔入 $CaO-Al_2O_3-Fe_2O_3$ 三元系统的玻璃体；另一种是经高温灼烧后的方镁石晶体。玻璃体中的 MgO 没有危害性，因而在解决水泥熟料高镁问题时，采取的措施是提高铁含量，增大玻璃相，使 MgO 更多地熔入玻璃体。经高温灼烧过的方镁石晶体活性低，在水泥硬化过程中缓慢水化，其反应式如下：

$$MgO + H_2O \longrightarrow Mg(OH)_2$$

方镁石水化后体积增大 118%，所以当熟料中 MgO 含量超过一定数量会造成水泥硬化体开裂。在许多人概念里，认为水泥熟料中 MgO 含量愈少愈好。

抚顺水泥厂大坝水泥的应用实践，打破了水泥熟料中 MgO 含量愈少愈好的传统观念。唐明述等研究发现，水泥熟料中适当量的方镁石是一个很好的膨胀源，由于水化速度慢，它伴随水化过程产生的膨胀速度，能与混凝土硬化后期由于降温而产生的收缩速度相匹配，恰如其分地发挥出补偿收缩作用，从而避免或减少大坝混凝土的裂缝。这与 $C_3A \cdot 3CaSO_4 \cdot 32H_2O$ 型膨胀源有很大区别，后者只能对混凝土的早期收缩进行补偿。

我国水电部门在白山、葛洲坝和丹江口等大型水库大坝建设中进一步验证了水泥熟料中方镁石的补偿收缩作用，可大大减少坝体的裂缝。

从此，在理论和实践两个方面都证实了熟料中一定量的方镁石在大坝水泥混凝土中是一个很好的膨胀源，可发挥后期收缩的补偿作用。这是混凝土补偿收缩理论和技术的新发展，属国际首创，意义重大。我国水泥企业、水利工程单位、建材研究院、水电研究院和有关高等院校，对水利建设做出了贡献。

第三节　中热硅酸盐水泥

1. 现行国家标准 GB 200—2003 对中热硅酸盐水泥的技术要求[7]

现行国家标准与被取代的 GB 200—1989 不同，各项技术要求分散在多个条目中，综合如下：

（1）以适当成分的硅酸盐水泥熟料，加适量石膏，磨细制成的中等水化热的水硬性胶凝材料，称中热硅酸盐水泥（简称中热水泥）。

这项规定说明中热水泥不允许掺入任何混合材。

（2）中热水泥熟料中 C_3S 含量应不超过 55%，C_3A 含量应不超过 6%，f-CaO 含量应不超过 1.0%。

（3）中热水泥中 MgO 含量不宜大于 5.0%，如果水泥经压蒸安定性试验合格，则 MgO 含量允许放宽到 6.0%。

（4）中热水泥碱含量由供需双方商定。当水泥在混凝土中和骨料可能发生有害反应并经用户提出低碱要求时，水泥中碱含量应不超过 0.60%，碱含量按 $Na_2O+0.658K_2O$ 计算值表示。

GB 200—1989 标准中规定的是熟料碱含量，现行标准规定的是水泥碱含量，要求更严格。

(5) 中热水泥中 SO_3 应不大于 3.5%，烧失量应不大于 3.0%。

(6) 初凝应不早于 60min，终凝应不迟于 12h。

(7) 安定性用沸煮法检验应合格。

(8) 中热水泥强度等级为 42.5。

老标准 GB 200—1989 的中热水泥强度有 425 和 525 两个标号，现行标准的中热水泥强度仅 42.5 一个等级。

(9) 中热水泥水化各龄期的抗压强度和抗折强度应不低于下表所列数值：

项目	抗压强度 * /MPa			抗折强度 * /MPa		
龄期	3d	7d	28d	3d	7d	28d
强度	12.0	22.0	42.5	3.0	4.5	6.5

* ISO 试验方法。

(10) 中热水泥的水化热允许采用直接法或溶解法进行检验，各龄期水化热应不大于下列数值：

3d≤251kJ/kg；7d≤293kJ/kg。

2. 长江三峡大坝建设对水泥的技术要求

三峡大坝建设所用水泥是国家标准 GB 200—1989 的 525 中热硅酸盐水泥，相当于现行国家标准的 42.5 中热水泥。由于老标准强度指标按 GB 的试验方法测定，而现行标准按 ISO 试验方法测得，所以 525 中热水泥和 42.5 中热水泥的强度指标虽不相同，但两者的实物强度数值是相当的，其他技术指标也都相同。不过，三峡工程建设对中热水泥的质量要求，除国家标准规定的指标外，还提出新要求[8]：

(1) 中热水泥熟料中 MgO 含量要控制在 3.5%～4.5% 范围内；

(2) 中热水泥碱含量不超过 0.55%；

(3) 中热水泥 SO_3 含量不得过高或过低，保持稳定在 1.4%～

2.2%范围内。

3. 溪洛渡大坝建设对水泥的技术要求

继三峡大坝建设之后，在长江上游即着手建设两座巨型水坝，即溪洛渡水电站大坝和向家坝水电站大坝。这两个电站的总发电装机容量超过三峡电站。三峡大坝和向家坝大坝是重力坝，溪洛渡大坝是拱形坝，对水泥提出了更高的技术要求。2008年，溪洛渡大坝提出的中热水泥技术要求，除满足国家标准GB 200—2003外，还应达到如下指标：

(1) 水泥比表面积宜≤320m^2/kg；

(2) 水泥中的MgO含量应控制在4.2%～5.0%；

(3) 水泥中的碱含量控制在≤0.55%；

(4) 水泥28d抗压强度控制在49MPa±3.5MPa；

(5) 水泥28d抗折强度≥7.5MPa；

(6) 水泥水化热：3d≤241kJ/kg，7d≤283kJ/kg；

(7) 熟料中的C_3A≤4%；

(8) 熟料中的C_4AF≥15%。

溪洛渡大坝对中热水泥的技术要求与三峡大坝的主要不同点是：水泥28d抗压强度要控制在49MPa±3.5MPa，不能过高，也不能过低，水泥质量控制更为严格；水泥比表面积控制在250～320m^2/kg的要求是强制性指标，三峡大坝对水泥的比表面积未作强制性要求；水泥水化热要求更低，比三峡大坝的要求低10kJ/kg。

4. 技术特点

从国家标准GB 200—2003、三峡大坝和溪洛渡大坝工程技术要求可以得出，中热水泥生产与通用硅酸盐水泥相比具有以下特点：

(1) 通过减少硅酸盐水泥熟料中C_3S和C_3A含量，在保持足够早期强度条件下，降低水化热；

(2) 熟料f-CaO含量必须控制在1.0%以下，以确保安定性和降低水化热；

(3) 水泥中碱含量必须限定在0.6%以下，或根据用户要求进一步降低限定指标，避免发生混凝土碱骨料反应；

(4) 水泥熟料中MgO含量在不超过5.0%的限定范围内要保持

较高数量，如 3.5%～5.0%，以补偿收缩，减少混凝土裂缝；

（5）水泥中 SO_3 含量在不超过 3.5% 的前提下，要确保稳定，不能有过大波动；

（6）水泥比表面积不宜过小或过大，要保持在一个适宜的范围内。

5. 熟料和水泥组成

由于原料条件不同，各厂中热水泥熟料组成在国家标准和客户要求的规定范围内有一定波动，熟料各率值的波动范围示于表 2-4。

表 2-4　中热水泥熟料各率值波动范围

率　　值	中热水泥熟料	通用硅酸盐水泥熟料
石灰饱和率 KH	0.87～0.90	0.80～0.95
铝率 P	0.9～1.0	1.0～3.0
硅酸率 n	2.3～2.7	1.7～3.5

从表 2-4 可以看出，中热水泥石灰饱和率 KH 在通用硅酸盐水泥熟料的范围内偏低，硅酸率 n 偏高；铝率 P 则完全不同，要低于通用硅酸盐水泥熟料的范围。铝率不属于通用硅酸盐熟料的范畴，是中热水泥的主要特点之一。

中热水泥熟料矿物组成的波动范围示于表 2-5。

表 2-5　中热水泥熟料矿物组成的波动范围（%）

矿　　物	中热水泥熟料组成	通用硅酸盐水泥熟料组成
C_3S	50～55	37.5～60
C_2S	20～25	15～37.5
C_3A	3～6	7～15
C_4AF	13～16	10～18

从表 2-5 可以看出，中热水泥熟料组成除 C_3A 外都在硅酸盐水泥熟料组成的范围之内，而 C_3A 含量仅 3%～6%，低于通用硅酸盐水泥熟料的 7%～15%。

中热水泥熟料组成的企业生产数据示于表 2-6。表 2-6 表明，我国企业生产的中热水泥熟料组成都符合国家标准 GB 200—2003 的规定。

表 2-6 中热水泥熟料组成的企业生产数据

工厂	生产日期	率 值			矿物组成/w%			
		KH	P	n	C_3S	C_2S	C_3A	C_4AF
A 厂	1985 年（全年平均值）	0.88	1.0	2.4	51.3	24.6	4.6	13.8
B 厂	2006 年 10 月（全月平均值）	0.89	0.9	2.7	53.0	23.9	3.0	13.5
GB 200—2003 规定					≤55		≤6	

中热水泥中的少量组分对性能影响很大。近期我国水库大坝建设对水泥中少量组分含量提出了更高要求，除满足国家标准所规定的指标外，还提出了新的条件。各水泥企业不断技术创新，克服各种生产障碍，都成功生产出水库大坝建设所要求的中热水泥。长江三峡大坝和溪洛渡大坝所用水泥的少量组分含量列于表 2-7。

表 2-7 近期我国水电站大坝所用中热水泥少量组分含量（%）

名 称	f-CaO	MgO	碱含量	SO_3
三峡大坝	<1	4.2～4.6	0.40～0.45	1.5～1.9
溪洛渡大坝	<1	4.0～4.5	0.39～0.52	1.1～1.5

从表 2-7 看到，我国中热水泥中 MgO 含量与过去一般为 1%～3% 的情况不同，普遍提高到 4%～5%，这是一个很大的变化；水泥中碱含量进一步下降到 0.4%～0.5% 的低水平；由于 C_3A 含量减少，石膏掺量相应降低，SO_3 含量稳定在一个较小的范围内。

6. 生产技术

从技术特点可以得出，中热水泥可采取通用硅酸盐水泥的生产技术进行生产。

目前我国通用硅酸盐水泥的生产技术有立窑、立波尔窑、中空干法窑、湿法窑和预分解窑新型干法五种。然而，这些技术并非都可用于中热水泥生产。

立窑断面温度分布不均，无法控制 f-CaO 小于 1.0%。此外，其产量低，出厂水泥批量小，质量不稳定。立窑不能用于生产中热水泥。

立波尔窑烟气中的碱，通过加热机时会冷凝在料球上，不能随烟气排至窑外，于是在窑内形成碱循环。所以，立波尔窑很难生产出碱含量低于 0.6% 的熟料，显然不宜用于中热水泥生产。

中空干法窑技术可用于生产中热水泥。太原水泥厂和抚顺水泥厂等都采用中空干法窑生产中热水泥，其主要难点是控制 f-CaO 小于 1.0%。太原水泥厂采用偏光显微镜测定 f-CaO 技术对熟料中 f-CaO 含量进行即时监控，使 f-CaO 保持在 1.0% 以下，取得良好效果，解决了这个难点问题。后来，这项技术在其他中空干法窑水泥厂进行了推广。采用中空干法窑生产中热水泥时还须注意的一个技术问题是窑灰的回收利用。窑尾烟气中的碱往往会凝聚在窑灰颗粒上，因此窑灰的碱含量较高。当熟料碱含量接近限定指标时，不宜回收利用窑灰，须采取其他办法处置。

湿法窑的技术特点是，生料成分波动小，燃烧运行稳定和可控，烧成系统不存在碱循环问题，较易生产出质量均匀、f-CaO 和碱含量低的熟料，非常适合中热水泥的生产。20 世纪 70~90 年代，我国大中型企业主要采用湿法技术生产中热水泥，如洛阳水泥厂、永登水泥厂、峨眉水泥厂、葛洲坝水泥厂和华新水泥厂等。

预分解窑新型干法技术用于生产中热水泥时具有与湿法窑同样的优势。此外，预分解窑烧成带热负荷低，较易烧成高硅酸率的熟料，因此能采用砂岩作粘土质原料，这为低碱熟料生产创造了非常有利的条件。并且，预分解窑还可采用放风技术进行排碱，能轻而易举地生产出含碱量低于 0.4% 的熟料。与湿法窑相比，预分解窑新型干法可节省煤耗三分之一。进入 21 世纪后，中国水泥新型干法蓬勃发展，许多湿法厂都改造成新型干法厂。永登水泥厂、葛洲坝水泥厂和华新水泥厂等都已由湿法改用新型干法生产中热水泥。

中热水泥虽然在现有的大中型企业都能生产，但各厂尚需根据自身条件对以下几个环节进行调整。

（1）原料选择

为减少熟料中的 C_3A 含量，须选用低铝原料取代常用的粘土原料。一般选用砂页岩、砂岩与粉煤灰或砂岩与矾土等。

为降低熟料中的碱含量，不能采用含碱量高的页岩、粘土和石灰石矿夹层土等粘土质原料，须选用替代原料；少数含碱和氯高的石灰石也不能使用，须采取相应措施。为保证熟料中含有一定量的 MgO，大多数工厂须在原料中增添高镁原料，一般都选用高镁石灰石或白云石。

砂岩配料的技术措施可一举两得，既能减少 C_3A，又能降低碱含量，其缺点是比较难磨和难烧。不过，当前流行的预分解窑新型干法技术可妥善解决这些问题。

（2）熟料烧成

烧成制度要稳定，不片面追求产量，使 f-CaO 保持在较低水平。

在原料条件受到限制的情况下，为降低碱含量，往往需在生料中掺入少量 CaF_2，使得烧成时无法形成有害矿物 $K_2O \cdot 23CaO \cdot 12SiO_2$ 和 $8CaO \cdot Na_2O \cdot 3Al_2O_3$，使钾、钠挥发并随烟气带出窑外，排入大气或沉积在窑灰颗粒上。煅烧掺有 CaF_2 的生料时必须相应调整烧成制度。

（3）水泥制备

有些工厂由于设备条件造成水泥质量不稳定时，可采用水泥均化和冷却措施。

7. 水泥性能

（1）A 厂水泥主要性能

对应于表 2-6 的熟料组成，A 厂 525 中热水泥主要性能指标列于表 2-8。

表 2-8　A 厂 525 中热水泥主要性能指标

名　　称	抗压强度/MPa			抗折强度/MPa			水化热/（kJ/kg）	
	3d	7d	28d	3d	7d	28d	3d	7d
A 厂 525 中热水泥	28.1	43.5	60.2	5.7	7.3	8.9	229.9	263.3
GB 200—80 525 中热水泥	≥20.6	≥31.4	≥52.5	≥4.1	≥5.3	≥7.1	≤251.0	≤293.0

（2）B厂水泥主要性能

对应表2-6的熟料组成，B厂42.5中热水泥主要性能指标列于表2-9。

表2-9　B厂42.5中热水泥主要性能指标

名　　称	抗压强度/MPa			抗折强度/MPa			水化热/（kJ/kg）	
	3d	7d	28d	3d	7d	28d	3d	7d
B厂42.5中热水泥	24.9	33.6	51.9	5.2	6.6	8.7	245.0	262.0
GB 200—2003 42.5中热水泥	≥12.0	≥22.0	≥42.5	≥3.0	≥4.5	≥6.5	≤251.0	≤293.0

（3）长江三峡大坝工程所用水泥性能

长江三峡大坝工程采用42.5中热水泥，其主要性能指标列于表2-10。

表2-10　长江三峡大坝工程42.5中热水泥主要性能指标

名　　称	抗压强度/MPa			抗折强度/MPa			水化热/（kJ/kg）	
	3d	7d	28d	3d	7d	28d	3d	7d
三峡大坝42.5中热水泥性能指标波动范围	16.0～21.0	25.0～30.0	48.0～55.0	3.4～4.2	5.0～6.0	7.5～8.5	220.0～245.0	250.0～285.0
GB 200—2003 42.5中热水泥	≥12.0	≥22.0	≥42.5	≥3.0	≥4.5	≥6.5	≤251.0	≤293.0

（4）国际比较

从表2-8到表2-10可以看到，我国水泥企业在不同时期都按当时国家标准生产中热水泥，其性能指标都高于标准规定的指标，保证了全国各种水坝工程的成功建设。国内外中热水泥国家标准主要性能指标的比较列于表2-11[8]。表2-11说明，在标准中，我国中热水泥水化热指标与美国和日本的相近，然而，我国的ISO强度指标要比美国和日本的高。根据水泥水化机理，降低水化热与提高强度，特别是早期强度，两者是相互矛盾的，水化热的降低往往要用降低强度作代价。要做到水化热相近的条件下具有更高的强度，需要较高的生产技术水平。由此可以认为，我国中热水泥性能和生产技术在国际上比较先进。

表 2-11　国内外中热水泥国家标准主要性能指标比较

国　别	标准号和水泥名称	强度检验方法	抗压强度/MPa			水化热/（kJ/kg）	
			3d	7d	28d	3d	7d
中国	GB 200—2003 42.5 中热水泥	ISO	12	22	42.5	251	293
美国	ASTM 150—9 中热波特兰水泥	ISO	10	17			290
日本	R 5210—1997 中热波特兰水泥	ISO	7.5	15.0	32.5		290

近期我国水坝工程建设中都采用具有补偿收缩功能的高镁（MgO 3.5％～5.0％）中热水泥，取得良好效果。三峡大坝工程采用后，经坝内埋设的仪器测定，混凝土后期自生体积变形呈正值[8]，补偿作用十分明显。我国生产和使用具有补偿收缩功能的中热水泥具有国际领先水平。

8. 水泥应用

在很长一段时间里，大坝建设中往往同时采购两种或三种水泥，用于不同的部位。有些工程，如三门峡大坝工程，还在施工现场掺加一定量粉煤灰，以降低工程费用和改善混凝土某些性能。大坝工程建设中使用多个水泥品种时，必须防止混用，为此要严格分别运输、分别储存和分别使用，这给工程管理造成很多困难。

近期，大坝建设单位在水泥应用上有很大变化。包括长江三峡大坝工程在内的一些建设单位只采购一种 42.5 中热水泥，在工地搅拌站掺入粉煤灰，混合后制成不同等级的混凝土，使用在大坝的不同部位。例如强度等级和水化热较高的混凝土用于大坝溢流面和水位变动区；强度等级和水化热较低的混凝土用于坝体内部。这是我国大坝水泥使用上的创新，不仅排除了水泥混用的风险，还使中热水泥和粉煤灰更合理地应用于大坝建设。由于应用方法的改变，中热水泥成为大坝水泥中应用最多最广的品种。

20 世纪 60～90 年代，中国建筑材料科学研究总院甄向贤[6]等曾研究低热粉煤灰硅酸盐水泥。粉煤灰掺量对水泥强度和水化热影响的实验结果列于表 2-12。从该表得出，随着粉煤灰掺量增加，水泥

28d 抗压强度不同程度地逐步下降，3d 和 7d 水化热也相应降低。此外，他们还研究了粉煤灰对混凝土干缩和耐腐蚀性能等的影响，都取得有益成果。低热粉煤灰水泥曾在永登水泥厂和抚顺水泥厂试生产，分别试用于李家峡水库大坝和观音阁水库大坝工程。由于当时全国各地粉煤灰质量差别很大，因此低热粉煤灰水泥未能列入国家标准和企业产品目录。然而，低热粉煤灰水泥的研究成果，为工程建设单位采用中热水泥和粉煤灰在现场配置不同等级混凝土的应用创新，提供了科学依据。

表 2-12　粉煤灰掺量对水泥强度和水化热的影响*

粉煤灰掺量/%	比表面积/（m²/kg）	28d 抗压强度/MPa	水化热/（kJ/kg）	
			3d	7d
0	—	45.5	—	286
20	372	47.4	215	245
30	378	39.0	184	214
40	390	28.5	151	188
45	384	23.7	142	180
50	395	20.3	130	171

　* 试验所用水泥为抗硫酸盐硅酸盐水泥，其熟料和水泥组成与中热水泥相近。

我国已制定《用于水泥和混凝土中的粉煤灰》的国家标准 GB/T 1596—2005[7]。该标准规定了"拌制混凝土和砂浆用粉煤灰技术要求"，列于表 2-13。从表可看到，用于拌制混凝土的粉煤灰分三个等级：I级、II级和III级。每个等级，对细度、需水量和烧失量等指标都有明确规定。这对水泥和混凝土中掺加粉煤灰提供了条件。大坝建设工程单位必须按国家标准规定的技术要求选择本工程要求的粉煤灰。

表 2-13　拌制混凝土和砂浆用粉煤灰技术要求

项　　目		技术要求		
		I级	II级	III级
细度（45μm 方孔筛筛余）/% ≤	F类粉煤灰*	12.0	25.0	45.0
	C类粉煤灰**			

续表

项　目		技术要求		
		I级	II级	III级
需水量比/% ≤	F类粉煤灰	95	105	115
	C类粉煤灰			
烧失量/% ≤	F类粉煤灰	5.0	8.0	15.0
	C类粉煤灰			
含水量/% ≤	F类粉煤灰	1.0		
	C类粉煤灰			
SO₃/% ≤	F类粉煤灰	3.0		
	C类粉煤灰			
f-CaO/% ≤	F类粉煤灰	1.0		
	C类粉煤灰	4.0		
安定性/mm ≤	C类粉煤灰	5.0		

＊ F类粉煤灰——由无烟煤或烟煤煅烧收集的粉煤灰。

＊＊ C类粉煤灰——由褐煤或次烟煤煅烧收集的粉煤灰，其中CaO含量一般大于10%。

　　长江三峡大坝建设中采用了42.5中热水泥掺粉煤灰制成不同等级混凝土的应用方法。选用了I级粉煤灰，粉煤灰掺入量为20%～40%，在混凝土搅拌站进行配制，制成的混凝土等级为C20～C40。实践证明，这种应用方法是成功的，效益很显著。

　　近代水泥工业的发展趋势是水泥熟料与混合材分别粉磨，然后按用户要求，在水泥厂或配料站混合配制成不同品种的水泥，提供给施工单位。大坝水泥应用上的变化，与水泥工业在这方面的发展趋势相一致。

第四节　低热矿渣硅酸盐水泥

　　1. 现行国家标准 GB 200—2003 对低热矿渣硅酸盐水泥的技术要求[7]

　　（1）以适当成分的硅酸盐水泥熟料，加入粒化高炉矿渣、适量石膏，磨细制成的具有低水化热的水硬性胶凝材料，称为低热矿渣硅酸盐水泥（简称低热矿渣水泥）。

（2）低热矿渣水泥熟料中 C_3A 含量应不超过 8%，f-CaO 含量应不超过 1.2%，MgO 含量不宜超过 5.0%，如果水泥经压蒸安定性试验合格，则熟料中 MgO 含量允许放宽到 6.0%。

（3）低热矿渣水泥碱含量由供需双方商定。当水泥在混凝土中和骨料可能发生有害反应并经用户提出低碱要求时，水泥中碱含量应不超过 1.0%。

（4）水泥中 SO_3 含量应不大于 3.5%，烧失量应不大于 3.0%，比表面积应不低于 250m²/kg。

（5）初凝应不早于 60min，终凝应不迟于 12h。

（6）安定性用沸煮法检验应合格。

（7）低热矿渣水泥强度等级为 32.5。

老标准 GB 200—1989 低热水泥强度有 325 和 425 两个标号，现行标准低热矿渣水泥强度仅 32.5 一个等级，相当于老标准中的 425 标号。

（8）低热矿渣水泥各龄期的抗压强度和抗折强度应不低于下列数值：

抗压强度*/MPa			抗折强度/MPa		
3d	7d	28d	3d	7d	28d
—	12.0	32.5	—	3.0	5.5

* ISO试验方法。

（9）低热矿渣水泥的水化热允许采用直接法或溶解法进行检验，各龄期水化热应不大于下列数值：

3d≤197kJ/kg；7d≤230kJ/kg。

（10）低热矿渣水泥中粒化高炉矿渣掺加量按质量百分比计为 20%～60%。允许用不超过混合材料总量 50% 的粒化电炉磷渣或粉煤灰代替部分粒化高炉矿渣。粒化高炉矿渣应符合国家标准 GB/T 203、粒化电炉磷渣应符合国家标准 GB/T 6645、粉煤灰应符合国家标准 GB/T 1596 的要求。

2. 用作低热矿渣水泥混合材料的粒化高炉矿渣、粒化电炉磷渣和粉煤灰的技术要求

（1）GB/T 203—2008 国家标准《用于水泥中的粒化高炉矿渣》的技术要求[7]。

矿渣的性能要求列于表 2-14。

表 2-14　矿渣的性能要求

项　目	技术指标
质量系数① ≥	1.2
TiO_2 含量/% ≤	2.0②
MnO 含量/% ≤	2.0③
氟化物含量（以 F 计）/% ≤	2.0
硫化物含量（以 S 计）/% ≤	3.0
堆积密度/（kg/L） ≤	1.2
最大粒度/mm ≤	50
大于 10mm 颗粒含量（以重量计）/% ≤	8
玻璃体质量分数/% ≥	70

① 质量系数 $= \dfrac{CaO\% + MgO\% + Al_2O_3\%}{SiO_2\% + MnO\% + TiO_2\%}$。

② 以钒钛磁铁矿为原料在高炉冶炼生铁所得的矿渣，二氧化钛的质量分数可以放宽到 10%。

③ 在高炉冶炼锰铁时所得的矿渣，氧化亚锰的质量分数可以放宽到 15%。

（2）GB/T 6645—2008 国家标准《用于水泥中的粒化电炉磷渣》的技术要求。

质量系数 $K = \dfrac{CaO\% + MgO\% + Al_2O_3\%}{SiO_2\% + P_2O_5\%}$ 不小于 1.1；

磷渣中 P_2O_5 不得大于 3.5%；

干磷渣松散容重不得大于 $1.30 \times 10^3 \, kg/m^3$，块状磷渣的最大尺寸不得大于 50mm，大于 10mm 颗粒以质量分数计不得超过 5%；

不得混有磷泥等外来杂物，放射性应满足 GB 6566 有关要求。

（3）GB/T 1596—2005 国家标准《用于水泥和混凝土中的粉煤灰》中规定了"水泥活性混合材料用粉煤灰"的技术要求[7]。该要求列于表 2-15。

表 2-15　水泥活性混合材料用粉煤灰技术要求

项　目		技术要求
烧失量/% ≤	F 类粉煤灰*	8.0
	C 类粉煤灰**	
含水量/% ≤	F 类粉煤灰	1.0
	C 类粉煤灰	
SO_3/% ≤	F 类粉煤灰	3.5
	C 类粉煤灰	
f-CaO/% ≤	F 类粉煤灰	1.0
	C 类粉煤灰	4.0
安定性/mm ≤	C 类粉煤灰	5.0
强度活性指标/% ≥	F 类粉煤灰	70.0
	C 类粉煤灰	

* F 类粉煤灰——由无烟煤或烟煤煅烧收集的粉煤灰。

* * C 类粉煤灰——由褐煤或次烟煤煅烧收集的粉煤灰，其中 CaO 含量一般大于 10%。

3. 技术特点

按国家标准 GB 200—2003 技术要求，低热矿渣水泥与中热水泥相比具有三个主要技术特点：

（1）低热矿渣水泥中允许掺入 20%～60% 活性混合材。

（2）低热矿渣水泥熟料组成的特点如表 2-16 所示。从该表可以看出，与中热水泥熟料组成相比，低热矿渣水泥熟料 C_3A 和 f-CaO 含量可分别放宽到 8.0% 和 1.2%，而 C_3S 的含量不受限制。

（3）低热矿渣水泥熟料中碱含量，当水泥在混凝土中和骨料可能发生有害反应并经用户提出碱要求时，应不超过 1.0%，而中热水泥为不超过 0.6%。

表 2-16　低热矿渣水泥与中热水泥熟料质量要求比较表

项　目	低热矿渣水泥熟料	中热水泥熟料
C_3S/% ≤	—	55
C_3A/% ≤	8.0	6.0
f-CaO/% ≤	1.2	1.0

4. 生产技术

（1）熟料组成

低热矿渣水泥熟料组成的企业生产数据[6]列于表2-17。这些数据都符合当时国家标准的规定。

表2-17　低热矿渣水泥熟料组成企业生产数据

工厂	生产日期	率　值			矿物组成/w%			
		KH	P	n	C_3S	C_2S	C_3A	C_4AF
C厂	1984年	0.88	1.1	2.0	51.8	20.9	6.2	15.2
D厂	1986年	0.89	1.0	2.2	54.7	19.4	4.3	15.0

（2）原料选择

低热矿渣水泥熟料生产的石灰石和粘土质原料，可按中热水泥生产的技术思路进行选择，也须采用低铝、低碱原料，以确保国家标准规定和客户要求的质量指标。

（3）熟料烧成

与中热水泥生产一样，可采用中空干法窑、湿法窑和新型干法预分解窑进行熟料烧成。最佳选择应当是新型干法预分解窑。

（4）水泥制备

低热矿渣水泥制备可采用混合粉磨或分别粉磨的方法。分别粉磨可节省电耗，不过，要根据本厂设备条件来选择何种方法。

5. 水泥性能

对应表2-17的熟料组成，C厂和D厂425低热矿渣水泥主要性能列于表2-18[6]。可见，我国生产低热矿渣水泥性能都符合国家标准的规定。

表2-18　425低热矿渣水泥主要性能指标

名　称	抗压强度/MPa			抗折强度/MPa			水化热/（kJ/kg）	
	3d	7d	28d	3d	7d	28d	3d	7d
C厂	15.4	24.6	50.6	3.8	5.2	7.6	171.4	204.8
D厂	—	24.5	48.7		5.1	7.7	183.9	213.2
GB 200—80	—	≥18.6	≥42.5	—	≥4.1	≥6.3	≤197	≤230

我国低热矿渣水泥国家标准主要性能指标与其他国家相应水泥指标的比较列于表2-19。从该表看到，我国低热矿渣水泥性能指标与国外相仿，只是7d强度略低，但水化热指标的要求较高些。

表2-19　国内外低热矿渣水泥国家标准性能指标比较

国　别	标准号和水泥名称	强度检验方法	抗压强度/MPa			水化热/（kJ/kg）	
			3d	7d	28d	3d	7d
中国	GB 200—2003 32.5低热矿渣水泥	ISO	—	12.0	32.5	197	230
英国	BS 4246—1974 低热波特兰高炉水泥	ISO	8	14.0	28.0	—	250
德国	DIN 164—2000 低热矿渣水泥	ISO	—	16.0	32.5	—	270

6. 水泥应用

低热矿渣水泥和中热水泥一样，广泛应用于我国大、小水坝工程建设，已有50多年历史，都是中国大批量生产的久负盛名的特种水泥品种。近一时期，大坝水泥应用方法发生变化，在工地现场采用一种中热水泥，通过掺粉煤灰配制成不同等级混凝土，以满足工程不同需要，因此低热矿渣水泥用量有一定下降。不过，低热矿渣水泥以其价廉物美和使用方便等优势，仍会有一定市场。

第五节　低热硅酸盐水泥

1. 现行国家标准GB 200—2003对低热硅酸盐水泥的技术要求

在GB 200—2003国家标准中首次列入低热硅酸盐水泥新品种，其技术要求归纳如下[7]。

（1）以适当成分的硅酸盐水泥熟料，加入适量石膏，磨细制成的具有低水化热的水硬性胶凝材料，称为低热硅酸盐水泥（简称低热水泥）。

这项规定说明，低热水泥与中热水泥一样，都不允许掺入任何混合材。

（2）低热水泥熟料中 C_2S 含量应不小于40％；C_3A 含量应不超过6％；f-CaO含量应不超过1.0％。

（3）低热水泥中 MgO 含量、碱含量、SO_3 含量、烧失量、比表面积、凝结时间和安定性等规定指标，与中热水泥的规定指标相同。

（4）低热水泥强度等级为 42.5，各龄期的抗压强度和抗折强度指标应不低于下列数值：

抗压强度/MPa			抗折强度/MPa		
3d	7d	28d	3d	7d	28d
—	13.0	42.5	—	3.5	6.5

（5）低热水泥水化热允许采用直接法或溶解热法进行检验，各龄期的水化热不大于下列数值：

3d≤230kJ/kg；7d≤260kJ/kg；28d≤310kJ/kg。

2. 熟料矿物组成

中国建筑材料科学研究总院隋同波等[9]提供的低热水泥熟料矿物组成数据列于表 2-20。从该表看出，低热水泥熟料组成与中热水泥和低热矿渣水泥熟料相比有着显著特点：C_2S 矿物含量特别高，为 51.5%～52.4%；C_3S 和 C_3A 矿物含量都很低，分别为 25.1%～25.8% 和 2.7%～3.0%。

表 2-20　低热水泥熟料矿物组成

编　　号	熟料矿物组成/w%			
	C_3S	C_2S	C_3A	C_4AF
A1	25.1	52.4	2.87	15.5
A2	25.8	51.5	3.01	15.4
A3	25.7	52.4	2.71	15.1

低热水泥熟料矿物组成在水泥化学中并不陌生。在俄国学者 С. Д. 奥克拉可夫[5]的硅酸盐水泥熟料按矿物组成进行的分类中，各种熟料都有自己的定位，如图 2-3 所示。低热硅酸盐水泥熟料属含铝酸盐矿物较低的贝利特熟料。贝利特熟料有着强度增进率低和水化热低的众所周知的特性，中国建筑材料科学研究总院隋同波等研究开发贝利特水泥过程中将它改进成低热硅酸盐水泥，找到了技术出路，填补了中国特种水泥的空白，实现了一个巧妙的科学构思。

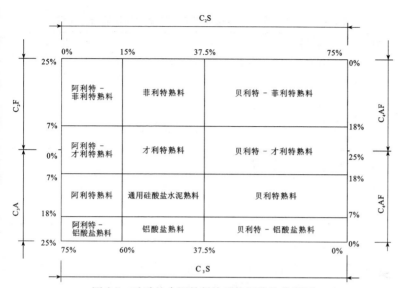

图 2-3 硅酸盐水泥熟料按矿物组分的分类图

（C_3S 称阿利特矿物；C_2S 称贝利特矿物；C_3A 称铝酸盐矿物；

C_4AF 称才利特矿物；C_2F 称菲利特矿物）

3. 水泥性能

对应表 2-20 各试样矿物组成的主要性能列于表 2-21。从表 2-21 可看到，我国生产的低热水泥都符合国家标准所规定的指标，与中热水泥相比，具有早强低和水化热低的特点。

表 2-21　低热水泥主要性能

编　号	凝结时间/h:min		抗压强度/MPa		水化热/（kJ/kg）	
	初凝	终凝	7d	28d	3d	7d
A1	2:42	3:53	18.5	47.8	208	228
A2	2:35	3:45	20.2	56.1	213	240
A3	2:05	3:11	18.1	50.7	207	238
GB 200—2003	>1:00	<12:00	≥13.0	≥42.5	≤230	≤260

国内外低热水泥国家标准主要性能指标的比较列于表 2-22。在此可见，我国低热硅酸盐水泥强度较高，水化热指标要求略低，具有自己的特色。

表 2-22 国内外低热硅酸盐水泥国家标准主要性能指标比较

国别	标准号和水泥名称	强度检验方法	抗压强度/MPa ≥			水化热/（kJ/kg） ≤		
			3d	7d	28d	3d	7d	28d
中国	GB 200—2003 42.5 低热水泥	ISO		13.0	42.5	230	260	310
美国	ASTM 150—99a 低热波特兰水泥	ISO		7.0	17.0		250	290
日本	R 5210—1997 低热波特兰水泥	ISO		7.5	22.5		250	290
英国	BS 1370—1979 低热波特兰水泥	ISO	8	14	28		250	290

4. 生产与应用

低热水泥是中国建筑材料科学研究总院的专利技术。生产工艺设备与通用硅酸盐水泥基本相同，曾在四川嘉华水泥厂和湖北石门特种水泥厂进行小批量生产，试用于首都国际机场和长江三峡大坝工程，都取得良好效果。

第六节 低热微膨胀水泥

1. 国家标准 GB 2938—2008 对低热微膨胀水泥的技术要求

（1）以粒化高炉矿渣为主要成分，加入适量硅酸盐水泥熟料和石膏，磨细制成的具有低水化热和微膨胀性能的水硬性胶凝材料，称为低热微膨胀水泥。

（2）水泥强度等级为 32.5 级；熟料中 f-CaO 不得超过 1.5%；MgO 不得超过 6.0%。

（3）水泥中 SO_3 含量应为 4.0%～7.0%。

（4）水泥比表面积不得小于 300m²/kg。

（5）初凝不得早于 45min，终凝不得迟于 12h；也可由生产单位和使用单位商定。

（6）用沸煮法检验安定性必须合格。

（7）水泥各龄期强度应不低于下列数值：

强度等级	抗压强度/MPa		抗折强度/MPa	
	7d	28d	7d	28d
32.5	18.0	32.5	5.0	7.0

（8）水泥各龄期水化热应不大于下列数值：

强度等级	水化热/（kJ/kg）	
	3d	7d
32.5	185	220

（9）线膨胀率应符合以下要求：

1d 不得小于 0.05%；

7d 不得小于 0.10%；

28d 不得大于 0.60%。

2. 水泥组成

低热微膨胀水泥是在石膏矿渣水泥基础上开发出来的一个品种。它的组分与石膏矿渣水泥、矿渣硅酸盐水泥一样，都是由粒化高炉矿渣、硅酸盐水泥熟料和石膏（硬石膏或二水石膏）组成。这三种水泥的组成近似值列于表 2-23。从该表可以看出，低热微膨胀水泥与石膏矿渣水泥相比，熟料掺量由 5% 提高到 20%，硬石膏掺量由 15% 下降到 10%；与矿渣硅酸盐水泥相比，熟料掺量由 50% 下降到 20%，石膏掺量则由 5% 提高到 10%。低热微膨胀水泥各种组分的配比介于石膏矿渣水泥与矿渣硅酸盐水泥之间。

表 2-23　低热微膨胀水泥与相关水泥组成近似值比较

水泥名称	水泥组成/%		
	熟料	硬石膏（或二水石膏）	矿渣
石膏矿渣水泥	5	15	80
矿渣硅酸盐水泥	50	5	45
低热微膨胀水泥	20	10	70

3. 水泥性能

根据岳云德[6]提供的资料，E 厂和 F 厂低热微膨胀水泥性能列于表 2-24。该表说明，我国生产的低热微膨胀水泥性能都符合当时国家标准的规定。

表 2-24　425 低热微膨胀水泥主要性能指标

名　　称	抗压强度/MPa			线膨胀率/%			水化热/（kJ/kg）	
	3d	7d	28d	1d	7d	28d	3d	7d
E 厂	15.3	33.2	46.7	0.064	0.143	0.158	159	188
F 厂	11.4	28.7	47.0	0.105	0.235	0.246	155	172
GB 2938—1997	—	≥26.0	≥42.5	≥0.05	≥0.10	≤0.60	≤185	≤205

对比表 2-24 与表 2-18 可见，企业生产的低热微膨胀水泥 7d 水化热都在 200kJ/kg 以下，比低热矿渣水泥低得多，这是一个很大的性能优势。

大坝水泥系列各品种水泥主要性能国家标准指标列于表 2-25。分析表 2-25 所列数据可得出，低热微膨胀水泥具有很低的水化热。

表 2-25　大坝水泥系列各品种水泥主要性能国际标准指标

水泥名称	强度检验方法	抗压强度/MPa			水化热/（kJ/kg）	
		3d	7d	28d	3d	7d
32.5 低热微膨胀水泥	ISO	—	18.0	32.5	185	220
32.5 低热矿渣硅酸盐水泥	ISO	—	12.0	32.5	197	230
42.5 低热硅酸盐水泥	ISO	—	13.0	42.5	230	260
42.5 中热硅酸盐水泥	ISO	12.0	22.0	42.5	251	293

试验结果表明，低热微膨胀水泥与大坝水泥系列其他品种相比其抗冻性较差。此外，低热微膨胀水泥的膨胀性能属 $C_3A \cdot 3CaSO_4 \cdot 32H_2O$ 型膨胀，发生在水泥硬化过程的早期，只能发挥混凝土硬化早期的补偿收缩作用，难于对混凝土后期的收缩进行补偿，这些都是低热微膨胀水泥在性能上的劣势。

4. 生产与应用

低热微膨胀水泥曾采用管磨技术进行生产，粉磨细度一般控制在 $400 \sim 500 m^2/kg$。所用粒化高炉矿渣质量须符合国家标准 GB/T 203 的技术要求。石膏可用天然硬石膏，或经 600～800℃煅烧的石膏，或二水石膏和工业副产石膏。

用管磨技术生产低热微膨胀水泥时，电耗很高。为节省电耗，现代水泥发展的趋势是采用辊压磨终粉磨系统或立磨终粉磨系统生产矿渣粉或含矿渣量较高的水泥。

低热微膨胀水泥曾在富春江水泥厂、新安江特种水泥厂、洛阳水泥厂和华新水泥厂等进行生产，并成功应用于浙江长绍水库、福建池潭水库、浙江紧水滩和安康水库等中小型水库大坝工程。随着大坝水泥品种的发展，近期这种水泥已很少被大坝工程建设单位所选用。不过，低热微膨胀水泥具有水化热低的明显优势，并已有使用实例，目前仍作为一个备选产品而列入大坝水泥系列。

中国建筑材料科学研究总院在低热微膨胀水泥基础上曾研究出粉煤灰低热微膨胀水泥，但未见其应用实例和产品标准。然而，在这项研究中，粉煤灰可替代矿渣的试验结果对低热微膨胀水泥的进一步推广应用具有实用价值。

第三章 油井水泥

第一节 概 述

油井水泥曾称堵塞水泥，顾名思义，就是堵塞油井用的水泥。封堵油井的示意图列于图 3-1。

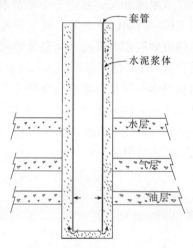

图 3-1 封堵油井示意图

如图 3-1 所示，水泥浆沿着钢质套管被压入套管与岩壁的间隙之中，在此凝结硬化，将各水层、气层和油层封住并隔开。采油时，向油层位置的套管壁和水泥层射出孔洞，石油借自身或外界压力沿着套管流向地面。

分析油井封堵作业过程，油井水泥须有如下主要工作特性：

（1）适应高温高压工作条件

油井水泥应用于油田固井，井深愈深，井温和井压愈高。例如，5000m 到 7000m 井深处，井温可达 150℃到 180℃。水泥性能必须适应井下温度和压力的工作条件。应对这种条件，已研究开发出具有不同性能的各种等级的水泥，以满足不同井深条件的要求。

（2）可泵性

水泥浆体通过套管被压向套管与井壁的间隙的过程中，须有良好的可泵性，这样才能顺利进入所需封堵的各部位，完成固井作业。油井水泥的可泵性通常用稠化时间来衡量。稠化时间就是水泥浆体达到规定稠度所需的时间。井深的温度和压力，特别是温度，对稠化时间有很大影响。不同温度和压力条件下的稠化时间是油井水泥的主要特性指标。

（3）抗压强度

水泥硬化体在井内要承受多向压力，固井作业完成后应尽快达到一定的强度，以发挥封堵的功能。因此，不同温度和压力条件下在一定时间所达到的抗压强度指标也是油井水泥的重要特性指标之一。

（4）抗硫酸盐侵蚀

有些油井的地下水含有硫酸盐矿物，含有这种矿物的水对水泥硬化体有侵蚀作用，会造成透水或透气问题，降低出油质量。为防止硫酸盐侵蚀，研究开发出具有不同抗蚀性能的不同类型的油井水泥。

油井水泥是新中国成立后，从无到有地逐步发展起来的。油井水泥分普通油井水泥和特种油井水泥。普通油井水泥的开发和应用可分为三个阶段。

第一阶段是在 20 世纪 50 年代到 60 年代。我国油井水泥开发始于 50 年代。开发的方式主要是仿照原苏联的技术。中国建筑材料科学研究总院左万信、田其晾等按照原苏联油井水泥技术条件，试制成功冷堵油井水泥和热堵油井水泥两个品种。冷堵油井水泥用于井温低于 40℃ 的固井；热堵油井水泥用于井温为 40～75℃ 的固井。从此，我国石油工业开始采用国产油井水泥进行油田建设。这两个品种水泥沿用到 60 年代。

第二阶段是在 20 世纪 60 年代到 80 年代。到 60 年代，油井水泥的研究工作进入新的阶段，由仿照原苏联转向自主开发。60 年代，以开发大庆油田为标志的我国石油工业迅速蓬勃发展。由于我国油井条件与原苏联相比有很大差别，冷堵油井水泥和热堵油井水泥两个品种已无法满足我国油井建设的需要。中国建筑材料科学研究总院汪德修、丁树修、谭永祥、宋春岩、崔学玲、付守娣等，在石油科研院配合下，根据我国油层特点研究开发出一系列普通油井水泥新品种。这些新品种都制定了标准，然后推广应用。其中，有的制定成国家标准，有的制定为部级标准或企业标准。我国自主开发的普通油井水泥系列示于表 3-1。该表所列水泥品种系列目前虽已被新的品种系列所顶替，产品标准也已被国家标准 GB 10238—2005 所取代，但这些水泥品种的开发成功和推广应用为新一轮油井水泥的研究开发奠定了技术基础，对当时我国新兴石油工业的发展作出了重要贡献。

表 3-1　20 世纪 60 年代到 80 年代我国自主开发的油井水泥系列

标　准	名　称	使用条件
部级标准 JC 241—78	45℃油井水泥	<1500m 井深
国家标准 GB 202—78	75℃油井水泥	1500～2500m 井深
国家标准 GB 202—78	95℃油井水泥	2500～3500m 井深
企业标准 DB/5111Q11002—78	120℃油井水泥	3500～4000m 井深
部级标准 JC 237—78	高温（150～180℃）油井水泥	5000～7000m 井深

第三个阶段是 20 世纪 80 年代至今。这时期油井水泥发展的特点是与国际接轨。改革开放后，中国石油工业部门的国际合作愈来愈多，这就要求油井水泥品种和规格向国际通用的美国石油学会（API）标准接轨。中国建筑材料科学研究总院丁树修、谭永祥、宋春岩、崔学龄、付守娣等，根据石油部门要求，开始新一轮的油井水泥研究开发。通过大批量试制和油田多次使用，到 80 年代中期我国已能生产出对应于 API 标准的全部油井水泥系列品种。在此基础上，参照采用美国石油协会（API Sepcl0—86）《油井水泥材料和试验规范 10》制定出我国新的油井水泥国家标准 GB 10238—1988，于 1989 年 10 月开始实施。此后经历了两次修订。修订后的标准依次是 GB 10238—1998 和 GB 10238—2005。现行油井水泥国家标准 GB 10238—2005 是 2006 年 3 月 1 日开始实施的。

现行标准中油井水泥的分类和相应使用条件列于表 3-2。从该表可以看到，通用油井水泥分为 A、B、C、D、E、F、G 和 H 八个级别，不同级别中有的为普通型（O），有的为中抗硫酸盐型（MSR）

和高抗硫酸盐型（HSR）。

中国油井水泥标准实现了与国际接轨。

表 3-2　GB 10238—2005 国家标准中油井水泥的分类和使用条件

级　别	使用条件	类　型
A 级	无特殊性能要求 （自地面至 1830m 井深）	普通型（O 型）
B 级	要有抗硫酸盐性 （自地面至 1830m 井深）	中抗硫酸盐型（MSR 型） 高抗硫酸盐型（HSR 型）
C 级	要求高的早期强度 （自地面至 1830m 井深）	普通型（O 型） 中抗硫酸盐型（MSR 型） 高抗硫酸盐型（HSR 型）
D 级	中温中压 （1830 至 3050m 井深）	中抗硫酸盐型（MSR 型） 高抗硫酸盐型（HSR 型）
E 级	高温高压 （3050 至 4270m 井深）	中抗硫酸盐型（MSR 型） 高抗硫酸盐型（HSR 型）
F 级	高温高压 （3050 至 4880m 井深）	中抗硫酸盐型（MSR 型） 高抗硫酸盐型（HSR 型）
G 级	基本油井水泥	中抗硫酸盐型（MSR 型） 高抗硫酸盐型（HSR 型）
H 级	基本油井水泥	中抗硫酸盐型（MSR 型） 高抗硫酸盐型（HSR 型）

注：括号中的注解系 GB 10238—1988 国家标准中说明。

新中国第一批油井水泥是由中国建筑材料科学研究总院在南京江南水泥厂试制成功的。该厂湿法回转窑生产的油井水泥，质量稳定，得到油田建设单位的普遍好评。此后，哈尔滨水泥厂、大连水泥厂、抚顺水泥厂、耀县水泥厂、永登水泥厂和新疆水泥厂等国家大中型企业都陆续开始生产油井水泥。20 世纪 80 年代以来，油井水泥生产企业数量进一步扩大。除一些老厂继续生产外，增加了不少新厂。湖北葛洲坝水泥厂 2010 年油井水泥销量突破 20 万吨，成为全国油井水泥生产产量最大的企业，其品质优良，深受油田建设单位欢迎。此外，出现了一批生产油井水泥的小型企业。例如：山东华银特种水泥厂、四川嘉华特种水泥厂、宁夏青铜峡水泥厂和新疆南岗水泥厂等。近一时期，我国油井水泥年销量为 200 万吨左右，还有小批量出口到国外。油井水泥是我国特种硅酸盐水泥中的主要品种之一。

现行国家标准 GB 10238—2005 规定，普通油井水泥分八个级别，但在油井建设中常用的品种是 A 级、D 级和 G 级[10]。除普通油井水泥外，科研、生产和使用单位还开发出一些特种油井水泥，用于特殊条件下的油井固井或事故处理。本章重点叙述常用的油井水泥，其他品种仅作一般介绍。

第二节　物 化 理 论

油井水泥的主要技术性能特点是固井作业时的可泵性、作业完成后的抗压强度和抗硫酸盐侵蚀性能。为获得所需性能指标，必须深入把握水泥凝结硬化理论，特别是缓凝机理和高温水化过程，以及硫酸盐侵蚀机理。

1. 缓凝机理

为获得所要求的稠化时间，在油田使用油井水泥时往往掺入缓凝剂。中国油田通常采用的缓凝剂有酒石酸（$C_4H_6O_6$）和羧基甲基纤维素（CMC）等。20 世纪 60 年代，为自主开发油井水泥，中国建筑材料科学研究总院钱荷雯、尹成东、刘昌和、王燕谋[11]研究了"$C_4H_6O_6$ 和 CMC 对水泥单矿物水化凝结过程的作用"。研究成果曾获国家建筑材料工业部科技大会奖。

研究中测定了凝结时间、抗压强度、超声波初期结构强度、液相浓度、X 射线衍射曲线和失重曲线等。凝结时间和抗压强度的测定结果列于表 3-3。超声波初期结构强度曲线示于图3-2和图 3-3。

表 3-3　酒石酸和羧基甲基纤维素对水泥单矿物性能的影响

试样名称	液/固	凝结时间/h:min		抗压强度/（kg/cm^2）		
		初凝	终凝	3d	7d	28d
C_3S	9/20	2:55	5:13	95	162	417
$C_3S+C_4H_6O_6$	9/20	6:54	9:52	127	244	510
C_3S+CMC	9/20	3:58	6:07	76	121	287

续表

试样名称	液/固	凝结时间/h:min		抗压强度/（kg/cm^2）		
		初凝	终凝	3d	7d	28d
C_3A	9/10	长时间不凝		—	—	—
$C_3A+C_4H_6O_6$	9/10	2:12	7:22	—	—	—
C_3A+CMC	9/10	5:54	11:00	—	—	—
C_4AF	9.5/12	0:15	0:54	—	—	—
$C_4AF+C_4H_6O_6$	9.5/12	0:05	0:14	—	—	—
$C_4AF+CMC$	9.5/12	0:12	0:37	—	—	—

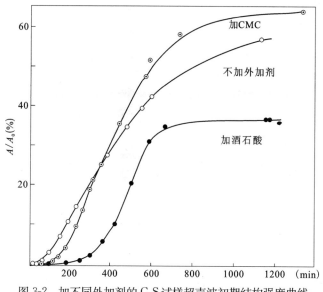

图 3-2 加不同外加剂的 C_3S 试样超声波初期结构强度曲线

表 3-3 说明，$C_4H_6O_6$ 和 CMC 都能减缓油井水泥熟料主要矿物 C_3S 水化体的凝结时间，但 $C_4H_6O_6$ 的缓凝效果比 CMC 要大得多。这两个外加剂对 C_3S 硬化体抗压强度的影响有所不同，$C_4H_6O_6$ 增高强度，CMC 则降低强度。从表 3-3 还可看到，$C_4H_6O_6$ 和 CMC 对 C_3A 和 C_4AF 的影响，与 C_3S 相比恰恰相反，不是缓凝，而是促凝。这些性能方面的变化都与矿物水化时的物理化学过程密切相关。

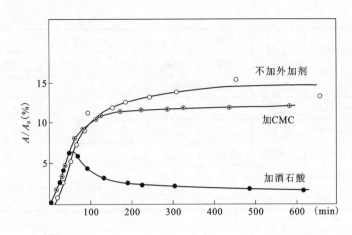

图 3-3　加不同外加剂的 C_3A 试样超声波初期结构强度曲线

分析图 3-2 所示的超声波初期结构强度曲线后可以得出，C_3S 水化的物理化学过程可分为三个阶段。

第一阶段主要是固相溶解，形成溶胶体系，水泥石基本结构还未开始生成，凝结也未开始出现。这阶段通常称为结构诱导期。

第二阶段的特征是水泥水化体系发生剧烈变化，溶胶体系发生聚沉，形成大量凝胶，同时凝胶又不断转变成晶体，通过晶体间的结点连结成一个晶体骨架，使水泥水化体形成一个基本结构。这阶段通常称为结构形成期。

第三阶段是水泥水化体基本结构已经形成，水泥水化体中继续发生的物理化学变化不会导致基本结构的根本改变。这阶段通常称为结构强化期。

图 3-2 表明，$C_4H_6O_6$ 对 C_3S 的缓凝作用是通过延长结构诱导期而达到的。$C_4H_6O_6$ 能提高 C_3S 水化体溶液的介稳饱和度，过饱和度愈高，析出的晶体愈小，数量也愈多，因而为形成一个动力稳定性较高的高分散溶胶体系创造了条件。在 C_3S 水化体的液相中保持与 $C_4H_6O_6$ 溶度积相应的一定浓度的极性分子，该极性分子能使体系中胶团的 ξ 电位增加，从而提高溶胶体系的动力稳定性。这些因素导致 C_3S 水化体的结构诱导期延长，使凝结延缓。可见，$C_4H_6O_6$ 对 C_3S 的缓凝作用就在于提高了溶胶体系的动力稳定性。$C_4H_6O_6$ 不

但缓凝，还能提高强度，这与其缓凝机理有关。在这条件下由于C_3S水化速度增大以及液相介稳过饱和度提高，使之产生一个晶体结点较多的结晶骨架，这对水泥石强度发展有利，最后导致强度增高。

从图 3-2 还可看到，CMC 与 $C_4H_6O_6$ 相比使 C_3S 水化体结构诱导期延长较短，所以缓凝作用较小。CMC 在水中分解出带有负电的大离子，在 C_3S 水化体系中不但能使溶胶体系的动力稳定性有某种程度的提高，而且还被吸附在凝胶和未水化颗粒表面，形成保护膜，从而延长诱导期，产生缓凝作用。CMC 使 C_3S 水化体强度下降的原因是由于凝胶粒子吸附了大离子团，使水泥石不能形成坚实的结晶骨架，另外还阻碍了晶体的发育，从而对强度发展不利。

比较图 3-2 与图 3-3 可以得出，C_3A 水化的物理化学过程与 C_3S 相比有很大区别。$C_4H_6O_6$ 和 CMC 会使 C_3A 水化体中的水化产物 C_3AH_6 与 $Al(OH)_3$ 加快聚沉，促使水化体凝结。

2. 高温水化过程

固井后水泥硬化体的抗压强度与高温高压条件下的水化过程密切有关。王燕谋[12]攻读苏联技术科学副博士学位时于 1962 年完成的论文中，确定了硅酸盐水泥和砂质硅酸盐水泥（掺 20% 石英砂）在压蒸制度为 3+0+3 的水热条件下，水化硅酸钙的形成过程示于表 3-4。

表 3-4 不同水热条件下形成的水化硅酸钙

水泥名称	水化硅酸钙						
	水热温度/℃						
	常温	100	175	205	225	265	310
硅酸盐水泥	C_2SH_2						
			C_2SH_2 (A)				
					C_2SH_2 (C)		
						C_3SH_2	
砂质硅酸盐水泥	C_2SH_2						
				CSH(B)			
						$C_4S_5H_5$	

硅酸盐水泥常温水化的产物主要是水化硅酸钙 C_2SH_2 凝胶和 $Ca(OH)_2$。从表 3-4 可看到，水热条件在 100℃以上时，水化硅酸钙 C_2SH_2 凝胶转变成碱度较高、结晶度较好的 C_2SH_2（A）；在 205℃以上时，C_2SH_2（A）转变成 C_2SH_2（C）；265℃以上时，C_2SH_2（C）进一步转变成碱度较高、结晶度较好的 C_3SH_2。由于水化体中存在 $Ca(OH)_2$，所以随着压蒸温度提高，水化硅酸钙的碱度不断增加，同时结晶度不断提高。硅酸盐水泥压蒸条件下的强度下降与水化硅酸钙的这些变化有着紧密联系。

砂质硅酸盐水泥常温水化产物，与硅酸盐水泥一样，主要是 C_2SH_2 和 $Ca(OH)_2$，此时与水泥中 SiO_2 的反应极慢。表 3-4 说明，蒸压温度超过 100℃时，水泥硬化体中出现碱度较低的 CSH（B）；超过 265℃时，会出现碱度更低、结晶度更好的 $C_4S_5H_5$（托勃莫来石）。由于水化体中存在 SiO_2，在压蒸条件下，C_2SH_2 和 $Ca(OH)_2$ 与 SiO_2 发生化学反应，生成 CSH（B）。随着温度提高，CSH（B）的碱度不断下降，结晶度不断提高，最终形成 $C_4S_5H_5$。CSH（B）的形成和发育使砂质硅酸盐水泥在高温高压条件下的强度非但不会下降，反而增加。

油井水泥熟料矿物组成与硅酸盐水泥基本相同，其高温水化过程与硅酸盐水泥类似。

3. 硫酸盐侵蚀

油井地下水中常含有 $MgSO_4$、Na_2SO_4 等硫酸盐类矿物。水泥硬化体遇到这种地下水后会发生如下两步化学反应。

第一步是硫酸盐与水泥硬化体中的水化产物 $Ca(OH)_2$ 发生化学反应，反应式为：

$$Ca(OH)_2 + MgSO_4 + 2H_2O \longrightarrow CaSO_4 \cdot 2H_2O + Mg(OH)_2$$

$$Ca(OH)_2 + Na_2SO_4 + 2H_2O \longrightarrow CaSO_4 \cdot 2H_2O + 2NaOH$$

第二步是新生成物 $CaSO_4 \cdot 2H_2O$ 与水泥硬化体中的水化产物 C_3AH_6 发生化学反应，反应式为：

$$C_3AH_6 + 3(CaSO_4 \cdot 2H_2O) + 20H_2O \longrightarrow C_3A \cdot 3CaSO_4 \cdot 32H_2O$$

在上述两类反应中，产生新的生成物时都要伴随着体积膨胀。

膨胀率 ΔV 计算如下：

$$Ca(OH)_2 + MgSO_4 + 2H_2O \longrightarrow CaSO_4 \cdot 2H_2O + Mg(OH)_2$$

摩尔质量/ (g/mol)	74.1	172.2
密度/ (g/cm³)	2.23	2.32
摩尔体积/ (cm³/mol)	33.2	74.2

$$\Delta V_1 = \frac{74.2 - 33.2}{33.2} \times 100\% = 123.5\%$$

$$C_3AH_6 + 3(CaSO_4 \cdot 2H_2O) + 20H_2O \longrightarrow C_3A \cdot 3CaSO_4 \cdot 32H_2O$$

摩尔质量/ (g/mol)	378	516.6	1237
密度/ (g/cm³)	2.52	2.32	1.73
摩尔体积/ (cm³/mol)	150	222.7	715

$$\Delta V_2 = \frac{715 - (150 + 222.7)}{150 + 222.7} \times 100\% = 91.8\%$$

$$\Delta V = \Delta V_1 + \Delta V_2 = 123.5\% + 91.8\% = 215.3\%$$

通过计算得出，油井地下水中硫酸盐与水泥硬化体中水化物发生化学反应产生的体积膨胀率为215.3%，如此大的膨胀率要导致水泥硬化体破坏开裂。避免或减轻硫酸盐侵蚀是油井水泥的一个重要性能要求。

缓凝机理、高温水化反应和硫酸盐侵蚀原理三个方面是油井水泥的主要理论特点，是指导其生产、应用和研究开发的重要物化理论。

第三节　A级油井水泥

A级油井水泥用于无特殊性能要求的浅层油井封堵作业。与其他级别的油井水泥相比，具有硬化较快、早期强度较高的特点。现行国家标准中，A级油井水泥仅有普通（O）型一个品种。

1. 技术要求

根据使用条件，现行国家标准 GB 10238—2005 对 A 级油井水泥的技术要求如下：

(1) 化学要求

氧化镁（MgO）最大值 6.0%；

三氧化硫（SO_3）最大值 3.5%，当 A 级水泥的铝酸三钙（C_3A）含量为 8% 或小于 8% 时最大含量为 3.0%；

烧失量最大值 3.0%；

不溶物含量最大值 0.75%。

(2) 物理性能要求

混合水占水泥质量分数：46%；

细度比表面积最小值：280m^2/kg；

15～30min 最大稠度：30Bc；

45℃、26.7MPa 的稠化时间最小值：90min；

38℃、常压、养护 8h 的抗压强度最小值：1.7MPa；

38℃、常压、养护 24h 的抗压强度最小值：12.4MPa。

2. 生产技术

普通油井水泥是由水硬性硅酸钙为主要成分的硅酸盐水泥熟料加入适量石膏，再加或不加其他外加剂共同磨制而成。因此油井水泥生产，包括原料选择、生料制备、熟料烧成和水泥制造等过程都可套用除立窑外的硅酸盐水泥回转窑生产技术。实践表明，现代水泥新型干法生产技术完全可以制造出优质油井水泥。

然而，油井水泥与通用硅酸盐水泥的使用条件不同，性能要求不同。为满足性能要求，主要措施是调整熟料组成和改变水泥制造的某些技术参数，同时对其他生产环节进行相应的微调。A 级油井水泥的生产技术并不例外。

根据宋春岩提供的资料[6]，A 级油井水泥熟料矿物组成应控制在如下范围：

C_3S=53%～60%；

C_2S=13%～20%；

C_3A=7%～9%；

$C_4AF=12\%\sim14\%$；

$f\text{-}CaO\leqslant1.0\%$。

同时提出：

水泥中 $SO_3=2.2\%\sim2.5\%$；

水泥细度比表面积为 $350\sim370m^2/kg$。

我国中南地区某厂用以下率值控制 A 级油井水泥熟料组成：

$KH=0.88\pm0.02$；

$n=2.35\pm0.10$；

$P=0.90\pm0.10$。

水泥细度比表面积控制在（320 ± 20）m^2/kg。

生产实践证明，对现代水泥回转窑生产工艺稍作调整就可生产出符合国家标准的油井水泥。

第四节　G 级油井水泥和 H 级油井水泥

G 级和 H 级油井水泥都是基本油井水泥，在水泥磨制过程中，除石膏外不得掺入其他外加剂；在使用时可采用促凝剂或缓凝剂。通过调节促凝剂或缓凝剂的品种和数量，基本油井水泥可用于一个很大井深范围内的封堵作业。在国家标准中，G 级和 H 级油井水泥都有中抗硫酸盐（MSR）和高抗硫酸盐（HSR）两种类型的品种。除性能测试时混合水占水泥的质量分数不同外，G 级和 H 级水泥的技术要求和生产技术都是相同的。G 级油井水泥的混合水占水泥质量分数为 46%，H 级油井水泥为 38%。G 级 HSR 型水泥是我国油井水泥中产量最大、应用最广的品种。

1. **技术要求**

现行国家标准 GB 10238—2005 对 G 级油井水泥的技术要求如下。

（1）化学要求

氧化镁（MgO）最大值：6.0%；

三氧化硫（SO_3）最大值：3.0%；

烧失量最大值：3.0%；

不溶物含量最大值：0.75%。

硅酸三钙（C_3S）含量：

中抗硫酸盐型（MSR）：48%～58%；

高抗硫酸盐型（HSR）：48%～65%。

铝酸三钙（C_3A）含量：

中抗硫酸盐型（MSR）最大值：8%；

高抗硫酸盐型（HSR）最大值：3%。

HSR 型要求铁铝酸四钙（C_4AF）＋2 倍铝酸三钙（C_3A）最大值：24%。

以氧化钠（Na_2O）当量表示的总碱量最大值：0.75%。

（2）物理性能要求

混合水占水泥质量分数：44%；

游离液含量最大值：5.90%；

15～30min 最大稠度：30Bc；

52℃、35.6MPa 的稠化时间：90～120min；

38℃、常压下养护 8h 的抗压强度最小值：2.1MPa；

60℃、常压下养护 8h 的抗压强度最小值：10.3MPa。

2. 生产技术

采用硅酸盐水泥回转窑技术生产 G 级油井水泥，与 A 级油井水泥一样，其主要措施仍是调整水泥熟料组成。谭永祥提供的资料[6]中说明，H 级 MSR 型和 G 级 HSR 型油井水泥熟料矿物组成应控制在下列范围：

H 级 MSR 型油井水泥熟料矿物组成（质量分数）是：

C_3S=57%～62%；

C_2S=15%～19%；

C_3A=3.5%～5.0%；

C_4AF=16%～18%；

f-CaO＜0.5%。

G 级 HSR 型油井水泥熟料矿物组成（质量分数）是：

C_3S=62%～67%；

C_2S=14%～19%；

C_3A=1%～2%；

C_4AF=15%～16%。

　　我国西北地区某厂生产的 G 级 HSR 油井水泥，其中一组的水泥
熟料矿物组成（质量分数）为：

$C_3S=60.10\%$；

$C_2S=16.88\%$；

$C_3A=0.88\%$；

$C_4AF=16.18\%$。

其熟料率值的控制范围为：

$KH=0.91\pm0.02$；

$n=2.40\pm0.10$；

$P=0.70\pm0.10$。

水泥的 SO_3 含量和细度控制范围是：

$SO_3=1.5\%\sim1.9\%$；

比表面积 $=300\sim360m^2/kg$。

　　我国西南地区某厂则按如下率值控制 G 级 HSR 油井水泥熟料组成：

$KH=0.92\pm0.02$；

$n=2.50\pm0.10$；

$P=0.83\pm0.10$。

该厂水泥比表面积控制的范围是 $330\sim370m^2/kg$。

　　需要指出的是，谭永祥提供的资料中 C_3S 含量偏高，其控制范围
上限略超出了国家标准的规定。同时可看到，企业选取的矿物组成都
在国家标准范围以内。一般认为，企业对矿物组成的选择，应根据用
户要求和工厂的具体条件，同时要遵照国家标准的规定。这里提供的
各方面的有关数据都可作为企业选择熟料矿物组成时的重要参考。

　　从上述熟料矿物组成，特别是 G 级 HSR 型油井水泥熟料组成，
可明显看出，与通用硅酸盐水泥相比，其铝率 P 较低。因此，在生
产中必须将石灰石-硅铝原料（粘土）-铁质原料（铁矿）三组分配料
改为石灰石-砂质原料（砂岩）-铝质原料（粉煤灰或矾土）-铁质原
料四组分配料。对此，原料制备工艺要做相应调整，烧成操作规程
也应与之相适应。四组分配料是已经很成熟的技术措施，在新型干
法预分解窑的硅酸盐水泥生产中已普遍推广。不过，其目的不同，
是为了提高硅率 n，生产高性能产品和进一步节能减排。

油井水泥熟料低铝率 P 的选择是为了降低 C_3A 含量，从而调整水泥性能。水泥物理化学理论研究表明，C_3A 会加速水泥浆体的硬化，降低其含量则产生相反的效果。缓凝剂对 C_3S 和 C_2S 有显著的缓凝作用，对 C_3A 则会加速其凝结。为使缓凝剂发挥更好的缓凝作用，须降低熟料中 C_3A 的含量。

此外，水泥硬化体内未水化的 C_3A 矿物，遇到地下水中硫酸根离子（SO_4^{2-}）后会形成高硫型水化硫铝酸钙（$C_3A \cdot 3CaSO_4 \cdot 32H_2O$），同时伴随着体积膨胀，严重时甚至会导致硬化体开裂。减少 C_3A 含量，可降低硬化体开裂风险，确保油井安全。

G 级油井水泥中较低的 C_3A 含量可从熟料组成方面确保水泥浆体具有固井所要求的稠化时间和水泥硬化体具有抗硫酸盐腐蚀的能力。

第五节　D级油井水泥

D 级油井水泥用于中温中压油井条件的封堵作业，有中抗硫酸盐（MSR）和高抗硫酸盐（HSR）两种类型的品种。由于使用条件不同，D 级油井水泥与其他级别的品种相比，有着不同的技术要求。

1. 技术要求

现行国家标准 GB 10238—2005 对 D 级油井水泥的技术要求如下：

（1）化学要求

氧化镁（MgO）最大值：6.0%；

三氧化硫（SO_3）最大值：3.0%；

烧失量最大值：3.0%；

不溶物含量最大值：0.75%。

铝酸三钙（C_3A）含量：

中抗硫酸盐型（MSR）最大值：8.0%；

高抗硫酸盐型（HSR）最大值：3.0%。

HSR 型要求铁铝酸四钙（C_4AF）＋2 倍铝酸三钙（C_3A）最大值：24%。

（2）物理性能要求

混合水占水泥质量分数：38%；

15～30min 最大稠度：30Bc；

45℃、26.7MPa 的稠化时间最小值：90min；

62℃、51.6MPa 的稠化时间最小值：100min；

77℃、20.7MPa 压力下养护 24h 的抗压强度最小值：6.9MPa；

110℃、20.7MPa 压力下养护 8h 的抗压强度最小值：3.4MPa；

110℃、20.7MPa 压力下养护 24h 的抗压强度最小值：13.8MPa。

2. 生产技术

现行国家标准规定，D级油井水泥由硅酸盐水泥熟料和石膏经磨细制成；在生产时，还可选用合适的调凝剂共同粉磨或混合。根据这个规定，D级油井水泥生产方法可有两种：一种是烧制特定组成的熟料，加石膏经粉磨制成；另一种是采用基本油井水泥或熟料，掺缓凝剂共同混合或粉磨而成。

我国中南地区某厂采用第一种方法时，D级油井水泥熟料各率值的控制范围是：

$KH=0.76\pm0.02$；

$n=2.9\pm0.1$；

$P\leqslant0.64$。

此外，熟料中的 f-CaO 控制在 0.2% 以下。

从这些率值可以得出，该厂生产的 D 级油井水泥熟料含有较高的 C_2S 矿物，较低的 C_3S 矿物和一定量 C_4AF，并不存在 C_3A 矿物。物化理论表明，C_3S 硬化较快，C_2S 硬化较慢，提高 C_2S 含量可改善水泥浆体在高温高压条件下的流动性。此外，C_3S 矿物在高温高压条件会形成高碱度的水化硅酸钙，并伴随着水泥硬化体强度下降。用 C_2S 取代 C_3S 后会形成碱度较低的水化硅酸钙，水泥硬化体强度下降问题可在一定程度上缓解。高 C_2S 熟料矿物组成的选择是为了确保在高温高压条件下，水泥砂浆具有所要求的流动性和水泥硬化体具有所要求的强度。

从 D 级油井水泥熟料组成看，该种熟料在一般水泥企业进行生产比较困难，生产工艺改动较大，特别是小批量生产时成本较高。所以，有些企业往往采用第二种方法生产 D 级油井水泥。根据付守娣提供的资料[6]，采用基本油井水泥加缓凝剂的方法可以制得符合国家标准所要求的 D 级油井水泥，如表 3-5 所示。

表 3-5　基本油井水泥加缓凝剂制得的 D 级油井水泥性能

水泥名称	缓凝剂/%	15～30min 初始稠度/Bc	62℃、51.6MPa 的稠化时间/min	抗压强度/MPa		
				110℃、20.7MPa		77℃、20.7MPa
				8h	24h	24h
嘉华水泥厂 HSRG 油井水泥	0	—	—	33.5	47.1	60.0
	0.6	5	129	30.0	55.5	57.6
	0.8	6	181	30.2	54.9	57.0
江南水泥厂 MSRH 油井水泥	0	—	—	37.1	47.3	48.9
	0.6	5	136	36.9	54.3	45.4
	0.7	4	202	36.5	50.9	49.1

第六节　普通油井水泥其他品种

普通油井水泥在不断发展中形成了八个等级。从使用条件看，这八个等级的水泥可分为三类：

第一类是以 A 级油井水泥为代表的用于浅井的 A 级、B 级和 C 级水泥；

第二类是以 D 级油井水泥为代表的用于不同深井的 D 级、E 级和 F 级水泥；

第三类是基本油井水泥，用于不同深度的油井，包括 G 级和 H 级水泥。

A 级、D 级、G 级和 H 级是代表性品种，又是油田常用和工厂生产较多的品种，在前几节已分别进行较详细介绍。本节简要叙述其他普通油井水泥品种，包括 B 级和 C 级、E 级和 F 级，这些水泥目前在我国企业基本上都不再生产和应用。

1.B 级油井水泥和 C 级油井水泥

B 级和 C 级油井水泥，与 A 级油井水泥相似，都是用于浅层油井的固井作业，其中对 C 级水泥要求具有较大的比表面积和较高的早期强度。B 级油井水泥分 MSR 型和 HSR 型两种类型，C 级油井水泥分 O 型、MSR 型和 HSR 型三种类型。按国家标准 GB 10238—2005 规定，B 级油井水泥和 C 级油井水泥的化学要求和物理性能要求分别列于表 3-6 和表 3-7。

表 3-6　B 级和 C 级油井水泥的化学要求

化学性能	水泥级别	
	B 级	C 级
普通型		
氧化镁最大值/%	—	6.0
三氧化硫最大值/%	—	4.5
烧失量最大值/%	—	3.0
不溶物最大值/%	—	0.75
铝酸三钙（C_3A）最大值/%	—	15.0
中抗硫酸盐型		
氧化镁最大值/%	6.0	6.0
三氧化硫最大值/%	3.0	3.5
烧失量最大值/%	3.0	3.0
不溶物最大值/%	0.75	0.75
C_3A 最大值/%	8.0	8.0
高抗硫酸盐型		
氧化镁最大值/%	6.0	6.0
三氧化硫最大值/%	3.0	3.5
烧失量最大值/%	3.0	3.0
不溶物最大值/%	0.75	0.75
C_3A 最大值/%	3.0	3.0
C_4AF+2C_3A 最大值/%	24.0	24.0

表 3-7　B 级和 C 级油井水泥的物理性能要求

物理性能	水泥级别	
	B 级	C 级
混合水占水泥质量分数最大值/%	46	56
细度比表面积最小值/（m^2/kg）	280	400
15～30min 最大稠度/Bc	30	30

物理性能	水泥级别	
	B 级	C 级
45℃、26.7MPa 的稠化时间最小值/min	90	90
38℃常压养护 8h 的抗压强度最小值/MPa	1.4	2.1
38℃常压养护 24h 的抗压强度最小值/MPa	10.3	13.8

根据谭永祥提供的资料[6]，B 级水泥熟料组成（质量分数）应控制在如下范围：

$$C_3S=53\%\sim60\%;$$
$$C_2S=13\%\sim20\%;$$
$$C_3A\leqslant6\%;$$
$$C_4AF=15\%\sim17\%.$$

可以看出，B 级油井水泥熟料矿物组成与 A 级相似，只是 C_3A 含量要求较低，显然是由于前者要求具有抗硫酸盐腐蚀性能。

C 级油井水泥要求具有高的早期强度和抗硫酸盐腐蚀性能，因此在熟料矿物组成的选择时须考虑适当降低 C_3A 含量，同时相应提高 C_3S 含量，此外，还要大幅度提高水泥的细度。

2. E 级油井水泥和 F 级油井水泥

E 级和 F 级油井水泥，与 D 级油井水泥一样，都是用于深井固井作业。不同的是 D 级水泥适用于中温中压的深井，而 E 级和 F 级水泥适用于高温高压的更深的深井。这两个级别的油井水泥都分 MSR 型和 HSR 型两个类型。按国家标准 GB 10238—2005 规定，E 级和 F 级油井水泥化学要求与 D 级水泥完全相同，其具体指标列于本章第五节，这里不再重复。它们的物理性能要求列于表 3-8。

表 3-8　E 级和 F 级油井水泥的物理性能要求

物理性能	水泥级别	
	E 级	F 级
混合水占水泥质量分数最大值/%	38	38
15～30min 最大稠度/Bc	30	30
62℃、51.6MPa 的稠化时间最小值/min	100	100

物理性能	水泥级别	
	E 级	F 级
97℃、92.3MPa 的稠化时间最小值/min	154	—
120℃、111.3MPa 的稠化时间最小值/min	—	190
77℃、20.7MPa 养护 24h 的抗压强度最小值/MPa	6.9	—
110℃、20.7MPa 养护 24h 的抗压强度最小值/MPa	—	6.9
143℃、20.7MPa 养护 8h 的抗压强度最小值/MPa	3.4	—
143℃、20.7MPa 养护 24h 的抗压强度最小值/MPa	13.8	—
160℃、20.7MPa 养护 8h 的抗压强度最小值/MPa	—	3.4
160℃、20.7MPa 养护 24h 的抗压强度最小值/MPa	—	6.9

　　E 级和 F 级油井水泥生产方法与 D 级水泥相同，都有两种：一种是先烧制特定组成的熟料，然后加石膏经粉磨制成；另一种是采用基本油井水泥加缓凝剂配制而成。采用第一种方法生产 E 级和 F 级油井水泥时，熟料矿物组成的选择，与 D 级油井水泥相比，应当进一步降低 KH 值，提高 n 值，即进一步提高 C_2S 含量，降低 C_3S 含量，以适应高温高压工作条件的要求。

　　根据付守娣提供的资料[6]，采用基本油井水泥加缓凝剂的第二种方法可以制得符合国家标准所要求的 E 级和 F 级油井水泥。与 D 级水泥不同的是要增加缓凝剂的掺入量。采用嘉华水泥厂 HSRG 级油井水泥掺外加剂制得的 E 级和 F 级油井水泥数据列于表3-9。从该表可看到，G 级油井水泥加缓凝剂制得的 E 级和 F 级油井水泥完全符合国家标准所规定的要求指标。

表3-9　基本油井水泥加缓凝剂制得的 E 级和 F 级油井水泥性能

水泥级别	外加剂掺量/%	15～30min 初始稠度/Bc	97℃、92.5MPa 稠化时间/min	抗压强度/MPa					
				77℃、20.7MPa	143℃、20.7MPa		110℃、20.7MPa	160℃、20.7MPa	
				24h	8h	24h	24h	8h	24h
E 级	0.9	2	197	59.2	58.4	61.2			
	1.0	3	195	55.1	63.9	61.0			

续表

水泥级别	外加剂掺量/%	15~30min初始稠度/Bc	120℃、111.3MPa稠化时间/min	抗压强度/MPa						
				77℃、20.7MPa	143℃、20.7MPa		110℃、20.7MPa	160℃、20.7MPa		
				24h	8h	24h	24h	8h	24h	
F级	1.1	4	257				50.4	29.4	29.2	
	1.2	4	270				47.4	28.1	19.6	

第七节　关于普通油井水泥生产方法的讨论

20 世纪 50 年代初，油井水泥首先在国家大中型企业用湿法回转窑生产方法试制成功，后来又在中空干法回转窑企业进行推广。其间，一些地方小企业曾用立窑生产方法试制油井水泥。由于立窑技术无法解决质量稳定性问题，其产品未能得到用户的认可。从理论和实践两方面都断定立窑生产方法不能用来生产油井水泥。在很长一段时间内，我国油井水泥生产方法维持着湿法和中空回转窑干法并存的局面。

在这两种生产方法并存的情况下，湿法生产油井水泥的优势已显示出来。其产品流动性好、强度高、质量稳定，用户争相采用。

20 世纪 80 年代到 90 年代，在油井水泥生产中，一些企业采用了小型预热器窑或预分解窑的生产方法，还出现了多条日产 1000 吨熟料预分解窑新型干法生产线。进入 21 世纪后，随着新型干法蓬勃发展，开始采用日产 2000 吨熟料新型干法生产油井水泥。

在国家节能减排政策的推动下，在社会主义市场经济体制的引导下，中国水泥行业的落后生产方法，包括立窑、中空干法窑、湿法窑、预热器窑和日产 1000 吨熟料的新型干法，正在迅速被淘汰。在油井水泥生产中，有些企业目前仍采用湿法和日产 1000 吨熟料的新型干法，形成了湿法与新型干法并举，日产 1000 吨熟料新型干法与日产 2000 吨熟料新型干法并举的局面。

在水泥生产中，尤其是特种水泥，是否能做到质量稳定，往往是技术成败的关键。为生产高品质水泥，首先是生料质量要十分均匀。新型干法主要通过堆场内的预均化、自控粉磨时的均化和圆库内的均化三个环节实现生料均化的全过程。湿法主要通过自控粉磨时的均化和厚浆池内均化两个环节来实现。显然，湿法生料均化环节较少，相应的设备也较简单。此外，现代新型干法都采用连续式均化库，生料粉均化时间较短，仅以分钟计；湿法中厚浆池对生料浆搅拌均化时间较长，往往达数天之久。湿法的生料均化，其介质是水，均化时间长，均化流程较简单，有着独特的优势。油井水泥要求流动性好，质量稳定性比其他水泥要求更高，湿法可以满足这些要求。与新型干法相比，湿法最主要的缺点是烧成热耗较高。但是，油井水泥生产批量较小，售价较高，企业效益明显。综合考虑正负两方面因素后可以得出，采用已经淘汰或即将淘汰的湿法设备生产油井水泥是相对合理的，是可提供选择的一个方案。

日产 1000 吨熟料新型干法生产线是我国新型干法发展初期开发出来的，其有些生产环节和环保设施尚不够完善。日产 2000 吨熟料及其以上规模的新型干法生产线发展起来后，相比之下，日产 1000 吨熟料生产线的单位产品投资高、能源消耗大、产品质量低、生产成本高，用其生产通用水泥在市场上缺乏竞争力，大部分生产线已被淘汰。从当前的实践情况看，日产 1000 吨熟料生产线，按现代新型干法技术完善后，可以生产出合格的油井水泥，效益显著，在特种水泥市场具有竞争力。从此可以作出判断，现代化的日产 1000 吨熟料新型干法生产线是油井水泥生产中比较合理的一种生产方法。

无论从企业效益还是从社会效益看，日产 2000 吨熟料新型干法生产线是当前最合理的、应当提倡的油井水泥生产方法。

第八节 特种油井水泥

特种油井水泥是一类既有普通油井水泥性能，又具有某种特性的油井水泥。此类油井水泥品种较多，主要有低比重水泥、高比重水泥、超深油井水泥和膨胀油井水泥等。

1. 低比重油井水泥

低比重油井水泥是指其水泥浆体比重低于 1.60 的油井水泥。在固井作业中，水泥浆体比重过大会使某些带有缝隙和孔洞的岩层被压裂，引起水泥浆的漏失，在套管与井壁的环形空间中达不到预定高度，对固井质量造成严重影响。为避免水泥浆漏失，解决水泥浆体不到位问题，必须采用低比重油井水泥。

低比重油井水泥的制造方法有两种。一种是由普通油井水泥掺加一定量天然或人工的轻质矿物材料配制而成，轻质矿物材料有膨润土、硅藻土、珍珠岩、火山灰、粉煤灰、煤渣和硅渣等。这些轻质材料需水量很大，以此来降低水泥浆体的比重。第二种方法是在普通油井水泥中掺加一定量含碳（或碳氢）的化合物材料，如硬质沥青等。低比重油井水泥可在工厂生产也可在油田现场配制。

根据丁树修提供的资料[6]，利用硫酸铝厂副产品硅渣和普通油井水泥配制成的水泥称硅渣低比重油井水泥。在 0.8 水灰比的条件下，该水泥的浆体比重为 1.54。新疆克拉玛依油田和大港油田曾使用硅渣低比重油井水泥固井，取得良好效果。采用煤渣、石膏和普通油井水泥熟料可磨制成煤渣低比重水泥。用这种水泥可调制成比重为 1.54～1.60 的低比重水泥浆，曾用于四川石油管理局的油气井固井，取得预期结果。在普通油井水泥中掺加一定量粉煤灰后即成粉煤灰低比重水泥。水灰比为 0.65 和 0.70 时，水泥浆体的比重分别是 1.52 和 1.58。固井试验表明，粉煤灰低比重油井水泥造浆量大，水泥浆流动性好、析水量小和性能稳定，与其他低比重油井水泥比较具有明显优势。

2. 高比重油井水泥

高比重油井水泥是指水泥浆体比重大于 2.0 的油井水泥。采用这种水泥是为了防止某些地层压力很高的浅层油气井发生喷井事故。高比重油井水泥一般用于浅层高压油气井的固井和喷井事故的处理。

高比重油井水泥的配制方法是：在普通油井水泥中掺加 40%～50% 的加重剂混合均匀而成。加重剂为重晶石、赤铁矿、磁铁矿、钛铁矿和铅锌矿等，最常用的是重晶石。这种水泥浆体的比重可达 2.0～2.6，山东胜利油田和四川石油管理局的油气田曾采用高比重水泥处理井喷事故。

3. 超深油井水泥

超深油井水泥是指用于超过 5000m 井深油气井固井的水泥。这种水泥的制造方法有两种：一种是用硅酸盐水泥熟料加适量石膏和石英砂共同磨细制成，或用普通油井水泥与石英砂混合而成；另一种是用工业废渣赤泥或粒化高炉矿渣与石英砂共同粉磨而成。这种水泥又称无熟料超深油井水泥。

超深油井水泥的性能特点是：在 $150\sim300℃$ 的高温和 39.2MPa 的高压条件下仍具有良好而稳定的强度性能。其物化原理是：硅酸盐水泥熟料或赤泥和高炉矿渣中掺入石英砂后，在高温高压条件下形成了主要组分为 CSH（B）的低碱度水化硅酸钙。CSH（B）的产生和存在使水泥硬化体在高温高压条件下具有良好的强度性能。

试验结果表明，超深油井水泥可用于井深 $5000\sim7000m$ 的油井固井工程。

4. 膨胀油井水泥

膨胀油井水泥是指在硬化过程中能发生体积膨胀的水泥。用这种水泥固井，可使水泥硬化体与钢管和井壁之间，以及硬化体本身更加密实，从而大大提高固井的质量。膨胀油井水泥的制造方法是：在普通油井水泥中加入适量膨胀剂。通常采用的膨胀剂有铝酸盐水泥熟料和轻烧菱镁矿等。掺铝酸盐水泥熟料的膨胀油井水泥适用于浅井固井；掺轻烧菱镁矿的，可用于深井固井。

我国大庆油田、大港油田、胜利油田和玉门油田都采用过膨胀油井水泥固井，取得良好效果。

除上述特种水泥外，科研单位还研制出封堵封窜油井水泥、耐热油井水泥和低失水油井水泥等，它们应用量极少，这里不再介绍。

第四章 白色硅酸盐水泥

第一节 概 述

白色硅酸盐水泥简称白水泥，主要用于建筑装饰，通常把它归类于装饰水泥。装饰水泥的详细分类列于表 4-1。

表 4-1 装饰水泥的分类

类 别	品 种
白色水泥	白色硅酸盐水泥
	白色铝酸盐水泥
	白色硫铝酸盐水泥
	白色矿渣水泥
	白色钢渣水泥
	白色磷渣水泥
彩色水泥	彩色硅酸盐水泥
	烧制成的彩色水泥

白色水泥中的白色硅酸盐水泥在我国当前正大批量生产和广泛应用。过去主要用于制作水磨石等，近期大量用作涂料。白色硅酸盐水泥年产量为 300～400 万吨，是与大坝水泥、油井水泥并列的三大特种硅酸盐水泥之一。白色水泥中的其他品种，其质量、性能、生产和应用等方面在不同程度上都存在一些问题，大都停留在研究开发阶段，尚未推广。彩色水泥按制造方法不同分为两种：一种称彩色硅酸盐水泥，是由白色硅酸盐水泥熟料或白水泥与着色剂共同粉磨或混合而成，在有些情况下也可用通用硅酸盐水泥熟料或水泥与着色剂共同粉磨或混合而成。另一种叫做烧制成的彩色水泥，在水泥生料中掺入各种着色氧化物经高温煅烧而成。后一种彩色水泥由于颜色难以控制和退色问题无法解决等因素，至今未能推广应用。

为突出重点和提高实用性，本章主要叙述白色硅酸盐水泥，其他白色水泥和彩色水泥仅作粗略介绍。

中国建筑材料科学研究总院王卓然、左万信、卢文漠、邓中言，合肥水泥研究设计院于家骥等，以及有关企业和科研院校对白色硅酸盐水泥和彩色水泥进行了大量研究开发工作，为新中国装饰水泥发展发挥了重要作用。中国中材集团的天津水泥工业设计研究院、南京水泥工业设计研究院、陕西建材设计研究院和河南洛阳水泥工程设计研究院等单位对白色硅酸盐水泥生产技术进行了研究开发，积累了许多经验和资料，设计出多条生产线，作出了很大贡献。

白色硅酸盐水泥生产技术的发展与硅酸盐水泥相比，在速度上略为滞后，但有自己的特点，其过程可分为三个阶段。

第一阶段的特点是发展小型中空干法回转窑。

1949年新中国刚成立时，仅有一个白水泥厂，即光华白水泥厂，装备1条Φ0.93/1.18×20.8m中空干法回转窑，年产白水泥2000吨。1956年全国工商业改造完成后，光华白水泥厂归属中央建材部。此后由中央投资扩建了一条年产白水泥1.5万吨的Φ1.6/1.9×39m中空干法回转窑生产线。在20世纪60年代到80年代，我国白水泥生产发展主要采用Φ1.6/1.9×39m的中空干法回转窑，建设了一大批这种窑型的白水泥厂。至今我国有100多家白水泥厂，其中这种小型中空干法回转窑生产线数量仍占据很大比重。

第二阶段的特点是发展预热器干法回转窑。

20世纪80年代末，内蒙古赤峰市丹峰特种水泥厂利用丹麦政府贷款引进丹麦技术设备建设了一条预热器干法回转窑生产线，烧成系统是带2级旋风预热器的Φ2.7×50m干法回转窑，回转筒式冷却机进行淋水冷却漂白，设计年产白水泥5万吨。此后，我国白水泥厂建设了一大批预热器干法回转窑生产线。例如：牡丹江特种水泥厂建成了一条2级旋风预热器干法回转窑；江油特种水泥厂和南京银佳白水泥厂建了带2级旋风预热器的立筒干法回转窑；燕美白水泥厂建了4级旋风预热器干法回转窑；山东招远、广西贵港和四川广汉等地都建了5级旋风预热器干法回转窑。赤峰市丹峰特种水泥厂引进外国技术设备建设预热器干法回转窑生产线对我国白水泥生产技术由第一阶段发展到第二阶段发挥了示范作用。

第三阶段的特点是发展预分解窑新型干法。

进入新世纪后，白水泥生产技术转向预分解窑新型干法。例如：

陕西铜川白水泥厂、江西玉兔水泥公司建成投产年产 10 万吨白水泥的预分解窑生产线；浙江长兴新明华化工建材公司投产年产 15 万吨白水泥熟料的预分解窑生产线；安徽安庆阿尔博波特兰公司投产了年产白水泥熟料 40 万吨的预分解窑新型干法生产线等。这些生产线的投产标志着我国白水泥生产技术已进入一个新阶段，生产水平已有很大提高。

天津水泥工业设计研究院依靠自身积累的技术，总承包建设了阿尔博波特兰公司年产白水泥熟料 40 万吨的预分解窑新型干法生产线。在这条生产线上，各工艺环节都采用了现代最先进的水泥新型干法技术，配备了完善的收尘系统，全厂实行计算机集散控制。建成投产后经考核测试，包括白度在内的产品质量、能耗和环保指标都达到国际先进水平。这条预分解窑新型干法生产线的成功投产，说明我国白水泥生产在新型工业化道路上已迈出重要一步。

需要提到的是，当前我国白色硅酸盐水泥生产中尚有众多小型干法回转窑生产线在运转。这些生产线的产品质量较差、能耗较高、粉尘污染严重，应当尽快淘汰。说明我国白水泥生产与通用水泥一样，也存在结构调整问题。

本章主要叙述现代白水泥预分解窑新型干法技术，希望对结构调整有所帮助。

第二节　物　化　理　论

白色硅酸盐水泥物化理论上的主要特点有四个方面：退色原理、矿物组成、矿化作用和漂白机理。

1. 退色原理

硅酸盐水泥熟料主要化学组分之一是 Fe_2O_3。众所周知，在自然界和制品中，氧化铁可呈不同价位铁的形态存在，如 Fe_2O_5、Fe_2O_3、Fe_3O_4 和 FeO 等。各种价位的铁具不同颜色，还可制成红、黄、褐、黑等不同色泽的颜料。硅酸盐水泥熟料主要由 CaO、SiO_2、Al_2O_3 和 Fe_2O_3 四种氧化物组成。Fe_2O_3 与其他氧化物配制后使硅酸盐水泥具深绿灰色。为使硅酸盐水泥改变成具有较高白度的白色水泥，基本的办法就是从水泥熟料中除去 Fe_2O_3 组分，其组成由 $CaO\text{-}SiO_2\text{-}Al_2O_3\text{-}Fe_2O_3$ 四元系统改变成 $CaO\text{-}SiO_2\text{-}Al_2O_3$

三元系统。这就是基本退色原理，水泥制造中的物理化学理论发生了重大变化。

2. 矿物组成的变化

为更清楚地看出白色硅酸盐水泥熟料的矿物相区，图 4-1[13] 列出了 CaO-SiO_2-Al_2O_3 三元系统的局部相区图。图中 PZ 就是白色硅酸盐水泥熟料的相区。可清楚地看出，该相区坐落在 C_2S-C_3S-C_3A 的三角形内，说明白色硅酸盐水泥熟料相区内存在 C_3S、C_2S 和 C_3A 三个矿物。大家知道，硅酸盐水泥熟料内主要有 C_3S、C_2S、C_3A 和 C_4AF 四个矿物，而白色硅酸盐水泥仅有前三种矿物，其矿物组成发生了变化。

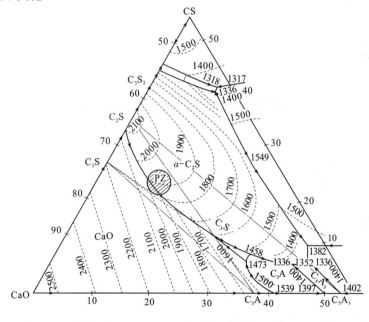

图 4-1　CaO-SiO_2-Al_2O_3 三元系统局部相区图

由于原料、燃料等条件的原因，在生产中白色硅酸盐水泥熟料难免掺入少量 Fe_2O_3，一般含量为 $0.25\%\sim0.45\%$。在 CaO-SiO_2-Al_2O_3-Fe_2O_3 四元物相平衡图中，硅酸盐水泥熟料相区内，除存在 C_3S、C_2S 和 C_3A 外，还有 C_4AF。文献资料 [1] 表明，C_4AF 是

C_6A_2F-C_6AF_2 之间的连续固熔体。随 Fe_2O_3 含量提高，形成接近 C_6AF_2 组成的高铁固熔体；随 Fe_2O_3 含量降低，固熔体组成向 C_6A_2F 靠近。所以，白色硅酸盐水泥熟料中除 C_3S、C_2S 和 C_3A 外还存在少量低铁固熔体 C_6A_2F。比较 CaO-SiO_2（图 1-1）、CaO-SiO_2-Al_2O_3（图 1-5）、CaO-C_2S-"C_5A_3"-C_4AF（图 1-7）三个物相平衡图，可以看到 C_3S 在不同化合物系统中最低稳定温度的变化。C_3S 在三元系统中由于存在 Al_2O_3，其最低稳定温度显著降低，在四元系统中由于再增加 Fe_2O_3 而使其最低稳定温度进一步降低。从这里可作出判断，白色硅酸盐水泥熟料烧成温度比硅酸盐水泥熟料要高。

3. 矿化作用

在水泥熟料生产中，有时会采用矿化剂。矿化剂有多种，如石膏、氯化钙、铁矿石等，最常用的是 CaF_2。国际水泥化学界公认，C_3S 的形成是在高温液相中由 C_2S 和 CaO 化合结晶而析出，液相出现的温度、液相的数量和粘度与这形成过程有着密切关系。在 CaO-SiO_2-Al_2O_3 三元系统中最先形成的液相是 C_3A，在 CaO-SiO_2-Al_2O_3-Fe_2O_3 四元系统中最早形成的液相往往是 C_3A 和 C_4AF。由于 C_4AF 的存在，四元系统中液相出现的温度下降，液相的数量增多，液相的粘度降低，这些因素促使 C_3S 形成温度大幅下降。所以，四元系统相组成的硅酸盐水泥熟料烧成温度比三元系统相组成的白色硅酸盐水泥熟料要低得多。

为降低白色硅酸盐水泥熟料烧成温度，通常采用的技术措施是在生料中掺入矿化剂 CaF_2。一般认为 CaF_2 矿化剂的矿化作用有三个方面：

第一是降低液相出现的温度。据文献〔5〕介绍，加入 $1\%\sim3\%$ 的 CaF_2 可使液相出现的温度降低数百度，降低熟料烧成温度 $50\sim100℃$。

第二是降低液相粘度。在低粘度的液相中，C_3S 会更快的形成和长大。

第三是发挥触媒作用。由于液相中 CaF_2 的存在，C_3S 晶型清晰，均匀分散，可提高熟料质量。

烧成白色硅酸盐水泥熟料时采取掺 CaF_2 的技术措施有着十分清

楚的理论基础。然而，CaF_2 的掺入量不能过多。

在 CaO-C_5A_3-CaF_2 系统的物相平衡图 4-2[13] 可看到，CaF_2 与 C_3A 不能共存，会发生下式反应：

$$3C_3A \xrightarrow{CaF_2} C_5A_3 + 4CaO$$

或

$$7C_3A \xrightarrow{CaF_2} C_{12}A_7 + 9CaO$$

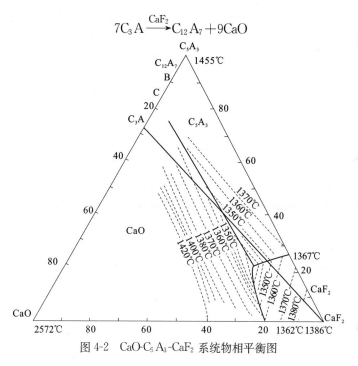

图 4-2　CaO-C_5A_3-CaF_2 系统物相平衡图

C_5A_3 或 $C_{12}A_7$ 都是速凝矿物。熟料中存在这两个矿物会使水泥快凝，这是在质量控制上不希望出现的。

此外，燃烧掺有 CaF_2 的生料时，会出现中间相 $C_3S \cdot CaF_2$ 和 $C_2S \cdot CaF_2$。这两个矿物无胶凝性，属无效矿物，在形成时要消耗有效矿物 C_3S 和 C_2S。由于有效矿物减少，熟料强度必然要下降。

所以，在白色硅酸盐水泥生产中，CaF_2 掺入量不能过多，一般在 0.5% 左右，而且还必须混合均匀。

4. 漂白机理

在白色硅酸盐水泥生产中，出窑的高温熟料一般都要进行漂白处理,以提高水泥的白度。漂白的方法有:淋水或浸水的急冷漂白;采用天然气、焦炉煤气、丙烷和氢气等还原介质进行的漂白,以及先进行淋水漂白后用还原介质漂白的复合漂白等三种。最普遍采用的是淋水急冷漂白。国际水泥界对漂白机理有多种论述,其中比较一致的是俄国学者奥克拉可夫[5]提出的论点。他认为,在漂白过程中熟料矿物中的氧化铁被还原成磁性氧化铁和一氧化铁,即 Fe_2O_3 转变为 Fe_3O_4 和 FeO,伴随着高价铁还原成低价铁,氧化铁的着色能力大大减弱,从而使熟料的白度大幅提高。

在这里不免使人想起中国古代制造青砖的手艺。向刚烧成的高温红砖泼浇冷水,鲜红的砖块即变成青灰色,敲起来当当作响,声音十分清脆,给人感觉转眼间变得庄重舒适。从这里可以得出,白色硅酸盐水泥熟料的淋水漂白原理与我国古代泼水制青砖的道理是一脉相承的。

为提高水泥白度,许多企业还采取其他增白措施。如燃烧熟料时在回转窑内始终保持还原气氛。有资料介绍,采用还原焰燃烧,可提高熟料白度 3%～5%。此外,有些企业在生料中掺入还原剂,如焦炭和石油焦等,这也能起到一定增白效果。不难得出,不同工艺环节的增白措施都是为了将高价铁还原成低价铁,它们的漂白原理是相同的。

第三节 技 术 要 求

我国第一个白水泥国家标准 GB 2015—1980 于 1980 年 10 月 1 日开始实施。1989 年,对该标准进行修订,1992 年 1 月 1 日开始实施国家标准 GB/T 2015—1991,取代国家标准 GB 2015—1980。进入 21 世纪后为进一步提高水泥质量和向国际标准靠拢,对标准再次进行修订,于 2005 年 8 月 1 日开始实施现行国家标准 GB/T 2015—2005,取代老标准 GB/T 2015—1991。新标准 GB/T 2015—2005 对白水泥的技术要求,与 GB/T 2015—1991 相比存在很大差别,白度、强度和产品等级都有新的规定,其他指标则基本相同。

1. 白度

老标准 GB/T 2015—1991[14]规定白水泥分特级、一级、二级和三级四个等级，各级白度不低于表 4-2 所列数值。

表 4-2 白水泥等级

等级	特级	一级	二级	三级
白度 */%	86	84	80	75

* 按 GB/T 2015—1991 规定的方法测定。

新标准 GB/T 2015—2005 规定水泥白度值应不低于 87（按 GB/T 2015—2005 规定的新方法测定）。这个规定说明水泥白度不再分等级，凡白度值低于 87 的水泥都不合格。

2. 强度

老标准 GB/T 2015—1991 规定白水泥强度分四个标号，各标号各龄期强度不得低于表 4-3 所列数值。

表 4-3 老标准白水泥强度等级

标号 *	抗压强度/MPa			抗折强度/MPa		
	3d	7d	28d	3d	7d	28d
325	14.0	20.5	32.5	2.5	3.5	5.5
425	18.0	26.5	42.5	3.5	4.5	6.5
525	23.0	33.0	52.5	4.0	5.5	7.0
625	28.0	42.0	62.5	5.0	6.0	8.0

* GB 试验方法。

新标准 GB/T 2015—2005 规定白水泥强度分三个等级，各等级各龄期强度应不低于表 4-4 所列数值。由于强度试验方法不同，新老标准的强度指标有所差别，实际上新标准对白水泥的强度要求并没有降低。

表 4-4 现标准白水泥强度等级

等级 *	抗压强度/MPa		抗折强度/MPa	
	3d	28d	3d	28d
32.5	12.0	32.5	3.0	6.0
42.5	17.0	42.5	3.5	6.5
52.5	22.0	52.5	4.0	7.0

* ISO 试验方法。

3. 产品等级

按老标准 GB/T 2015—1991 规定，产品分优等品、一等品和合格品三个等级。产品等级如表 4-5 所示。

表 4-5 老标准的白水泥产品等级

白水泥等级	白度级别	标号
优等品	特级	625
		525
一等品	一级	525
		425
	二级	525
		425
合格品	二级	325
	三级	425
		325

新标准 GB/T 2015—2005 对产品不分等级，与老标准相比，前者简化了。

4. 其他技术指标

新老标准规定的其他技术指标基本相同。新标准 GB/T 2015—2005 中规定：

水泥中三氧化硫的含量应不超过 3.5%；

80μm 方孔筛筛余应不超过 10%；

初凝时间应不早于 45min，终凝应不迟于 10h；

用沸煮法检验的安定性必须合格。

第四节 生 产 技 术

根据刘寿绵等提供的资料[15][16]，以我国中部地区 AL 厂为例，叙述现代白水泥生产技术。

AL 厂的熟料化学组成是（%）：

SiO$_2$	Al$_2$O$_3$	Fe$_2$O$_3$	CaO	MgO
23.56	4.46	0.24	68.41	0.51
23.75	4.50	0.26	68.78	0.55

AL 厂的熟料矿物组成是（％）：

KH	SM	AM	C$_3$S	C$_2$S	C$_3$A	C$_4$AF*
0.92	5.01	18.58	62.82	20.50	11.41	0.79
0.92	5.00	17.64	62.12	21.66	11.50	0.78

* 白色硅酸盐水泥中铁相应是 C$_6$A$_2$F，为方便起见，按 C$_4$AF 计算。

中国白水泥熟料组成，在一般情况下，KH 值为 0.90 ± 0.02，SM 为 $3.5 \sim 5.0$。AL 厂熟料的 KH 值和 SM 值分别都接近最高值达 0.92 和 $5.00 \sim 5.01$。KH 值和 SM 值高表示熟料中的 C$_3$S 含量高，所以 AL 厂熟料中 C$_3$S 含量高达 $62.12\% \sim 62.82\%$。C$_3$S 含量高的性能优势是：不仅早强高，而且能在一定程度上提高水泥白度，还能提高熟料的易磨性。然而为能生产出高 KH 值和高 SM 值的熟料，在生产技术上，特别是烧成技术上要有所创新。

1. 原燃料选择

白水泥的主要质量指标是白度，为保证白度，必须控制水泥熟料中着色氧化物，特别是氧化铁的含量。在通常生产控制中，熟料中 Fe$_2$O$_3$ 的含量不超过 0.3%，最高不得超过 0.43%。为将 Fe$_2$O$_3$ 含量控制在上述范围内，最基本的措施是选择适当的原料和燃料。

水泥生产所用原料基本上分两类，一类是石灰石原料，另一类是粘土质原料，白水泥生产也不例外。石灰石原料占原料的 80% 左右，为获得低 Fe$_2$O$_3$ 含量的熟料，必须首先选择低 Fe$_2$O$_3$ 含量的石灰石。按要求，石灰石原料中 Fe$_2$O$_3$ 含量不得大于 0.1%，在我国 Fe$_2$O$_3$ 含量低于 0.1% 的石灰石资源分布并不普遍，因此，低 Fe$_2$O$_3$ 石灰石矿的蕴藏量成为本地区是否能建白水泥厂的必要条件。例如，中国中部某地拥有大量低 Fe$_2$O$_3$ 含量石灰石矿，因而该地成为我国高质量白水泥的重要产地之一。AL 厂采用的石灰石质量控制指标是：

CaO 含量$\geqslant 55.00\%$；

MgO 含量$\leqslant 0.50\%$；

Fe_2O_3 含量≤0.10%。

我国白水泥生产通常采用瓷土作为粘土质原料，其 Fe_2O_3 含量不得大于 1.0%。在有些企业用石英砂岩加叶腊石取代瓷土。

AL 厂的粘土质原料是石英砂岩与叶腊石。石英砂岩的质量控制指标是：

SiO_2 含量≥95.0%；

Fe_2O_3 含量≤0.2%。

叶腊石的质量控制指标是：

SiO_2 含量≥65.0%；

Al_2O_3 含量≥16.0%；

Fe_2O_3 含量≤0.5%；

SO_3 含量≤1.0%。

白水泥生产中往往还采用少量校正原料。AL 厂采用长石作校正原料，采用萤石作矿物剂。长石的质量控制指标是：

SiO_2 含量≥65.0%；

Al_2O_3 含量≥16.0%；

Fe_2O_3 含量≤5.0%；

K_2O+Na_2O 含量≥13.0%。

萤石的质量控制指标是：

CaO 含量≥50.0%；

F^- 含量≥35.0%。

白水泥生产时通常采用的燃料有天然气、重油、石油渣和优质煤等。天然气和重油燃烧时不会产生由于灰分而造成的着色问题，是白水泥生产的理想燃料。石油渣灰分低，也是比较好的燃料。煤在燃烧时产生灰分，其中的 Fe_2O_3 是白水泥生产的有害成分，会降低产品质量。所以当采用煤作燃料时，规定煤中的灰分含量要低于10%，灰分中的 Fe_2O_3 含量要低于13%。

为能生产出高质量的白水泥首先必须因地制宜做好原燃料的选择工作。

2. 主要原料的预处理

AL 厂石灰石预处理工艺流程示意图如图 4-3 所示，叶腊石预处理工艺流程示意图如图 4-4 所示。

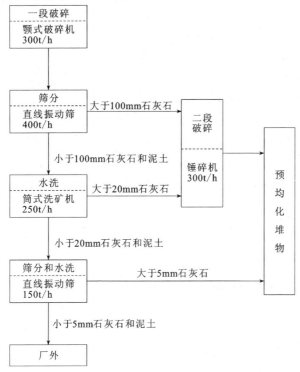

图 4-3 AL 厂石灰石预处理工艺流程示意图

从图 4-3 可看到，石灰石预处理要经三次筛分和两次水洗，显然是为了尽可能多地剔除夹杂物，以确保熟料质量。

图 4-4 表明，叶腊石被水洗后经两次破碎，然后与石英砂一起进入两台并联的湿法长磨，制成料浆后输入生料制备系统。水洗是为了清除有害物。湿粉磨阶段中采用湿法是为了减少粉磨过程中硅质粉尘对环境的污染，保障职工健康。预先粉磨是为了消除石英砂和叶腊石在生料辊式磨中粉磨时增加的金属磨耗，减少 Fe_2O_3 混入生料。湿法长磨中采用橡胶衬板和卵石研磨介质，石英砂和叶腊石在粉磨时不会混入 Fe_2O_3。石英砂和叶腊石的易磨性非常差，在辊式磨中粉磨时磨辊和磨盘的磨损很严重，生料中往往会混入大量 Fe_2O_3。石英砂和叶腊石经预先磨细后再进入辊式磨便不会产生因此

而增加的磨耗，这样可减少 Fe_2O_3 混入生料，从而保证产品的白度，为白水泥生料制备中采用辊式磨创造必要条件。

不同原料会有不同的预处理流程，各企业须选择合适自己的预处理工艺。在任何情况下，主要原料的预处理是保证产品质量的基础性措施，也是现代白水泥生产中必不可少的重要工艺环节。

3. 生料制备

AL厂采用辊式磨系统制备生料。辊式磨型号 TRM31.3，能力 120t/h，电机功率 1250kW。入料粒度＜40mm（占80%），入料水分≤10%，出磨细度90μm方孔筛筛余＜5%，成品水分≤0.5%。为减少 Fe_2O_3 混入生料，辊式磨中的磨辊和磨盘都用耐磨的合金材料制作。

预均化的石灰石、石英砂-叶腊石料浆、校正原料钾石和矿化剂 CaF_2，按表4-6所示的干基配比喂入辊式磨系统。利用窑尾预热器排出的废气在辊式磨系统内烘干生料。制成的生料进入一座Φ15×47m 的 TP 型均化库，经计量后输入烧成系统。

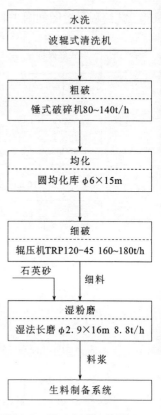

水洗
波辊式清洗机

粗破
锤式破碎机80~140t/h

均化
圆均化库Φ6×15m

细破
辊压机TRP120-45 160~180t/h

石英砂　　　细料

湿粉磨
湿法长磨 Φ2.9×16m 8.8t/h

料浆

生料制备系统

图 4-4　AL厂叶腊石预处理
工艺流程示意图

表 4-6　AL厂原料干基配比（%）

原　　料	石灰石	叶腊石	石英石	钾长石	萤　石
配　　比	79.60	12.95	4.55	2.50	0.40

长期以来，我国的水泥生料制备一般都采用管磨。为避免 Fe_2O_3 混入生料，磨内衬花岗石板，用卵石作研磨介质，这种管磨机的研磨效率很低，不适应大规模生产要求，而且电耗很高。采用辊式磨系统制备生料，电耗低、产量大、占地小、投资省、环保好，

是白水泥生产技术的重大进步。

4. 熟料的烧成和漂白

AL厂采用预分解窑烧成系统生产熟料，其工艺流程图如图4-5所示。从该图可看到，均化好的生料先进入预热器，然后入预分解炉。经预热和分解的生料进入回转窑，在窑内烧成的熟料经破碎后进入筒型漂白机，最后进入箅冷机，从此完成烧成和漂白过程，产出半成品熟料。

预热器为5级旋风预热器，其尺寸分别是：

1级预热器 $C_1 = \phi5300mm$；

2级预热器 $C_2 = \phi5300mm$；

3级预热器 $C_3 = \phi5500mm$；

4级预热器 $C_4 = \phi5500mm$；

5级预热器 $C_5 = \phi5800mm$。

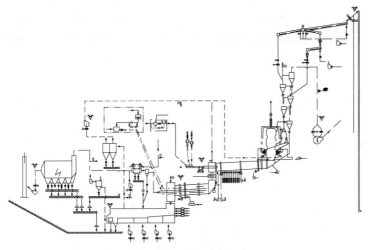

图4-5　烧成系统工艺流程图

根据生料磨烘干原料时所需气体温度，生料可在 C_1-C_2 间的接管或 C_2-C_3 间的接管下料。例如：需380℃热气时，在 C_1-C_2 的接管下料；需420℃热气时，在 C_2-C_3 的接管下料。

预分解炉型式是TTF型，规格 Φ4800×49290mm。3次风来自箅冷机，用磨细石油渣作燃料，分解炉温度800～900℃。

回转窑尺寸是 $\Phi4\times60m$，斜度 3.5%，转速 $0.369\sim3.96r/min$，能力为 $1300\sim1500t/d$。用磨细石油渣作燃料，煅烧温度 $1550℃$ 左右，比通用硅酸盐水泥熟料高出 $100℃$。

筒型漂白机规格 $\Phi4.2\times8m$，能力 $1300\sim1500t/d$，用水介质漂白，漂白后的熟料温度 $550\sim600℃$。出漂白机的气体温度 $350\sim400℃$，经热交换器将冷空气加热到 $250℃$ 左右，热空气用作石油焦辊式磨烘干的热源，废气进入窑头电收尘器。

箅冷机型号为 TCFC1300，能力 $1300\sim1500t/d$，出箅冷机熟料温度在 $100℃$ 以下，排出的气体温度为 $180\sim200℃$，用作回转窑窑头二次风和分解炉三次风。

预分解窑煅烧白水泥熟料的主要优势是能生产高质量的熟料。我国白水泥熟料煅烧设备最早采用小型中空干法窑，后来新建了少量预热器窑。这两类窑型的熟料烧成过程，主要在窑内完成，燃料全在窑内燃烧，窑内热负荷高，无法烧出高 KH 值和高 SM 值的熟料。预分解窑的熟料烧成过程则不同，生料的预热和分解过程全在窑外的分解炉内完成，50% 的燃料在窑外的分解炉内燃烧，仅熟料的烧结过程在窑内完成，只有 50% 的燃料在窑内燃烧，因此，回转窑的热负荷大幅下降。此外，预分解窑的回转窑转速较其他回转窑快 $2\sim3$ 倍，窑内料层减薄，物料受热更加均匀。这些因素使预分解窑能烧出高 KH 值和高 SM 值的熟料，从而使白水泥质量提高到一个崭新的水平。

在白水泥熟料生产中，水介质漂白与熟料余热利用之间的矛盾是一个待解决的课题。目前我国白水泥厂大都采用回转筒淋水漂白与冷却或水槽水浸漂白与冷却的工艺。这种工艺的问题是虽然熟料获得很好漂白，但无法利用熟料的余热，增加了熟料的总能耗。AL厂采用了先在回转筒淋水漂白后在箅冷机冷却的工艺，达到既能使熟料漂白，又可利用熟料余热，在一定程度上解决了淋水漂白与余热利用之间的矛盾，降低了熟料热耗。

预分解窑生产工艺不仅能大幅提高水泥质量，还能节省大量热能，在白水泥生产中这些效果更为显著。据了解，我国目前尚大量存在的小型中空干法窑烧成白水泥熟料的热耗为 $(1800\sim2000)\times4.18kJ/kg$；

预分解窑烧成熟料的热耗为（1100～1200）×4.18kJ/kg。可见，预分解窑煅烧白水泥熟料的节能效果十分可观。

在白水泥生产中采用预分解窑系统煅烧熟料是继辊式磨系统之后的又一个重大技术进步。

5. 水泥制成

AL厂采用管磨—选粉机闭路粉磨系统制成水泥。按表4-7所示配比调配好的物料喂入管磨粉磨，出磨物料经提升机及斜槽进入选粉机。分选出的合格料粉通过袋式收尘器收集下来后输入储库。

表4-7 水泥配比

水泥品种	熟料/%	石膏/%	石灰石/%
W・P・C 42.5	80.5	1.5	18
W・P・C 32.5	65.5	1.5	33

管磨规格为 Φ4.4×15m，转速15.3r/min，主电机功率4200kW，W・P・C 42.5的能力为92t/h，W・P・C 32.5的能力为114t/h。管磨内衬板和钢球采用高耐磨合金材料制作，以减少 Fe_2O_3 混入物料。

选粉机为 O-Seper 高效选粉机，其型号为 TES-250，风量150000m^3/h，比表面积为4000cm^2/g 的能力为92t/h。

在通用硅酸盐水泥生产中，当前流行的熟料粉磨技术是辊压磨—管磨—高效选粉机闭路系统，其主要优点是省电。在白水泥生产中，应该也可以采用这种方式。白水泥生产中的另一种选择是采用辊式磨粉磨熟料，辊式磨的金属磨耗低于管磨，可减少 Fe_2O_3 混入水泥，采用辊式磨系统不仅能节省电耗，还有利于提高水泥白度。

6. 环境保护

AL厂生产线上物料运输和储存都采用封闭式的设施，所有扬尘点都设置收尘设备。环保意识贯穿于整个生产线的建设和运行之中。

我国许多白水泥厂粉尘污染严重，必须治理。

7. 熟料和水泥质量

按国家标准GB/T 2015—2005测定的AL厂熟料强度和白度如下：

抗压强度　　3d　　　　43.0MPa；

　　　　　　28d　　　　63.5MPa。

白　度　值　88～90。

我国质量较好的白水泥白度值是80～85。许多白水泥厂的产品质量达不到AL厂的水平。AL厂熟料质量属国际先进水平，在国内占领先地位。

AL厂生产的W·P·C 42.5、W·P·C 32.5水泥完全符合现行国家标准GB/T 2015—2005的规定，白度值＞87。

我国许多白水泥企业尚存在诸如产品质量低、能源消耗高和环境污染等问题，白水泥工业须加快结构调整。在工厂改造和新建中，AL厂的经验，包括原料选择、原料预处理、生料制备中采用辊式磨系统、熟料烧成中采用预分解窑系统、熟料余热利用和环境保护等生产理念和技术，都具有重要参考价值。这些经验的推广将加快我国白水泥行业新型工业化的步伐。

第五节　其他白色水泥

除白色硅酸盐水泥外，还有一些其他呈白色的水泥。这些白色水泥很少见到在建筑上应用，但它们的名字在有关文献资料中常有出现。为区别白色硅酸盐水泥，本节对其他的白色水泥作简要叙述。

1. 白色铝酸盐水泥

铝酸盐水泥是用以CA、CA_2矿物为主的熟料，经粉磨而制成的水泥。主要原料是石灰石和高品位矾土。采用无Fe_2O_3或少含Fe_2O_3的石灰石与高品位矾土就可制得白色铝酸盐水泥。无Fe_2O_3或少含Fe_2O_3的高品位矾土资源稀缺，价格昂贵，白色铝酸盐水泥成本较高。

2. 白色硫铝酸盐水泥

硫铝酸盐水泥是用以$C_4A_3\bar{S}$和C_2S矿物为主的熟料加石膏混合粉磨而成。主要原料是石灰石、低品位矾土和石膏。采用无Fe_2O_3或少含Fe_2O_3的石灰石与低品位矾土就可制得白色硫铝酸盐水泥。自然界无Fe_2O_3或少含Fe_2O_3的低品位矾土稀少，一般的低品位矾土都含有一定量的Fe_2O_3，并不易剔除，所以难以制得较高白度的硫铝酸盐水泥。

3. 白色矿渣水泥

白色矿渣水泥是由白色水淬粒化高炉矿渣、石膏和少量石灰经磨细而成。这种水泥属无熟料水泥中的石膏矿渣水泥，只是用白色水淬粒化高炉矿渣取代了一般的灰色或深灰色的高炉矿渣。然而，白色高炉矿渣在生产实践中，非常稀少，即使有时出现，但其白度不会很高。此外，石膏矿渣水泥在性能上存在表面起砂、大气耐久性差和早强低等缺点，曾一度推广，现已消声匿迹。白色矿渣水泥无法避免上述性能上的缺点。

高炉矿渣是炼铁的副产品。在有关报道中见到，有人提出了人工制造矿渣的办法。采用石灰石、长石、煤矸石和焦炭，在冶炼炉内煅烧，物料熔融后出炉水淬，制成粒化矿渣。用人工粒化矿渣制成白色矿渣水泥。在此应当考虑的是，人工粒化矿渣取代高炉矿渣能否克服石膏矿渣水泥的性能缺陷，经济上是否有优势。

4. 白色钢渣水泥

白色钢渣水泥是由呈白色的电炉后期还原钢渣与石膏共同磨制而成。在出炉的钢渣中，挑选出白色粉粒，经磁选剔除 Fe_2O_3，从而制得白色钢渣。白色钢渣水泥凝结快，白度只能达到 $65\%\sim70\%$。

5. 白色磷渣水泥

白色磷渣水泥是由电炉磷渣和石灰或白色硅酸盐水泥熟料共同磨制成。有些磷渣中含 Fe_2O_3 和 P_2O_5 很低，可以制得白度较高的水泥。但这种磷渣产量较小，分布不广。

上述五种白色水泥由于成本、质量和资源等多方面的因素，市场竞争力较弱，都未能普遍推广，至今尚无国家标准或专业标准。

第六节 彩色硅酸盐水泥

彩色硅酸盐水泥是由白色硅酸盐水泥熟料或硅酸盐水泥熟料与石膏、混合材及着色剂，磨细混合制成的带有彩色的水泥。在装饰水泥系列中，除白色硅酸盐水泥外，是唯一制定有行业标准的品种。标准号为 JC/T 870—2000。

1. 行业标准对彩色硅酸盐水泥的技术要求

（1）颜色分类

基本色有红色、黄色、蓝色、绿色、棕色和黑色等。

（2）强度

彩色硅酸盐水泥强度分 27.5、32.5、42.5 三个等级。各等级水泥的各龄期强度不低于下列规定：

强度等级	抗压强度/MPa		抗折强度/MPa	
	3d	28d	3d	28d
27.5	7.5	27.5	2.0	5.0
32.5	10.0	32.5	2.5	5.5
42.5	15.0	42.5	3.5	6.5

（3）三氧化硫

水泥中三氧化硫的含量不得超过 4.0%。

（4）细度

80μm 方孔筛筛余不得超过 6.0%。

（5）凝结时间

初凝不得小于 1h，终凝不得大于 10h。

（6）安定性

用沸煮法检验必须合格。

（7）色差

同一颜色每一编号水泥每一分割样或每磨取样与该水泥颜色对比样的色差 ΔE_{ab} 不得超过 3.0 CIELAB 色差单位；同一颜色的各编号水泥的混合样与该水泥颜色对比样之间的色差 ΔE_{ab} 不得超过 4.0 CIELAB 色差单位。

（8）颜色耐久性

500h 人工加速老化试验，老化前后的色差 ΔE_{ab} 不得超过 6.0 CIELAB 色差单位。

2. 彩色硅酸盐水泥生产方法

生产方法有两种：

（1）白色硅酸盐水泥熟料或硅酸盐水泥熟料与有色矿石在工厂

粉磨制成彩色硅酸盐水泥。

有色矿石有褐赭石、铁丹、锰矿石和群青等。赭石包括褐赭石、黄赭石、金色赭石和红赭石等；铁丹包括奶黄铁丹和红铁丹等。

（2）白色硅酸盐水泥或硅酸盐水泥与各色颜料在工厂或工地现场混合调配成彩色硅酸盐水泥。

有色矿石和颜料都应具有耐光照性和耐碱性，以保持色彩的耐久和不退色。

采用白色硅酸盐水泥与颜料混合调配成彩色硅酸盐水泥时，较易达到预定艺术要求，并且色调均匀。在建筑工程中，大都采用白色硅酸盐水泥与颜料混合调配的方法制作彩色硅酸盐水泥。所以，实际上彩色硅酸盐水泥是白色硅酸盐水泥推广应用的一个重要方面，是白色硅酸盐水泥的衍生产品。彩色硅酸盐水泥在现代建筑中正广泛应用着。

在彩色水泥中，除配制成的彩色硅酸盐水泥外，还有直接烧制成的彩色水泥。

20 世纪 30 年代，俄国学者勃日诺夫[5]进行过直接烧制成彩色水泥的研究试验。结果表明，在白色硅酸盐水泥生料中掺入着色氧化物，可在回转窑内烧制出彩色熟料，通过粉磨这种熟料即制成各种颜色的水泥。同时得出：

（1）不同氧化物产生不同的颜色。例如，氧化铬呈绿色；氧化钴呈浅蓝色、黄色；氧化锰呈淡黄色、玫瑰色、紫色和黑色。

（2）煅烧时窑内气氛对颜色的影响很大，同一种着色氧化物在不同气氛中产生不同的颜色。例如，氧化钴在还原气氛中呈浅蓝色，在氧化气氛中呈黄色；氧化锰在还原气氛中呈淡黄色到玫瑰色，在氧化气氛中呈紫色到黑色。

（3）水泥颜色可用氧化物的掺入量进行调节。在一般情况下，氧化物掺入量为 0.1%～2.0%。由于掺入量较少，生料须设法混合均匀。

（4）影响水泥彩色的因素较多，烧制彩色熟料生产彩色水泥的方法比较复杂，按预定艺术要求调控彩色难度比较大。

20 世纪 60 年代，中国建筑材料科学研究总院曾做过直接烧制成彩色水泥熟料的试验。由于这种彩色水泥的退色问题无法解决，未作进一步研究开发。

第五章　特种硅酸盐水泥其他品种

本章叙述的是目前生产量较低，以及曾制定国家标准或行业标准但已经不生产的特种硅酸盐水泥。

第一节　核电水泥

核电水泥是指核电站工程专用的具有特殊性能的水泥。

减排温室气体、发展清洁能源是全球的大趋势，核电是清洁能源的重要方面。近期我国大力发展清洁能源，加速建设核电站，核电水泥需求量不断增长，许多水泥企业都已生产核电水泥。

核电水泥用于建造核能反应堆容器外部的混凝土防护壳。这是一项大体积水泥混凝土工程，对水泥的基本要求是防止混凝土开裂。为此，水泥须有足够的早期强度，水化热要低，干缩要小，硬化体体积要稳定。为使水泥具有这些特性，按物化理论，主要是调整水泥熟料组成，在保持一定量 C_3S 的情况下减少 C_3A 含量，在保持一定烧成条件下减少液相即 C_4AF+C_3A 的含量。另外，水泥细度要控制在一定范围内，不能过细和过粗；在施工时采用减水剂，降低水泥用量和水灰比。

我国南方某核电站工程对核电水泥提出的技术要求如下：

（1）化学要求

熟料：$C_3S<55\%$；

　　　$C_3A<5\%$；

　　　$C_4AF+C_3A<22\%$；

　　　f-CaO$<1.0\%$。

水泥：$Cl^-<0.05\%$；

　　　MgO$<5.0\%$；

　　　$SO_3\leqslant3.5\%$；

　　　$Na_2O+0.658K_2O<0.6\%$；

　　　烧失量$<3.0\%$；

　　　不溶物$\leqslant1.5\%$。

（2）物理性能要求

等级分 42.5 级和 52.5 级水泥。

凝结时间：初凝≥45min；硅酸盐水泥终凝：≤6.5h，普通硅酸盐水泥终凝：≤10h。

强度指标：按国家标准 GB 175—2007。

安定性沸煮法合格。

$2500cm^2/g<$ 比表面积 $<5000cm^2/g$。

28d 干缩：$<1000\mu m/m$。

14d 膨胀率：高抗硫水泥 $<0.04\%$，中抗硫水泥 $<0.06\%$。

水化热：$3d\leqslant251kJ/kg$，$7d\leqslant293kJ/kg$。

我国南方某水泥厂生产的核电水泥熟料组成为：

$C_3S=53.36\%$；

$C_2S=24.38\%$；

$C_3A=2.52\%$；

$C_4AF=14.72\%$。

为控制熟料组成在规定范围内，对主要原燃材料的技术要求是：

原煤灰分 $\leqslant14\%$，热值 $\geqslant26MJ/kg$，煤灰 $Al_2O_3\leqslant18\%$；

硅质原料砂岩 $SiO_2\geqslant80\%$，碱含量 $\leqslant1.4\%$；

石灰石 $CaCO_3\geqslant87\%$，碱含量 $\leqslant0.25\%$；

二水石膏 $SO_3\geqslant35\%$，不溶物 $\leqslant8\%$；

硬石膏 $SO_3\geqslant42\%$，不溶物 $\leqslant2\%$。

该厂采用日产 2000 吨熟料预分解窑新型干法烧制熟料，用闭路管磨制备水泥，42.5 级水泥的物理性能指标为：

凝结时间：初凝 2h 30min，终凝 3h 20min；

抗压强度：3d 21.8MPa，28d 56.0MPa；

抗折强度：3d 5.0MPa，28d 8.5MPa；

比表面积：$350\ m^2/kg$；

安定性沸煮法合格；

14d 膨胀率：0.033%。

可见，水泥物理性能指标都达到用户要求。

核电水泥在施工中一般都采用萘系和聚羧酸系高效减水剂，具有减少水泥用量和减水效果，对提高硬化体稳定性有重要作用。

我国水泥企业已生产出优质核电水泥，满足了核电站建设需要，确保了工程质量，得到了用户好评，为发展清洁能源作出了重要贡献。

第二节　道路硅酸盐水泥

道路硅酸盐水泥简称道路水泥，是指用于铺筑公路路面的水泥。在现代公路建设中，普遍采用两种路面，一种是沥青柔性路面，另一种是水泥混凝土刚性路面。世界各国都是沥青路面多于水泥路面。近期，我国公路交通发展异常迅速，然而在建设中大都采用沥青路面，很少用水泥路面。因此，道路水泥产量很小，企业只是偶尔有批量订货。

按使用要求，道路水泥须有良好的早期强度、耐磨性、抗冲击性、耐动载疲劳性和抗裂性。按物化理论，为达到要求性能，生产道路水泥最基本的措施是调整熟料组成，在保持较高 C_3S 含量的前提下，提高 C_4AF 量，同时降低 C_3A 量和严格控制 f-CaO 量。

国家标准 GB 13693—2005 对道路硅酸盐水泥的技术要求如下：

（1）化学要求

熟料：$C_4AF \geqslant 16.0\%$；

$C_3A \leqslant 5.0\%$；

水泥：$MgO \leqslant 5.0\%$；

$SO_3 \leqslant 3.5\%$；

$Na_2O + 0.658K_2O \leqslant 0.60\%$；

烧失量 $\leqslant 3.0\%$；

f-CaO $\leqslant 1.0\%$。

（2）物理性能要求

水泥等级分 32.5 级、42.5 级和 52.5 级；

凝结时间：初凝 $\geqslant 1.5h$、终凝 $\leqslant 10h$；

强度指标：按国家标准 GB 13693—2005 规定；

安定性：沸煮法合格；

细度：比表面积 $300 \sim 450 m^2/kg$。

按国家标准技术要求，我国水泥企业生产的道路水泥熟料组成的范围为：

$C_3S=53\%\sim59\%$；

$C_2S=19\%\sim25\%$；

$C_3A=2\%\sim5\%$；

$C_4AF=18\%\sim22\%$；

$f\text{-}CaO=0.3\%\sim1.0\%$。

袁明栋[6]提供的我国道路水泥耐磨性指标列于表5-1。从表5-1可以看出，道路水泥的耐磨性比普通硅酸盐水泥的要高。

表5-1 道路硅酸盐水泥耐磨性指标

编 号	水泥品种	磨耗率/%	磨损量/（kg/m²）
1	425号道路硅酸盐水泥	0.62	2.60
2	425号道路硅酸盐水泥	0.63	2.67
3	425号道路硅酸盐水泥	0.75	3.40
4	425号道路硅酸盐水泥	0.91	2.20
5	525号普通硅酸盐水泥	2.50	4.20

从企业生产的道路水泥熟料矿物组成看，与通用硅酸盐水泥熟料相比，其主要特点是 C_4AF 较高、C_3A 较低。生产实践表明，为制得道路水泥熟料，回转窑企业不必对工艺设备进行大的改动，只要对生料配制进行适当调整就能生产出合格的产品。

需要指出的是，不能采用立窑技术生产道路水泥。众所周知，立窑的基本工作原理决定了产品质量无法达到回转窑的水平。尤其是熟料中的 f-CaO 含量较高，不能像回转窑那样能控制在1.0%以下，而是多在2.0%以上。可是，f-CaO 对水泥性能影响很大。交通部公路科学研究所的研究报告[17]中有如下表述："在实验室试验中，当水泥熟料中游离石灰含量从0.9%增大到2.7%时，用此熟料制成的水泥混凝土，耐疲劳极限值降低一半甚至七成；在水泥混凝土路面工程建设中，水泥熟料中游离石灰含量对路面动载结构的疲劳性影响很大，即使安定性合格，对疲劳循环周次也有2～3倍的差别；国内有一个公路工程由于水泥熟料中游离石灰过高，一段20公里的公路路面使用不到半年就发生全线崩裂。鉴于这些情况，国家交通部已提出要求，高速公路和一级公路路面建设中禁止使用立窑厂生产的水泥。"20世纪90年代我国公路建设中采用立窑水泥铺筑的路面，发生溃裂的实例有多个，这对水泥路面推广影响很大。历史经验教训说明，在公路水泥路面的建设中，除了要提高施工水平外，必须采用回转窑生产的道路硅酸盐水泥。

第三节 抗硫酸盐硅酸盐水泥

抗硫酸盐硅酸盐水泥简称抗硫酸盐水泥，用于存在硫酸盐侵蚀的混凝土工程，以提高工程的耐久性。20世纪60年代，中国建筑材料科学研究总院郭金海、施娟英和张伯昌等成功开发出抗硫酸盐水泥，曾应用于我国西南地区的铁路工程、沿海地区的海港工程、各地区的地下工程和水利工程等。当时，国家大中型企业重庆水泥厂、上海水泥厂、北京琉璃河水泥厂和地方国营四川嘉华水泥厂等都曾生产抗硫酸盐水泥。近期由于多方面原因，全国抗硫酸盐水泥产量很小，只有少数中小型回转窑厂按用户订货不定期地进行小批量生产。

1965年制定出我国第一个抗硫酸盐水泥国家标准GB 748—1965。1983年进行修订，由GB 748—1983取代GB 748—1965。2005年经又一次修订后施行国家标准GB 748—2005。在现行国家标准GB 748—2005中，抗硫铝酸盐水泥分两类，按性能分为中抗硫酸盐硅酸盐水泥和高抗硫酸盐硅酸盐水泥。

国家标准GB 748—2005对抗硫铝酸盐水泥的技术要求如下：

（1）水泥中的C_3S和C_3A的含量（质量分数）应符合下列规定：

分　类	$C_3S/\%$	$C_3A/\%$
中抗硫酸盐水泥	≤55.0	≤5.0
高抗硫酸盐水泥	≤50.0	≤3.0

（2）烧失量

水泥中烧失量应不大于3.0%。

（3）氧化镁

水泥中的氧化镁含量应不大于5.0%。如果经过压蒸安定性试验合格，则水泥氧化镁的含量允许放宽到 6.0%。

（4）三氧化硫

水泥中的三氧化硫的含量应不大于 2.5%。

（5）不溶物

水泥中的不溶物应不大于 1.50%。

（6）比表面积

水泥的比表面积应不小于 280m²/kg。

（7）凝结时间

初凝应不早于 45min，终凝应不迟于 10h。

（8）安定性

用沸煮法检验，必须合格。

（9）强度

中抗硫酸盐水泥和高抗硫酸盐水泥强度等级分为 32.5 和 42.5。各龄期的抗压强度和抗折强度应不低于下列数值：

分 类	强度等级	抗压强度/MPa		抗折强度/MPa	
		3d	28d	3d	28d
中抗硫酸盐水泥、高抗硫酸盐水泥	32.5	10.0	32.5	2.5	6.0
	42.5	15.0	42.5	3.0	6.5

（10）碱含量

水泥中碱含量由供需双方商定。若使用活性骨料，用户要求提供低碱水泥时，水泥中碱含量按 $Na_2O+0.658K_2O$ 计算应不大于 0.60%。

（11）抗硫酸盐性

中抗硫酸盐水泥 14d 线膨胀率应不大于 0.060%。

高抗硫酸盐水泥 14d 线膨胀率应不大于 0.040%。

按施娟英提供的资料[6]，在我国水泥企业，抗硫铝酸盐水泥熟料矿物组成的控制范围为：

$C_3S=40\%\sim46\%$；

$C_3S+C_2S=70\%\sim80\%$；

$C_3A=2\%\sim4\%$；

$C_4AF=15\%\sim18\%$；

f-CaO$\leqslant$0.5%。

可见，抗硫酸盐水泥熟料组成的特点是 C_3S 和 C_3A 的含量都比较低，而且 C_3S 的含量低于通用硅酸盐水泥熟料中 C_3S 的含量。矿物组成的这种调整是为了水泥硬化体遇到了 SO_4^{2-} 离子后能减少或避免形成具有膨胀破坏作用的高硫型水化硫铝酸钙。

水泥的耐腐蚀性能通常是用按 GB 749—1965 国家标准方法测定的耐腐蚀系数 K_6 来衡量。K_6 是试件在侵蚀液中浸泡 6 个月的抗折强度与水中养护 6 个月的抗折强度之比。我国抗硫酸盐水泥在 1500~3500 SO_4^{2-} mg/L 溶液中的 K_6 为 0.86~0.96，在相同条件下普通硅酸盐水泥的 K_6 则为 0.63~0.85。抗硫酸盐水泥的耐腐蚀性能明显优于普通硅酸盐水泥。

20 世纪 70 年代中国建筑材料科学研究总院科研人员曾对西南地区铁路工程使用抗硫酸盐水泥的情况进行实地考察，发现抗硫酸盐水泥混凝土对含单一 SO_4^{2-} 离子的水体呈现良好耐久性，但在含 SO_4^{2-} 和 Cl^- 复盐的水体中却已受到严重侵蚀。这现象说明，抗硫酸盐水泥不能用于复盐侵蚀条件。为此，需要进一步开发新的耐腐蚀水泥，以应对多种侵蚀环境。

第四节　膨胀硅酸盐水泥和自应力硅酸盐水泥

通用硅酸盐水泥在硬化过程中会发生收缩，使硬化体内产生拉应力，超过硬化体强度时便发生开裂，破坏结构的完整性，降低抗渗性。膨胀水泥在硬化过程会产生膨胀力，可补偿硬化体由于收缩而产生的拉应力，从而减少或避免裂缝的发生，提高水泥混凝土质量。这种混凝土在学术界称为补偿收缩混凝土。膨胀值较高的膨胀水泥在限制条件下硬化时，如在配有钢筋的混凝土内硬化时，水泥的膨胀会带着钢筋拉伸，钢筋在塑性变形范围内使水泥硬化体内产生压应力，从而改善水泥混凝土的力学性能。这种混凝土称自应力混凝土，制作自应力混凝土的膨胀水泥称为自应力水泥。

特种硅酸盐水泥类的膨胀水泥和自应力水泥都是由硅酸盐水泥熟料加石膏和膨胀剂共同粉磨制成。按不同的膨胀剂，膨胀水泥和自应力水泥有不同的名称。用铝酸盐水泥熟料作为膨胀剂的称膨胀硅酸盐水泥或自应力硅酸盐水泥；用明矾石作膨胀剂的称明矾石膨胀水泥或明矾石自应力水泥；用氧化钙作膨胀剂的称无收缩快硬硅酸盐水泥。

1956年中国建筑材料科学研究总院在时任其前身水泥工业研究院院长王涛的带领下，唐鸿志等立项研究膨胀硅酸盐水泥，研究工作取得成功，曾在工厂进行小批量生产，在各种工程进行了试用，获得良好效果。膨胀硅酸盐水泥的研究开发为我国膨胀水泥的发展开创了先例。所得技术资料和创建的测试技术为我国补偿收缩混凝土、自应力混凝土的发展乃至混凝土膨胀剂的开发奠定了技术基础，具有启蒙作用，贡献很大。在同一时期，曹永康等非常聪明地将自应力硅酸盐水泥的开发与自应力水泥压力管的开发相结合，十分巧妙地利用水泥管三向限制的条件去适应水泥膨胀的特点，使开发工作取得成功。20世纪50年代到80年代，我国钢铁工业薄弱，产量较低，不能适应国民经济发展要求。为解决这个难题，政府部门采取了水泥制品代钢、代木的方针。在这方针的指导下，水泥电杆、水泥轨枕和水泥压力管等水泥制品迅速发展。自应力硅酸盐水泥和自应力水泥压力管的成功开发正是顺应了当时的发展取向，问世后即获得迅速推广。其间，我国自应力硅酸盐水泥年产量达到约6万吨，自应力水泥压力管年产量达到5000公里，盛况空前。自应力硅酸盐水泥于1979年制定并随后实施了行业标准JC 218—79（制管用）。

1972年中国建筑材料科学研究总院王延生、游宝坤和张桂清等采用天然明矾石开发出明矾石膨胀水泥，曾在一些重要工程上使用，如毛主席纪念堂地下工程后浇缝等，均取得了良好效果。1982年制定出明矾石膨胀水泥行业标准JC 311—1982。2004年该标准修订为行业标准JC/T 311—2004。在明矾石膨胀水泥基础上，他们又开发出明矾石自应力水泥，做过制管试验，但未能推广。

20世纪70年代，中国建筑材料科学研究总院邱文智、袁明栋等开发出以氧化钙做膨胀剂的膨胀水泥，称无收缩快硬硅酸盐水泥，主要用于水泥混凝土预制件的接点锚固和接缝浇筑。曾在全国各地推广应用。无收缩快硬硅酸盐水泥有专业标准ZBQ 11009—88。

膨胀硅酸盐水泥、自应力硅酸盐水泥、明矾石膨胀水泥、明矾石自应力水泥和无收缩快硬硅酸盐水泥组成了一个特种硅酸盐水泥类中的膨胀水泥系列。

一些特种硅酸盐水泥在发展中有一个生产与使用的矛盾问题。定点生产企业要求有足够的批量并保证工厂能连续运转，但工程需要往往是不定期的和小批量的。这种不相适应的状况造成工程使用时买不到产品，而企业生产的产品经常卖不掉，这使许多特种水泥开发成功后未能长期生存。膨胀硅酸盐水泥、明矾石膨胀水泥和无收缩快硬硅酸盐水泥的发展就是这方面的一个具体实例，它们已被混凝土膨胀剂所取代，目前普遍采用 CSA 膨胀剂和氧化钙膨胀剂等外加剂制作补偿收缩混凝土。进入 20 世纪 90 年代后，我国钢铁工业突飞猛进，产量大幅增长，代钢代木的必要性渐趋消失，水泥压力管随之从市场退出，企业不再生产。

特种硅酸盐水泥类中的膨胀水泥系列品种都已退出历史舞台，但它们当年所创的辉煌是长存的，开发出这些品种的人们为我国国民经济发展作出了历史性的贡献。

为全面了解我国特种硅酸盐水泥的发展情况，有必要对特种硅酸盐水泥类中的膨胀水泥系列进行简要介绍，先介绍膨胀硅酸盐水泥和自应力硅酸盐水泥。

1. 膨胀硅酸盐水泥

膨胀硅酸盐水泥的主要技术性能要求指标是：

凝结时间：初凝＞20min，终凝＜10h；

安定性：浸水法合格；

不透水性：10 个大气压、8h 不透；

水中养护净浆线膨胀率：1d≥0.3％，28d≤1.0％。

膨胀硅酸盐水泥是由硅酸盐水泥熟料、二水石膏和膨胀剂三种原料混合粉磨而成。膨胀剂为铝酸盐水泥熟料或水泥；1350～1380℃烧成的含 Al_2O_3 较低的 B 级矾土膨胀剂；1250～1270℃烧成的含 Al_2O_3 仅 19％的瓷土膨胀剂。通常都采用铝酸盐水泥熟料或水泥，其性能指标较好，并且使用方便。制造膨胀硅酸盐水泥的原料配比一般控制在如下范围[6]：

硅酸盐水泥熟料　　　　72％～78％；

铝酸盐水泥熟料　　　$14\%\sim18\%$；

二水石膏　　　　　　$7\%\sim10\%$。

硅酸盐水泥熟料宜用大中型水泥厂的回转窑熟料，铝酸盐水泥熟料应采用按国家标准技术要求生产的熟料，二水石膏中的 SO_3 要大于 40%。粉磨时，水泥比表面积应大于 $420m^2/kg$，水泥中 SO_3 要小于 5.0%，一般控制在 $3.3\%\sim4.7\%$。

用 77% 江南水泥厂硅酸盐水泥熟料、14% 唐山启新水泥厂铝酸盐水泥熟料和 9% 二水石膏制成的膨胀硅酸盐水泥，其主要物理性能特征为：

凝结时间：初凝 33min，终凝 1h 55min；

不透水性：10 个大气压、8h 不透；

水中养护净浆线膨胀率：1d 0.619%，28d 0.667%。

用同一种硅酸盐水泥熟料制作的比表面积相近的膨胀硅酸盐水泥和硅酸盐水泥，两者相比，前者的凝结时间较短，抗压强度低 1 个等级，抗折强度低 $1\sim2$ 个等级，耐硫酸盐腐蚀性能和抗冻性都要差些。膨胀硅酸盐水泥的主要性能优势是不透水性很好，一般情况下能在 10 个大气压下 12h 不透水。此外，其新老混凝土间的粘结力好。用硅酸盐水泥砂浆作接缝的小梁受弯时出现第一条裂缝的荷重为 860kg，而膨胀硅酸盐水泥在相同条件下出现第一条裂缝的荷重为 980kg，要高 14%。膨胀硅酸盐水泥的性能优势都是由于其具有膨胀性能。从表 5-2 可看到，膨胀硅酸盐水泥 1：1 砂浆的线膨胀率比硅酸盐水泥要高 10 倍以上。

表 5-2　膨胀硅酸盐水泥砂浆线膨胀率

水泥名称	水中养护砂浆线膨胀率/%		
	1d	28d	90d
硅酸盐水泥	—	0.0109	0.0134
膨胀硅酸盐水泥	0.1135	0.1420	0.1600

膨胀硅酸盐水泥的膨胀机理是水化过程中高硫型水化硫铝酸钙矿物的形成。铝酸盐水泥膨胀剂中的主要组分是 CA 矿物。该矿物和硅酸盐水泥熟料中的 C_3A 矿物在水泥水化的 $Ca(OH)_2$ 饱和溶液中与石膏反应后形成高硫型水化硫铝酸钙，同时伴随着体积增

大，从而使水泥硬化体具有膨胀性能。

在这里可以看出，高硫型水化硫铝酸钙是一个有效矿物，它的形成能改善水泥制品的某种性能。然而，在抗硫酸盐水泥中高硫型水化硫铝酸钙则是一个有害矿物，它的形成会破坏水泥硬化体结构，恶化水泥制品性能，要尽量避免它的产生。高硫型水化硫铝酸钙所起作用的两面性决定于它的形成条件。在水泥硬化体处于塑性变形状态的条件下，高硫型水化硫铝酸钙的形成由于自身的体积膨胀而使水泥硬化体具有膨胀和自应力等特性，发挥有效的作用。在水泥硬化体失去塑性变形状态的情况下，高硫型水化硫铝酸钙的形成由于自身的体积膨胀而损害水泥制品结构，发挥有害的作用。为发挥高硫型水化硫铝酸钙的有效作用，必须调整使其在水泥硬化体呈塑性变形状态时完全形成。调控的方法主要是提高水泥水化液相的 $Ca(OH)_2$ 含量达到饱和浓度，以及增加水泥的细度。膨胀硅酸盐水泥主要组分是硅酸盐水泥，其水化液相呈 $Ca(OH)_2$ 饱和状态，这可确保高硫型水化硫铝酸盐能快速形成。规定膨胀硅酸盐水泥比表面积大于 $420 \text{m}^2/\text{kg}$，比硅酸盐水泥的 $320 \sim 350 \text{m}^2/\text{kg}$ 要高得多，这也是为了加速高硫型水化硫铝酸钙的形成。

2. 自应力硅酸盐水泥

自应力硅酸盐水泥是膨胀硅酸盐水泥在使用上的延伸，在限制条件下它能使水泥硬化体产生自应力，在中国成功应用于制造水泥压力管。

自应力硅酸盐水泥的主要性能要求指标如下：

按 28d 自应力值分 2.0MPa、3.0MPa、4.0MPa 和 5.0MPa 四个等级；

凝结时间：初凝不早于 30min，终凝不迟于 8h；

混凝土或砂浆自由膨胀率：不大于 3％；

混凝土或砂浆膨胀稳定期不迟于 28d，在使用中增加的膨胀量不超过 0.15％。

自应力硅酸盐水泥由硅酸盐水泥熟料、铝酸盐水泥熟料和二水石膏三种原料共同粉磨制成。原料配比一般是二水石膏掺量不大于 15％，铝酸盐水泥熟料掺量不大于 20％。确定配比时企业还要根据原料成分和使用条件等因素进行调整。据统计，各企业自应力硅酸盐水泥配比的平均值为[18]：

硅酸盐水泥熟料　　　74%；

铝酸盐水泥熟料　　　14%；

二水石膏　　　　　　12%。

原料粉磨一般采用两级粉磨工艺，即三种原料先进行分别粗磨，经混合后再进行共同粉磨至规定细度。水泥细度比表面积控制范围为 $380\sim450m^2/kg$。按不同用途，水泥中 SO_3 含量一般为 $5.5\%\sim8.0\%$；水泥中 Al_2O_3 含量为 $10\%\sim13\%$。

各企业生产的自应力硅酸盐水泥主要性能指标为：

28d 自应力值 2.0～3.5MPa；

28d 自由膨胀率为 1%～3%；

膨胀稳定期为 7～14d；

28d 抗压强度为 35～45MPa。

从上述数据可看出，自应力硅酸盐水泥的性能特点是自应力值不高、自由膨胀率较大、膨胀稳定期很短。

自应力硅酸盐水泥主要用于制造 $\phi800mm$ 以下的自应力水泥压力管，也可用于铸铁管接头、地脚螺栓锚固和需要自应力的不同场合的工程结构。

第五节　明矾石膨胀水泥和明矾石自应力水泥

在特种硅酸盐水泥类膨胀水泥系列中，明矾石膨胀水泥是在通用硅酸盐水泥标准与国际接轨后唯一进行修订标准的品种。修订后的标准是行业标准 JC/T 311—2004。该标准对明矾石膨胀水泥的技术要求如下：

（1）强度分为 32.5、42.5、52.5 三个等级，各龄期强度应不低于下列数值：

强度等级	抗压强度/MPa			抗折强度/MPa		
	3d	7d	28d	3d	7d	28d
32.5	13.0	21.0	32.5	3.0	4.0	6.0
42.5	17.0	27.0	42.5	3.5	5.0	7.5
52.5	23.0	33.0	52.5	4.0	5.5	8.5

(2) 水泥中三氧化硫含量不大于 8.0%；

(3) 水泥比表面积应不小于 $400m^2/kg$；

(4) 凝结时间：初凝不早于 45min，终凝不迟于 6h；

(5) 限制膨胀率（按 JC/T 311—2004 标准规范性附录 A 测定）：3d 应不小于 0.015%，28d 应不大于 0.10%；

(6) 3d 不透水性（按 JC/T 311—2004 标准规范性附录 B 测定）：合格；

(7) 碱含量双方商定，当用户提出要求时水泥中 R_2O 当量计应不大于 0.6%。

明矾石膨胀水泥是由硅酸盐水泥熟料、明矾石、无水石膏和粉煤灰（或粒化高炉矿渣）四种原料配制而成。在 20 世纪 60 年代，前苏联研究者开发出明矾石膨胀水泥，所用膨胀剂是经 600～700℃煅烧过的明矾石。此后中国建筑材料科学研究总院王延生等也开发明矾石膨胀水泥，与原苏联研究者不同的是采用了天然明矾石取代煅烧明矾石。采用天然明矾石的优点是减少明矾石煅烧环节，简化了工艺。然而，带来的缺点是水泥质量不稳定，特别是膨胀性能波动大。为克服这个缺点，采取的技术措施是在水泥中除膨胀剂和无水石膏外，还加入稳定剂粉煤灰或粒化高炉矿渣。明矾石膨胀水泥的原料配比为[18]：

硅酸盐水泥熟料	58%～63%；
明矾石	12%～15%；
无水石膏	9%～11%；
粉煤灰	15%～20%。

明矾石膨胀水泥一般都采取混合粉磨，水泥比表面积控制在 (480±30) m^2/kg，SO_3 波动在 6.7%～7.6%。

各企业在 1969 年到 1989 年间生产的明矾膨胀水泥水中养护净浆线膨胀率 1d 都大于 0.15%，波动在 0.1550%～0.5900%，28d 波动在 0.3580%～0.9100%，各企业间水泥膨胀率相差较大。抗渗性能 3d 不透水性指标完全合格，砂浆抗渗标号大于 S40，混凝土抗渗标号大于 S20。明矾土膨胀水泥在 20 世纪 60 年代到 80 年代曾得到较广泛应用，用于地下防渗工程、混凝土结构后浇带和房屋框架结构的接头锚固等，都取得良好效果。

研究单位曾用明矾石膨胀水泥试制自应力水泥压力管。用于制造自应力水泥制品的明矾石膨胀水泥称为明矾石自应力水泥。其主要性能指标为：

28d 自应力值 2.9～3.9MPa；

28d 自由膨胀率 0.3%～0.5%；

膨胀稳定期较长，一般在 3～6 个月；

28d 抗压强度 49～59MPa。

与自应力硅酸盐水泥比较，明矾石自应力水泥的主要特点是自由膨胀率低，但膨胀稳定期很长。这是由于不同的水化机理所决定的。

这两种水泥水化体的膨胀源都是高硫型水化硫铝酸钙，但其形成过程完全不同。

自应力硅酸盐水泥的膨胀剂是铝酸盐水泥熟料，其主要组分是 CA。水泥水化时 CA 按如下反应式进行水化。

$$3CA+3(CaSO_4 \cdot 2H_2O)+32H_2O \longrightarrow$$
$$C_3A \cdot 3CaSO_4 \cdot 32H_2O+2(Al_2O_3 \cdot 3H_2O)$$

明矾石自应力水泥的膨胀剂是天然明矾石，其主要组分是硫酸铝 $[Al_2(SO_4)_3]$。水泥水化时，$Al_2(SO_4)_3$ 按下式进行反应。

$$Al_2(SO_4)_3+6Ca(OH)_2+26H_2O \longrightarrow C_3A \cdot 3CaSO_4 \cdot 32H_2O$$

在前一个反应式中，CA 水化速度高，在水化溶液中能很快形成高硫型水化硫铝酸钙，所以自应力硅酸盐水泥的膨胀稳定期短。在后一个反应式中，$Al_2(SO_4)_3$ 的水解速度低，在水化溶液中形成高硫型水化硫铝酸钙的速度较慢，所以明矾石自应力水泥的膨胀稳定期很长。

水泥制品的膨胀稳定期的长短涉及生产周期和使用安全，企业和用户对这个问题都非常重视和谨慎。明矾石自应力水泥膨胀稳定期长的问题是当时未能推广的主要原因之一。

第六节　无收缩快硬硅酸盐水泥（CaO 膨胀剂）

无收缩快硬硅酸盐水泥是用高等级硅酸盐水泥熟料、二水石膏和轻烧 CaO 膨胀剂共同粉磨而成，俗称浇筑水泥，1989 年开始施行专业标准 ZBQ 11009—88。

1. 技术要求

专业标准 ZBQ 11009—88 对无收缩快硬硅酸盐水泥的技术要求如下。

(1) 熟料中氧化镁含量不得超过 5.0%；

(2) 水泥中三氧化硫含量不得超过 3.5%；

(3) 细度 0.080mm 方孔筛筛余不得超过 10%；

(4) 凝结时间：初凝不早于 30min，终凝不迟于 6h；

(5) 安定性：沸煮法合格；

(6) 水泥净浆试体水中养护，各龄期自由膨胀率：1d 不小于 0.02%，28d 不得大于 0.3%；

(7) 按 28d 抗压强度分 525、625、725 三个标号，各龄期强度均不低于下列数值：

标号*	抗压强度/MPa			抗折强度/MPa		
	1d	3d	28d	1d	3d	28d
525	13.7	28.4	51.5	3.4	5.4	7.1
625	17.2	34.3	61.3	3.9	5.9	7.8
725	20.6	41.7	71.1	4.4	6.4	8.6

* 按国家标准 GB 177 进行测定。

2. CaO 膨胀剂的生产和性能

为制作补偿收缩混凝土，目前我国普遍采用 CAS 膨胀剂和 CaO 膨胀剂。CAS 膨胀剂的主要组分是无水硫铝酸钙（$C_4A_3\bar{S}$），也是硫铝酸盐水泥熟料的主要成分，将在本书第三篇作介绍。CaO 膨胀剂就是轻烧 CaO。制作混凝土所用 CaO 膨胀剂与制造浇筑水泥所用的 CaO 膨胀剂是同一种外加剂，只是使用条件不同而已，前者一般在工地掺入，后者则是在工厂加入。本节单独介绍 CaO 膨胀剂具有现实意义。

早在 20 世纪 70 年代，中国建筑材料科学研究总院邱文智、袁明栋等即在水泥中间试验厂[18]进行 CaO 膨胀剂研究开发工作。通过生产工艺与性能的研究，确定了煅烧温度、石灰石质量和掺入量等工艺参数。

（1）煅烧温度

石灰煅烧温度对水泥膨胀性能的影响的研究结果示于表5-3。从表5-3可看出，掺1150℃煅烧石灰的水泥，在养护1d到14d内，其硬化体都表现为收缩，没有膨胀；掺1250℃煅烧的石灰，在养护1d到14d内，水泥硬化体都产生膨胀，没有收缩；掺1350℃煅烧的石灰，在1d到3d龄期内，水泥硬化体收缩，在7d到14d开始逐渐膨胀。不同温度煅烧石灰在胀缩性能上的不同，是石灰水解速度与水泥硬化速度匹配结果的表现。

表5-3 石灰煅烧温度对水泥膨胀性能的影响

煅烧温度/℃	石灰掺入量/%	湿气养护线膨胀率/10^{-4}			
		1d	3d	7d	14d
1150	2	−1.00	−1.75	−1.75	−1.75
1250	2	1.00	0.75	1.25	1.50
1350	2	−1.00	−0.25	0.50	1.00

1150℃烧成的石灰，就是建筑上常用的生石灰，其水解速度很快，在水泥浆体硬化前就完成水解过程，对硬化体不能发挥补偿作用，因此没有膨胀效果，硬化体表现为收缩。1250℃煅烧的石灰，其水解速度较慢，在水泥浆体开始硬化到硬化体失去塑性变形状态期间发生水解，与水泥硬化速度同步，充分发挥补偿作用，使水泥硬化体非但不收缩，还呈微膨胀。1350℃煅烧的石灰，其水解速度很慢，迟于水泥硬化速度，使水泥硬化体早期收缩和后期膨胀，具有开裂破坏的危险，这是不可取的。

分析表5-3所列数据不难得出，石灰膨胀剂的煅烧温度应是1250℃。实践生产经验表明，煅烧温度可控制在1250～1300℃。在这温度范围烧成的石灰通常称轻烧石灰。超过此温度煅烧的石灰称过烧石灰或死烧石灰，这是水泥中的有害物。众所周知，常用建筑生石灰的烧成温度是1000～1200℃，可见，石灰膨胀剂的烧成温度要高出150～200℃。

（2）石灰石质量

石灰质量除煅烧温度外还决定于原料石灰石的质量。因此，石灰石质量会影响到水泥膨胀性能，如表 5-4 所示。

表 5-4　石灰石质量对水泥膨胀性能的影响

石灰石中 CaO 含量/%	煅烧温度/℃	湿气养护线膨胀率/10^{-4}			
		1d	3d	7d	14d
55.44	1250	1.00	0.75	1.25	2.00
48.52	1250	−2.75	−2.75	−4.25	−3.00

从表 5-4 可看到，用含 55.44%CaO 高品位石灰石烧成的石灰膨胀剂能使水泥硬化体发生膨胀，用 48.52%CaO 低品位石灰石烧成的石灰膨胀剂在水泥硬化体中不产生膨胀作用。在低品位石灰石中不仅 CaO 含量低，还含有较多的硅（SiO_2）、铝（Al_2O_3）矿物夹杂物。在 1250~1300℃温度下煅烧时，这些硅、铝矿物会与 CaO 反应生成水泥低温矿物 C_2S、C_3A 和 C_5A_3 等，消耗相当数量的有效成分 CaO，使原本就较低 CaO 含量的石灰膨胀剂进一步降低 CaO 含量，从而在水泥硬化体中减弱或失去膨胀功能。

根据表 5-4 数据可以得出结论，制造石灰膨胀剂的原料必须是高品位石灰石，根据生产经验，CaO 含量应大于 53%。

（3）膨胀剂掺入量

膨胀剂掺入量对水泥膨胀性能的影响列于表 5-5。水中养护水泥硬化体线膨胀率与强度的关系示于图 5-1。

表 5-5　膨胀剂掺入量对水泥膨胀性能的影响

膨胀剂掺入量/%	线膨胀率/10^{-4}							
	湿气养护				水中养护			
	1d	3d	7d	28d	1d	3d	7d	28d
0.00	−4.75	−6.00	−6.50	−6.00	3.25	4.00	4.50	6.25
1.00	−2.75	−3.00	−2.25	−1.75	6.00	7.25	8.25	10.00
2.00	−1.25	−1.75	−0.50	−0.25	6.75	9.00	10.00	12.50

续表

膨胀剂掺入量/%	线膨胀率/10⁻⁴							
	湿气养护				水中养护			
	1d	3d	7d	28d	1d	3d	7d	28d
2.50	—0.50	—0.75	—0.25	1.25	7.75	10.25	12.00	14.00
3.00	0.25	0.50	1.50	2.00	10.25	13.75	15.25	17.50
4.00	2.25	3.50	5.75	7.00	13.25	17.50	19.25	21.75

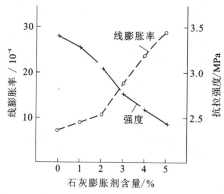

图 5-1　水中养护硬化体线膨胀率与强度的关系

从表 5-5 可看到，膨胀剂掺入量为 1%～2% 时，湿气养护的硬化体都表现为收缩。不过，与掺入量为零的比较，硬化体的收缩量已大幅下降，并随掺入量的增加而逐步减小。膨胀剂掺入量为 2.5% 时，湿气养护 1d 到 7d 的硬化体线膨胀率仍是负值，到 28d 则变为正值，说明此时硬化体已开始表现为膨胀。当掺入量为 3% 及以上时，湿气养护硬化体都发生膨胀，并且随掺入量的增多而逐步增大。

从图 5-1 可看到，水中养护硬化体线膨胀率随膨胀剂掺入量的增加而逐步增大，而抗拉强度则相反，随膨胀剂掺入量的增加而逐步下降。硬化体线膨胀率的增大曲线与抗拉强度下降曲线的交叉点在膨胀剂掺入量的 3% 左右。

表 5-5 和图 5-1 提供的数据说明，膨胀剂的最佳掺入量应是 3% 左右，在此情况下既有适量的线膨胀值，又保持了较高的强度。

（4）生产方法

工业化生产石灰通常有两种方法，立窑生产方法和回转窑生产方法。石灰膨胀剂生产要求控制烧成温度在 1250～1300℃ 范围。立窑无法严格控制烧成温度，并且窑内温度分布不均，产品质量较差，显然不能用于石灰膨胀剂的生产。在浇筑水泥生产中，中国建筑材料科学研究总院中间试验厂和全国各地工厂都采用小型中空干法回转窑煅烧石灰石块的方法，其工艺流程为：

石灰石→破碎→筛分→入库→回转窑煅烧→质量检验→密封贮存

现在我国已采用先进的预分解窑煅烧石灰膨胀剂。浙江某厂采用日产 1000 吨水泥熟料预分解窑生产石灰膨胀剂，产品质量均匀，性能优良，广受用户好评，取得了良好经济效益。

3. 水泥的生产和性能

根据袁明栋[6]和中国建筑材料科学研究总院中间试验厂[18]提供的资料，无收缩快硬硅酸盐水泥的主要生产参数和水泥与混凝土性能情况分别介绍如下。

（1）水泥生产

浇筑水泥由高等级水泥熟料、二水石膏和石灰膨胀剂共同磨制而成。为防止抗折强度倒缩，水泥中可加入适量粒化高炉矿渣。所用熟料标号应大于 625 号，二水石膏中 SO_3 应大于 43%，矿渣碱性系数应大于 1。水泥配比：

熟料　　　　91%～93%；
二水石膏　　5%；
石灰膨胀剂　2%～4%。

或

熟料　　　　77%～82%；
二水石膏　　5%；
矿渣　　　　10%～15%；
石灰膨胀剂　2%～4%。

粉磨细度比表面积控制范围为：

625 号水泥　　410～430m^2/kg；
725 号水泥　　460～480m^2/kg。

（2）水泥性能

浇筑水泥与通用硅酸盐水泥相比，凝结时间较短，但在标准规定范围之内，不影响施工。

水泥中虽然掺有轻烧石灰，但不影响安定性，沸煮法水泥安定性试验为合格。

水泥1d强度略高于快硬硅酸盐水泥的强度指标，3d强度达到或超过325号或425号快硬硅酸盐水泥指标。后期强度的增长规律与一般的硅酸盐水泥相同。

水泥的膨胀性能数据列于表5-6。

表 5-6　浇筑水泥的膨胀性能数据

编号	净浆自由膨胀率/%					
	1d	3d	7d	14d	21d	28d
1	0.0359	0.0778	0.0919	0.0919	0.0982	0.1189
2	0.0559	0.1188	0.1377	0.1523	0.1575	0.1635
3	0.0637	0.0723	0.0885	0.1032	0.1099	0.1173

从表5-6可以看出，浇筑水泥的膨胀性能特征是早期膨胀快，1d到3d的膨胀值为28d的50%～75%，14d达28d的90%以上，14d后膨胀值增加不大，后期膨胀甚微。

（3）混凝土性能

浇筑水泥混凝土具有早强性能，3d增进率为60%～70%，7d增进率为70%～80%。

混凝土钢筋粘结性能很好。用C30混凝土进行测试，1d为2.2MPa，3d为3.3MPa，28d为5.9MPa。

干缩性能优良。在常温干燥条件下，混凝土的干缩率为（0.4～0.8）×10^{-4}，显著低于普通硅酸盐水泥混凝土的（4～6）×10^{-4}。在潮湿环境中混凝土无收缩。

浇筑水泥曾用于框架结构节点的锚固、结构后浇带、机器底座和地脚螺栓固定以及建筑物的修补、补强与抢修等。

第七节 快硬硅酸盐水泥

20 世纪 50 年代中期，中国建筑材料科学研究总院开发出快硬硅酸盐水泥，先后参加研究开发工作的有左万信、田其琼、沈梅菲和李元俊等。快硬硅酸盐水泥当时主要用于预制混凝土构件厂，以提高生产效率。例如，国家重点大中型水泥企业山西大同水泥厂生产的快硬硅酸盐水泥专供北京丰台桥梁厂使用，制造水泥混凝土桥梁。20 世纪 50 年代到 80 年代，我国水泥混凝土预制件厂比较多，快硬硅酸盐水泥需求量较大，是与大坝水泥、油井水泥和白水泥等并列的主要特种水泥之一，到 1989 年仍有 13 万吨的年产量[19]。

1990～1991 年修订通用水泥国家标准，1992 年实施新的国家标准 GB 175—92。在该标准中，对主要标号的硅酸盐水泥和普通硅酸盐水泥都增设了快硬型（即 R 型）品种。GB 175—92 标准中规定："硅酸盐水泥分 425R、525、525R、625、625R、725R 六个标号。普通水泥分 325、425、425R、525、525R、625、625R 七个标号"。自此以后，快硬硅酸盐水泥被 R 型通用水泥所取代，由特种水泥改成通用水泥。

快硬硅酸盐水泥虽被取代，但它对 R 型品种的产生奠定了技术基础，作出了贡献，所提供的技术资料是 R 型品种生产和使用的重要借鉴。

1. 技术要求

1979 年制定和实施快硬硅酸盐水泥国家标准 GB 199—79，经修订 1991 年实施新标准 GB 199—90。该标准对快硬硅酸盐水泥的技术要求如下：

（1）熟料中氧化镁含量不得超过 5.0%。如水泥压蒸安定性试验合格，则熟料中氧化镁的含量允许放宽到 6.0%。

（2）水泥中三氧化硫含量不得超过 4.0%。

（3）细度：0.080mm 方孔筛筛余不得超过 10%。

（4）凝结时间：初凝不得早于 45min，终凝不得迟于 10h。

（5）安定性：沸煮法检验合格。

（6）标号以 3d 抗压强度来表示，分为 325、375 和 425 三个标号，各龄期强度均不得低于下列数值：

标号	抗压强度/MPa			抗折强度/MPa		
	1d	3d	28d	1d	3d	28d
325	15.0	32.5	52.5	3.5	5.0	7.2
375	17.0	37.5	57.5	4.0	6.0	7.6
425	19.0	42.5	62.5	4.5	6.4	8.0

2. 生产技术

快硬硅酸盐水泥生产技术与通用硅酸盐水泥基本相同。在通用硅酸盐水泥回转窑企业，对生产流程不必做大的改动就可组织生产快硬硅酸盐水泥，不过，为获得快硬早强性能，对通用硅酸盐水泥的某些生产技术须进行调整。

新中国水泥品种的研究开发是从仿照原苏联起步的，快硬硅酸盐水泥也不例外。当时在原苏联，快硬硅酸盐水泥的研究有两条技术路线：一是提高 C_3S 含量的路线，快硬硅酸盐水泥熟料中的 C_3S 高达 $65\% \sim 70\%$；二是适量提高 C_3S、C_3A 和水泥细度，三者兼顾的路线。中国建筑材料科学研究总院选取了后一条技术路线，适量提高 C_3S、C_3A 含量的同时相应提高水泥细度，最终达到提高快硬早强性能的目标。这条技术路线更适合我国水泥生产中回转窑较小和燃料质量较差的实际情况，比较经济实惠。

在实际生产中，我国快硬硅酸盐水泥熟料矿物组成和水泥细度的控制范围为：

$C_3S = 55\% \sim 60\%$；

$C_3S + C_3A = 60\% \sim 65\%$；

比表面积 $320 \sim 400 m^2/kg$。

快硬硅酸盐水泥除石膏外不掺任何混合材，属纯熟料水泥。按熟料中 C_3A 含量，水泥中 SO_3 含量一般为 $2.5\% \sim 2.7\%$。

3. 水泥与混凝土性能

沈梅菲[6]提供的快硬硅酸盐水泥与混凝土性能资料分别列于表 5-7 和表 5-8。

表 5-7 快硬硅酸盐水泥主要物理性能

水泥编号	凝结时间/h：min		抗压强度/MPa				抗折强度/MPa			
	初凝	终凝	1d	3d	7d	28d	1d	3d	7d	28d
1	2：32	3：32	19.0	37.1	48.1	58.4	4.3	6.7	7.7	9.0
2	2：05	3：18	19.5	38.5	47.5	55.2	4.8	6.8	7.7	8.4

表 5-8 不同水灰比快硬硅酸盐水泥混凝土强度性能

水灰比	水泥用量/（kg/m³）	抗压强度/MPa			养护温度/℃
		蒸养 5h	蒸养 5h 后存放 3d	蒸养 5h 后存放 28d	
0.345	330	43.4	52.5	58.9	85
		43.7	49.0	60.9	
0.452	430	31.9	39.7	39.9	95
		36.4	44.3	52.3	

　　表 5-7 所列数据是采用工厂生产的 325 号快硬硅酸盐水泥进行物理性能试验的部分资料。从这些资料可得出，快硬硅酸盐水泥与通用水泥相比具有明显的性能特征。凝结时间初凝与终凝之间的差距较短，开始凝结后就能很快变硬。早期强度较高，1d 高达 19MPa，3d 能达 37MPa，快硬早强特性非常明显。3d 以后 7d 和 28d 强度仍稳步增长，保持着硅酸盐水泥的基本特性。

　　表 5-8 列出的数据是采用工厂生产的 425 号快硬硅酸盐水泥进行混凝土试验所得的部分资料。针对干硬性混凝土和塑性混凝土的实践使用情况，测定了两种水灰比的混凝土试件性能。从表 5-8 可以看出，用快硬性硅酸盐水泥制作的干硬性混凝土，经 5h 蒸养后可达 43MPa，用相同水泥制作的塑性混凝土，经 5h 蒸养后能达 31～36MPa，都已超过脱模强度和起吊强度，能大幅度缩短生产周期，提高混凝土构件厂的生产效率。

第二篇
铝酸盐水泥

第六章　铝酸盐水泥基础化学理论

铝酸盐水泥研究和生产中常见的矿物有 CA、CA_2、CA_6 和 C_2AS，有时还会遇到 $C_{12}A_7$ 和 C_2S 等。这些常见矿物的形成、水化和水化物基本特性构成铝酸盐水泥的基础化学理论。

第一节　矿物组分的形成

采用化学系统相平衡图来阐明矿物组分的形成特征。与铝酸盐水泥矿物有关的化学系统主要有 $CaO\text{-}Al_2O_3$ 二元系统、$CaO\text{-}Fe_2O_3$ 二元系统和 $CaO\text{-}SiO_2\text{-}Al_2O_3$ 三元系统。

1. $CaO\text{-}Al_2O_3$ 二元系统

从图 1-2 可以看到，$CaO\text{-}Al_2O_3$ 系统中除了 C_3A 外，还存在 CA、CA_2 和 CA_6 等三个化合物。

CA 是不一致融熔化合物，不一致融熔点温度为 1605℃，在此温度会转变为 CA_2 和液相。它还与 C_3A 有一个低共熔点，温度为 1361℃。CA 晶体呈不规则颗粒，有时呈菱形，属单斜晶系，有时为明显的假六方晶系。

CA_2 是不一致融熔化合物，不一致融熔点温度为 1789℃，在此温度转变成 CA_6 和液相。CA_2 晶体呈现板条状，有时呈圆形颗粒，属于单斜晶体。

CA_6 也是不一致融熔化合物，不一致融熔点温度为 1860℃，在此温度会转变成 $\alpha\text{-}Al_2O_3$ 和液相。CA_6 晶体呈六方板状，属于六方晶系。

$CaO\text{-}Al_2O_3$ 系统中主要铝酸钙矿物不一致融熔点温度列于表 6-1。

表 6-1　主要铝酸钙矿物不一致融熔温度

矿　　物	C_3A	CA	CA_2	CA_6
不一致融熔温度/℃	1542	1605	1789	1860

从该表可得出，不同铝酸钙矿物的不一致融熔温度随矿物中的 Al_2O_3 含量的增加而提高。

从图 1-3 还可以看到，在正常湿度下 $CaO\text{-}Al_2O_3$ 系统中还存在 $C_{12}A_7$，它是一致融熔化合物，在 1392℃ 融熔成液相。$C_{12}A_7$ 与 CA 有一个低共熔点，温度大约在 1360℃。$C_{12}A_7$ 属于立方晶系，晶形呈圆粒状或八面体。

2. $CaO\text{-}Fe_2O_3$ 二元系统

从图 1-4 可以看到，$CaO\text{-}Fe_2O_3$ 系统中有一个一致融熔化合物 C_2F，该化合物常出现在铝酸盐水泥熟料中。C_2F 的融熔温度示于表 6-2。

表 6-2　C_2F 与铝酸钙矿物融熔温度比较表

矿　　物	C_2F	CA	CA_2
融熔温度/℃	1449	1605	1789

从表 6-2 可得出，C_2F 的融熔温度比 CA 与 CA_2 的融熔温度要低 155℃ 以上，相差较大。

3. $CaO\text{-}Al_2O_3\text{-}SiO_2$ 三元系统

从图 1-5 可以看到，在 $CaO\text{-}Al_2O_3\text{-}SiO_2$ 三元系统相图中存在着 CA、CA_2、$C_{12}A_7$、C_2AS 和 C_2S 五个相区。这五个化合物中每三个依次地平衡在铝酸盐水泥的研究中具有现实的意义。三个平衡系统是：$C_2S\text{-}C_{12}A_7\text{-}CA$；$C_2S\text{-}C_2AS\text{-}CA$；$C_2AS\text{-}CA\text{-}CA_2$。这些平衡系统的特征列于表 6-3。

表 6-3　铝酸盐水泥矿物三个平衡系统的特征

系统	融熔点性质	融熔点/℃	融熔点组成/%		
			CaO	Al_2O_3	SiO_2
$C_2S\text{-}C_{12}A_7\text{-}CA$	低共熔点	1335	49.5	43.7	6.8
$C_2S\text{-}C_2AS\text{-}CA$	转熔点	1380	48.3	42.0	9.7
$C_2AS\text{-}CA\text{-}CA_2$	低共熔点	1500	37.7	53.0	9.3

俄国学者 B. H. 容克等[5] 提供的关于矿物组成与低共熔点温度的资料列于表 6-4。

表 6-4　铝酸盐水泥矿物组成与共熔温度

共熔名称	矿物组成/%					融熔温度/℃
	CA	$C_{12}A_7$	CA_2	C_2AS	C_2S	
$C_2AS\text{-}CA_2$			35.5	64.5		1552
$CA\text{-}CA_2$	82.0		18.0			1590
$C_2AS\text{-}CA$	57.7			42.3		1512
$C_{12}A_7\text{-}CA$	6.5	93.5				1400
$C_2AS\text{-}CA_2\text{-}CA$	56.9		1.1	42.0		1505
$C_2S\text{-}C_{12}A_7\text{-}CA$	13.3	67.3			19.4	1335

表 6-3 和表 6-4 提供的数据可指导铝酸盐水泥生产工艺的确立。

第二节　主要矿物的水化

综合各种文献资料[1]~[4]可以得出，铝酸盐矿物 CA、CA_2 和$C_{12}A_7$ 有着既相似又有区别的水化过程。

1. CA 的水化

CA 在常温下遇水后会迅速形成含 10 个水的水化铝酸一钙，即 CAH_{10}。CAH_{10} 的晶型结构尚无定论，一般认为它大体上可能属六方晶系，晶型常呈片状或针状。

CAH_{10} 是不稳定化合物，在潮湿和温度大于 20℃ 的条件下，它会转变成 C_2AH_8，同时析出 $Al(OH)_3$。C_2AH_8 属六方晶系，呈片状或针状。$Al(OH)_3$ 是非晶质的凝胶体。

C_2AH_8 是不稳定化合物，在一定条件下，与 CAH_{10} 一样也会发生晶型转变，转化成 C_3AH_6 和 $Al(OH)_3$ 凝胶。

C_3AH_6 是一个稳定化合物，属等轴晶系，其晶体呈不同的立方晶形，如立方体、单斜十二面体、八面体、不等边四面体、六角八面体，以及这些晶型的组合体。

CA 的水化过程可用下式表示：

$$CA \xrightarrow{+H_2O} CAH_{10}$$

$$CA \xrightarrow{+H_2O} C_2AH_8 + Al(OH)_3$$

$$\downarrow$$

$$C_3AH_6 + Al(OH)_3$$

2. CA_2 的水化

CA_2 在常温下水化反应时，与 CA 水化一样，也生成 CAH_{10}。然而，它在产生 CAH_{10} 的同时，还析出大量的 $Al(OH)_3$ 凝胶。在适当的温度和湿度条件下，CAH_{10} 同样转变成 C_2AH_8，而 C_2AH_8 也会转变成稳定的 C_3AH_6。CA_2 的水化过程与 CA 相比，都生成相同的水化产物，都发生相同的晶型转变，不同的是 CA_2 水化反应较慢，反应中析出的 $Al(OH)_3$ 数量较多。

CA_2 的水化过程可以用下式表示：

$$CA_2 \xrightarrow{+H_2O} CAH_{10} + Al(OH)_3$$

$$CA_2 \xrightarrow{+H_2O} C_2AH_8 + Al(OH)_3$$

$$\downarrow$$

$$C_3AH_6 + Al(OH)_3$$

3. $C_{12}A_7$ 的水化

$C_{12}A_7$ 遇水后会迅速发生反应，在低温下通常形成 CAH_{10}、C_2AH_8 和 $Ca(OH)_2$。在室温条件下，$C_{12}A_7$ 的水化反应有所不同，水化产物为 C_2AH_8 和 $Al(OH)_3$ 凝胶。当水化环境温度大于 $20℃$ 时，$C_{12}A_7$ 水化反应成 C_3AH_6 和凝胶 $Al(OH)_3$。

$C_{12}A_7$ 在不同条件下的水化反应式表示如下：

$$C_{12}A_7 \xrightarrow{5℃, H_2O} CAH_{10} + C_2AH_8 + Ca(OH)_2$$

$$C_{12}A_7 \xrightarrow{20℃, H_2O} C_2AH_8 + Al(OH)_3$$

$$C_{12}A_7 \xrightarrow{25℃, H_2O} C_3AH_6 + Al(OH)_3$$

第三节　矿物的水化特性

1. 矿物与水化物的密度

矿物与其水化物的密度是研究水泥体积变化的基本数据。F. M. Lea 提供的密度数据[2]如下：

未水化矿物	密度/（g/cm³）	水化物	密度/（g/cm³）
CA	2.98	CAH_{10}	1.72
CA_2	2.91	C_2AH_8	1.95
$C_{12}A_7$	2.69	C_3AH_6	2.52
		$Al(OH)_3$	约 2.4

2. 水化速度

CA 水化速度较快，有明显的初凝和终凝，据 F. M. Lea 提供的资料[2]，CA 的初凝是 25min，终凝为 2h。

$C_{12}A_7$ 的水化速度很快，凝结迅速，但不像 C_3A 那样的假凝，也有明显的初凝和终凝。据 F. M. Lea 提供的资料[2]，$C_{12}A_7$ 的初凝和终凝时间分别是 3～5min，15～30min。

CA_2 的水化速度很慢，有明显的初凝和终凝，但凝结时间非常长。C_2AS 和 CA_6 都没有水硬性，在水中呈惰性。铝酸盐水泥矿物的水化速度依次排列如下：

$$C_{12}A_7 > CA > CA_2$$

3. 矿物水化强度

F. M. Lea 提供的铝酸盐水泥矿物水化强度数据[2]列于表 6-5。

表 6-5　铝酸盐水泥矿物的强度

矿　物	抗压强度/MPa			
	1d	3d	7d	14d
$C_{12}A_7$	19.6	22.1	22.6	24.5
CA	68.6	83.3	98.0	117.7
CA_2	2.9	5.9	9.8	24.5

从表 6-5 可以看出，CA、CA_2 和 $C_{12}A_7$ 各具不同的强度特性。

CA 强度最高，14d 抗压强度可以达到 117.7MPa。最可贵的是早期强度很高，1d 强度为 7d 强度的 70%，3d 强度达 7d 强度的 85%。与 C_3S 相比，CA 的强度不论是早期强度还是后期强度都比较高。在水硬性胶凝材料矿物中 CA 在强度特性方面十分突出。

CA_2 在表中三个矿物中强度最低，1d 强度仅为 CA 强度的 4.2%，3d 强度为 7.1%，7d 强度为 10.0%，14d 强度为 20.8%。从这些数据得出，CA_2 强度在后期虽然是略有增长，但与 CA 的强度相比，各龄期强度都很低。

$C_{12}A_7$ 硬化后具有一定强度，虽然比 CA_2 高，但与 CA 相比有很大差距。$C_{12}A_7$ 的特性是在 1d 龄期就发挥出强度，但以后的强度增长很小。

研究 CA、CA_2、CA_6、$C_{12}A_7$ 和 C_2AS 等矿物特性后不难得出，CA 是铝酸盐水泥中的主体矿物，正像 C_3S 是硅酸盐水泥中的主体矿物一样。

第四节 矿物特性比较

铝酸盐水泥主要矿物特性的比较示于表 6-6。

表 6-6 铝酸盐水泥主要矿物特性比较表

特 性	矿 物		
	CA	CA_2	CA_6
不一致融熔温度/℃	1605	1789	1860
3d 抗压强度/MPa	83.3	5.9	0

从表 6-6 看出，铝酸盐主要矿物随着氧化铝含量的增加，其融熔温度逐步提高，CA 融熔温度为 1605℃，CA_6 达到 1860℃，提高了 255℃。矿物水泥强度则随氧化铝含量的增加而急剧下降，CA 的 3d 强度为 83.3MPa，CA_2 仅为 5.9MPa，CA_6 为零。这些特性规律是研究开发铝酸盐水泥生产和应用的重要理论基础。

第七章 铝酸盐水泥

第一节 概 述

1908 年法国人 J. Beid 获得铝酸盐水泥专利。这项专利与他在法国 Lafarge 公司所属实验室的工作密切相关。此后，Lafarge 公司对铝酸盐水泥生产方法进行研究。1913 年研究成功融熔法，1918 年实现了铝酸盐水泥的工业化生产，并批量供应市场。1921 年美国国家标准局的 P. H. Bates 发表了用回转窑烧结法制造铝酸盐水泥的研究报告。从此，世界有了两种铝酸盐水泥生产方法，即融熔法和烧结法。目前，在欧洲仍然沿用融熔法。铝酸盐水泥的问世是继 1824 年英国人 J. Aspdin 获得波特兰水泥专利后水泥史上的又一次重大发明，为水泥品种发展开启了新的篇章。

铝酸盐水泥开始主要用于特殊建筑工程，如抢修工程和防硫酸盐侵蚀的工程等。后来，将应用领域扩展到耐热、耐火工程，如工厂烟囱、高温窑炉内衬等。在铝酸盐水泥基础上研究开发出耐火用铝酸盐水泥系列。如 Lafarge 公司除 Foundu 和 Secar 50 外，还有 Secar 70 和 Secar 80 等用于耐火工程的品牌系列。

随着科学研究工作的进展，发现铝酸盐水泥存在后期强度下降等性能缺陷。在应用中也出现了建筑工程严重破坏的实例。1943 年法国停止了铝酸盐水泥在永久性建筑工程上的应用。1964 年英国工程师协会虽然作出了关于在限定条件下使用的规定，但在建筑结构工程上，铝酸盐水泥至今未能推广应用。然而，耐热、耐火工程方面的应用则延续至今，而且日益扩大。

中国建筑材料科学研究总院 1953 年成立后不久就开始研究铝酸盐水泥，当时称高铝水泥。先采用倒焰窑烧结法，后来研究回转窑烧结法。1957 年回转窑烧结法研究开发取得成功，实现了我国高铝水泥的批量连续生产，获得了国家科技成果奖。参加高铝水泥研究工作的有左万信、王幼云、胡秀春、田其琼、刘旦和周季嫦等。当时生产高铝水泥的企业有郑州铝厂水泥分厂、贵阳水泥厂、上海水泥厂、苏州光华水泥厂和立新水泥厂等。

我国高铝水泥问世后，便在建筑工程上推广应用。20世纪60年代，贵州某厂建设工程中发生高铝水泥结构强度不能达到设计指标的质量事故。经检查，其主要原因是施工不当，水灰比过大。这次事故后，国家建委发出"关于正确使用矾土水泥严防发生质量事故的通知"，指出"矾土水泥是属特种水泥，不宜在长期承重结构上使用"。从此，矾土水泥在建筑工程的应用受到限制。

1965年中国建筑材料科学研究总院在高铝水泥基础上开始研究耐火铝酸盐水泥。在20世纪60年代，研究开发出Al_2O_3含量为65％的高铝水泥-65和Al_2O_3含量达70％～75％的低钙耐火铝酸盐水泥。70年代又开发出纯铝酸钙水泥。纯铝酸钙水泥的Al_2O_3含量与低钙耐火铝酸盐水泥相同，不同点是前者所用原料由工业Al_2O_3取代了高铝矾土。可见，早在20世纪70年代，我国已有包括高铝水泥、高铝水泥-65、低钙耐火铝酸盐水泥和纯铝酸盐水泥等耐火铝酸盐水泥系列。参加耐火铝酸盐水泥的研究人员有周季嫡、李玉梅、田其琼、孙淑英、芮国安、马世臣和陈利安等。

20世纪60年代，我国水泥窑烧成带所用耐火材料高铝砖十分紧缺，严重影响水泥工业正常生产。中国建筑材料科学研究总院混凝土室薛德让、颜惠瑾和庄名炳等采用低钙耐火铝酸盐水泥作结合剂、烧结矾土作骨料，制成耐火浇注砌块，用于水泥窑烧成带，取代高铝砖，获得成功。在水泥窑上采用耐火浇注料砌块不仅解决了耐火材料供应紧张问题，而且还能延长材料使用期，提高水泥窑运转率、增加产量。低钙耐火铝酸盐水泥的研究成功对当时确保和提高水泥生产发挥了重要作用。20世纪70年代，水泥窑烧成带开始采用新的耐火材料，取代铝酸盐水泥砌块，低钙耐火铝酸盐水泥也就逐渐退出历史舞台，企业不再生产。

1963年我国制定和发布施行了第一个铝酸盐水泥国家标准，即国家标准高铝水泥GB 201—63。该标准于1981年进行修订，被GB 201—81所取代。在推广应用过程中，低钙耐火铝酸盐水泥制定了部级标准JC 85—65，高铝水泥-65制定了部级标准JC 236—81。2001年，将高铝水泥、高铝水泥-65、低钙耐火铝酸盐水泥和纯铝酸盐水泥归纳成了一个标准，制定出定名为铝酸盐水泥的国家标准 GB 201—2000。在该标准中，铝酸盐水泥按 Al_2O_3 含量分为四个品种：CA-50、CA-60、CA-70 和 CA-80。各品种相对应的水泥是：

CA-50 铝酸盐水泥对应高铝水泥；

CA-60 铝酸盐水泥对应高铝水泥-65；

CA-70 铝酸盐水泥对应纯铝酸钙水泥；

CA-80 铝酸盐水泥对应纯铝酸钙水泥加 α-Al_2O_3。

我国铝酸盐水泥生产企业主要分布在河南、山西和贵州等省原料产地。近期铝酸盐水泥全国总年产量都保持在 100 万吨左右，部分产品还出口到国外。

第二节　物　化　理　论

1. 熟料形成化学

铝酸盐水泥的原料是石灰石和矾土。石灰石主要是石灰岩，常夹杂少量粘土类矿物。矾土主要含水铝石矿物，还有少量高岭石、钛铁矿物等。煅烧熟料时一般都采用烟煤，煤灰作为原料进入熟料形成过程。矾土、石灰石和煤灰的化学成分列于表 7-1。

表 7-1　铝酸盐水泥所用原料化学成分

原　料	化学成分/%							
	烧失量	SiO_2	Al_2O_3	Fe_2O_3	TiO_2	CaO	MgO	R_2O
矾土（1）	13.05	10.30	71.14	0.85	3.14	0.20	0.03	1.24
矾土（2）	13.63	8.25	74.18	0.60	2.61	0	0.26	0
石灰石	43.60	0.20	0.07	0.05	0	55.50	0.30	0.19
煤灰	0	53.94	31.46	8.86	0	2.23	0.57	0

从该表看到，矾土含有铝酸盐水泥熟料所需的大量 Al_2O_3，但是也有一定量的 SiO_2、TiO_2 和 Fe_2O_3 等；石灰石含有大量 CaO，还有少量 SiO_2 和 MgO 等；煤灰含有 SiO_2、Al_2O_3 和 Fe_2O_3 等。熟料形成化学就是这些原料中的化合物之间在加热中发生的化学反应过程。铝酸盐水泥生料在不同温度范围内发生的化学变化依次如下：

室温～300℃　　　　　原料脱水

400~600℃	矾土中的水铝石分解出 α-Al_2O_3，高岭石分解出 SiO_2 和 α-Al_2O_3，铁矿分解出 Fe_2O_3；
600~800℃	α-Al_2O_3、SiO_2 和 Fe_2O_3 增多；
800~900℃	石灰石分解出 CaO；
900~1000℃	出现 CA、C_2AS；
1000~1100℃	CA 大量生成，出现 C_2F，当 CaO 量过多时会出现 $C_{12}A_7$；
1000~1200℃	出现 CA_2，当 SiO_2 过多时会出现 C_2S；
1200~1300℃	CA_2 增多；
1300℃以上	出现液相。

铝酸盐水泥熟料矿物形成过程可用下式表示：

$$CaO + Al_2O_3 \xrightarrow{900\sim1100℃} CA$$

$$2CaO + Al_2O_3 + SiO_2 \xrightarrow{900\sim1100℃} C_2AS$$

$$2CaO + Fe_2O_3 \xrightarrow{1000\sim1100℃} C_2F$$

在 CaO 较多情况下，

$$12CaO + 7Al_2O_3 \xrightarrow{1000\sim1100℃} C_{12}A_7$$

在 SiO_2 较多情况下，

$$2CaO + SiO_2 \xrightarrow{1000\sim1100℃} C_2S$$

$$CaO + 2Al_2O_3 \xrightarrow{1200\sim1300℃} CA_2$$

研究熟料形成化学可以得出，为完成化学反应，铝酸盐水泥熟料烧成温度必须大于 1300℃。铝酸盐水泥熟料的主要矿物是 CA、CA_2 和 C_2AS，另外还有少量 C_2F、$C_{12}A_7$ 和 C_2S 等矿物。C_2AS 没有活性，是无效矿物。它的生成是由于存在 SiO_2，在形成中要消耗 CaO 和 Al_2O_3，从而减少有效矿物 CA 和 CA_2 的形成量。所以，为增加熟料中 CA 和 CA_2 的比例，提高熟料质量，必须控制原料中 SiO_2 含量至最小程度。过量的 $C_{12}A_7$ 往往会引起速凝，影响水泥质量，为防止 $C_{12}A_7$ 出现，在配料中对 CaO 含量须控制在适当的范围。

铝酸盐水泥矿物都可通过固相反应形成，这为采用烧结法生产铝酸盐水泥熟料奠定了理论基础。Fe_2O_3 在加热过程中会形成 C_2F。该化合物的融熔温度比 CA 和 CA_2 要低得多，较易出现液相。如果液相出现过早过多，会给烧结法的采用带来困难。所以，采用烧结法生产铝酸盐水泥熟料时，原料中的 Fe_2O_3 含量必须控制在一个较低的范围。

2. 强度倒缩原理

CA-50 铝酸盐水泥有后期强度倒缩问题，了解其原理是十分必要的。在第六章中已讲述，铝酸盐水泥主要矿物是 CA 和 CA_2，水化后都会生成 CAH_{10} 和 C_2AH_8，呈六方片状或纤维状。这两个水化产物都是不稳定化合物，在一定的温度和湿度条件下都要转变成稳定的呈立方晶型的 C_3AH_6。在这晶型的转变过程中伴随着体积的变化，其变化值计算如下：

$$3CAH_{10} \longrightarrow C_3AH_6 + 4Al(OH)_3 + 18H_2O$$

摩尔质量/(g/mol)	1014	378
密度/(g/cm^3)	1.72	2.52
摩尔体积/(cm^3/mol)	590	150

$$\Delta V = \frac{150-590}{590} \times 100\% = -74.6\%$$

$$3C_2AH_8 \longrightarrow 2C_3AH_6 + 2Al(OH)_3 + 9H_2O$$

摩尔质量/(g/mol)	1074	756
密度/(g/cm^3)	1.95	2.52
摩尔体积/(cm^3/mol)	551	300

$$\Delta V = \frac{300-551}{551} \times 100\% = -45.6\%$$

计算结果得出，CAH_{10} 转变成 C_3AH_6 后摩尔体积要减少 74.6%；C_2AH_8 转变成 C_3AH_6 后摩尔体积要减少 45.6%。水泥硬化体内化合物摩尔体积的减少必然导致硬化体孔隙率增加。沈威等[3]提供的关于孔隙率变化与强度关系的资料列于表 7-2。

表 7-2　铝酸盐水泥混凝土孔隙率与抗压强度的关系

水灰比	养护温度（养护 2d）					
	20℃		50℃		90℃	
	孔隙率/%	强度/MPa	孔隙率/%	强度/MPa	孔隙率/%	强度/MPa
1.00	19.0	23	20.0	5.5	22.9	2.0
0.67	13.8	55	15.7	24	18.0	7.0
0.50	11.7	72	12.4	32	15.3	29.5
0.40	9.8	77	12.0	56	14.0	34.5
0.33	8.8	90	11.4	68	12.5	55.5

从表 7-2 可得出，在相同水灰比条件下，混凝土硬化体孔隙率随着养护温度的提高而增加。在同一养护温度条件下，孔隙率同样随着水灰比的提高而增加。提高水灰比和养护温度都会加快 CAH_{10} 和 C_2AH_8 晶体向 C_3AH_6 转变，致使孔隙率增加。在不同条件下孔隙率的增加都会使硬化体强度下降。铝酸盐水泥混凝土后期强度倒缩的原理就是水化产物 CAH_{10} 和 C_2AH_8 向 C_3AH_6 的晶型转变并伴随的体积减小与硬化体孔隙率的增大。

3. 耐火机理

目前铝酸盐水泥主要用作制造不定形耐火材料的胶结剂。在 800℃以下的受热过程中，胶结剂水化产物进行脱水。脱水过程用下式表示：

$$CAH_{10} \xrightarrow{\triangle} CA + 10H_2O\uparrow$$

$$C_2AH_8 \xrightarrow{\triangle} CA + CaO + 8H_2O\uparrow$$

$$2Al(OH)_3 \xrightarrow{\triangle} \alpha\text{-}Al_2O_3 + 3H_2O\uparrow$$

随着水化产物脱水，不定形耐火材料强度逐渐下降。当受热温度到 800℃以上时，脱水后的产物之间、产物与添加料之间，以及产物与骨料之间进行化学反应，其反应用下式表示：

$$CaO + \alpha\text{-}Al_2O_3 \xrightarrow{\triangle} CA$$

$$CA + \alpha\text{-}Al_2O_3 \xrightarrow{\triangle} CA_2$$

$$CA_2 + 4\alpha\text{-}Al_2O_3 \xrightarrow{\triangle} CA_6$$

需要指出的是，CA_6 在水泥熟料烧成过程中无法形成，但在不定形耐火材料受热过程中出现了，从而进一步提高耐火度。

通过上述化学反应，脱水产物之间、产物与添加料之间，以及产物与骨料之间产生瓷性胶结作用和高温强度。随着受热温度升高，不定形耐火材料的高温强度增加，耐火性不断提升。胶结剂中 Al_2O_3 含量愈大，耐火材料的耐火度愈高。铝酸盐水泥不定形耐火材料的受热反应使自己具有良好的耐火特性。

第三节　CA-50 铝酸盐水泥

CA-50 铝酸盐水泥是指含 $50\% \leqslant Al_2O_3 < 60\%$ 的铝酸盐水泥，曾称高铝水泥，俗称矾土水泥。在修订国家标准 GB 201—2000 过程中，将高铝水泥统一改名为 CA-50 铝酸盐水泥。有些企业将 CA-50 铝酸盐水泥按性能分成多种型号。这些型号的水泥是在国家标准规定的技术要求范围内，通过调整原料的品位、生产方法、熟料组成和水泥细度等技术参数而制成的。对 CA-50 铝酸盐水泥的定型，全国无统一规定，属企业行为，各企业按条件生产出不同型号的CA-50 铝酸盐水泥。

本节按国家标准从总体上叙述 CA-50 铝酸盐水泥。

1. 技术要求

国家标准 GB 201—2000 对 CA-50 铝酸盐水泥的技术要求如下：

（1）化学成分

$50\% \leqslant Al_2O_3 < 60\%$；

$SiO_2 \leqslant 8.0\%$；

$Fe_2O_3 \leqslant 2.5\%$；

R_2O（$Na_2O + 0.658K_2O$）$\leqslant 0.4\%$；

S（全硫）$\leqslant 0.1\%$；

$Cl \leqslant 0.1\%$。

（2）物理性能

细度：比表面积 $\geqslant 300 m^2/kg$；

凝结时间：初凝时间 $> 30min$，终凝时间 $< 6h$；

胶砂强度不低于下列各数值：

抗压强度/MPa			抗折强度/MPa		
6h	1d	3d	6h	1d	3d
20	40	50	3.0	5.5	6.5

2. 原料

CA-50 铝酸盐水泥的 Al_2O_3 成分是由矾土原料来提供的，但矾土原料中除含 Al_2O_3 有用成分外，不可避免的还含有 SiO_2、Fe_2O_3、TiO_2 和 R_2O 等有害成分或无效成分。水泥中 CaO 成分是由石灰石原料来提供的，但石灰石中往往也含有 SiO_2 等杂物。为满足水泥生产和性能的技术条件，对原料必须按技术要求进行严格选择。CA-50 铝酸盐水泥对原料的主要技术要求如下：

矾　土：

$Al_2O_3 > 70\%$；

$SiO_2 < 9\%$；

$Fe_2O_3 < 2.5\%$；

$TiO_2 < 3.0\%$。

石灰石：

$CaO > 54\%$；

$SiO_2 < 1.0\%$。

3. 配料控制指标和计算

为书写方便，本节配料指标和计算式中氧化物用下列符号表示：

物　料	氧化物					
	CaO	SiO_2	Al_2O_3	Fe_2O_3	TiO_2	MgO
矾　土	C_1	S_1	A_1	F_1	T_1	M_1
石灰石	C_2	S_2	A_2	F_2	T_2	M_2
生　料	C_0	S_0	A_0	F_0	T_0	M_0
熟　料	C	S	A	F	T	M

1) 控制指标

(1) 碱度系数（A_m）。A_m 是指熟料中形成 CA 和 CA_2 的 CaO 量

与熟料中铝酸钙全部为 CA 时所需的 CaO 量之比。计算公式为：

$$A_m = \frac{w(C) - 1.875w(S) - 0.70[w(F) + w(T)]}{0.55[w(A) - 1.70w(S) - 2.53w(M)]}$$

式中，$w(C)$、$w(A)$、$w(S)$、$w(F)$、$w(T)$ 和 $w(M)$ 分别是 CaO、Al_2O_3、SiO_2、Fe_2O_3、TiO_2 和 MgO 的质量分数。

当 $A_m = 1$ 时，熟料中 Al_2O_3 除生成 C_2AS 和 MA 所消耗的外，其余部分都形成 CA，而不存在 CA_2。当 $A_m = 0.5$ 时，熟料中除了生成 C_2AS 和 MA 外，其余部分形成 CA_2，而不存在 CA。A_m 越大，表示熟料中 CA/CA_2 之比值越大；A_m 愈小，表示熟料中 CA/CA_2 之比值越小。近期我国生产 CA-50 铝酸盐水泥配料时，控制熟料的 A_m 一般是在 $0.74 \sim 0.85$。

（2）铝硅比系数

$$铝硅比系数 = \frac{w(A)}{w(S)}$$

铝硅比系数愈高，说明熟料中 SiO_2 含量愈低，形成的无效矿物愈少，水泥质量愈好。我国 CA-50 铝酸盐水泥的铝硅比系数一般为 $8 \sim 12$。

（3）铝酸钙比系数

$$铝酸钙比系数 = \frac{w(CA)}{w(CA_2)}$$

铝酸钙比系数与碱度系数相比可以更直观地表达水泥生产与性能特征。铝酸钙比系数愈高，早期强度愈高，烧结温度范围愈窄，耐火度愈低。铝酸钙比系数愈低，早期强度愈低，后期强度增加愈大，烧结范围愈宽，耐火度愈高。近期我国生产的 CA-50 铝酸盐水泥的铝酸钙比系数一般控制在 $1.3 \sim 2.5$。

2）矿物组成计算

铝酸盐水泥矿物组成计算公式如下：

$CA = 1.55(2A_m - 1)[w(A) - 1.70w(S) - 2.53w(M)]$；
$CA_2 = 2.55(1 - A_m)[w(A) - 1.70w(S) - 2.53w(M)]$；
$C_2AS = 4.57w(S)$；

$CT=1.70w$（T）；

$C_2F=1.70w$（F）；

$MA=3.53w$（M）。

3）配料计算

沈威等[3]提供的铝酸盐水泥配料公式如下：

设生料由 1 份石灰石和 X 份矾土组成。

$$X=\frac{\{1.87w(S_2)+0.70[w(F_2)+w(T_2)]+0.55A_m[w(A_2)-1.70w(S_2)-2.53w(M_2)]\}-w(C_2)}{w(C_1)-\{1.87w(S_1)+0.70[w(F_1)+w(T_1)]+0.55A_m[w(A_1)-1.70w(S_1)-2.53w(M_1)]\}}$$

式中，A_m 根据企业生产条件和产品性能要求先设定一个数值。按上式得出的配比，计算出生料和熟料的化学组成。在此基础上，再计算出熟料碱度系数、矿物组成和其他控制指标，验证是否符合预定要求，然后作进一步核实。原料配比须在生产中根据条件变化进行调整。现在各生产企业都有一套自己的配料经验和习惯做法。

4. 生产方法

铝酸盐水泥生产方法有融熔法和烧结法两种。融熔法对原料要求较低，含 Fe_2O_3 和 SiO_2 较多的低品位矾土也能用于生产矾土水泥。水泥的化学成分可达：Al_2O_3 为 40～50%、Fe_2O_3 为 7%～16%、SiO_2 为 8%～9%。像这样成分的水泥无法采用烧结法进行生产。融熔法烧制的铝酸盐水泥质量较均匀，成品中往往含少量的 $C_{12}A_7$，早期强度较高。这种生产方法的主要缺点是能耗高。烧结法的特点是对原料要求较高，含铁量有一定的限制，烧结温度范围较窄，须严格控制烧成温度，但能耗较低，可大批量连续生产。

融熔法的融熔设备有反射炉、电炉和高炉等。烧结法的烧成设备有回转窑、倒焰窑和隧道窑等。在欧洲，生产含 Al_2O_3 为 40%～60%的铝酸盐水泥大都采用融熔法，含 Al_2O_3 为 70%～80%的纯铝酸钙水泥往往采用烧结法。首创融熔法生产铝酸盐水泥的法国 Lafarge公司，20 世纪 90 年代在中国天津投资建设的纯铝酸钙生产线上采用了 Φ1.6×30m 中空干法回转窑的烧结法。在中国，20 世纪 50 年代用回转窑烧结法生产铝酸盐水泥的试验取得成功后，便在全国普遍推广，一直沿用至今。近期，个别厂为产品出口曾建设电炉融熔法生产线，现在已经停产。目前，我国铝酸盐水泥生产方法都是回转窑烧结法。

我国生产铝酸盐水泥的回转窑，都是尺寸较小的中空干法回转窑，一般是 $\Phi 2.2 \times 45m$ 的回转窑，有的回转窑尺寸更小。个别厂将 $\Phi 2.2 \times 45m$ 中空干法回转窑改造成预热器窑，取得了节省热耗和提高产量的实效。

用回转窑烧成 CA-50 铝酸盐水泥熟料的温度一般控制在1350～1400℃，烧成范围比硅酸盐水泥要缩小 50℃，因此，烧成温度控制要求较严。铝酸盐水泥熟料 3～5mm 粒径的立升重大致在 0.65～0.9kg/L。正常熟料为棕红色，不含游离 CaO；轻烧熟料为白、黄或浅红等色泽；过烧熟料为黑色或黑红色。轻烧熟料中往往含有过量 $C_{12}A_7$，会引起水泥速凝和强度下降。熟料过烧不仅使回转窑结圈，运行不正常，而且还降低水泥的 1d 和 3d 强度。铝酸盐水泥熟料的冷却速度对水泥质量无明显影响，这与硅酸盐水泥有所不同。

按陈利安提供的资料[6]，近期我国某些工厂生产的 CA-50 铝酸盐水泥化学组成列于表 7-3。根据化学组成计算出的相应矿物组成和系数列于表 7-4。

表 7-3　我国某些厂生产的 CA-50 铝酸盐水泥化学组成（％）

工厂代号	烧失量	SiO_2	Al_2O_3	Fe_2O_3	CaO	TiO_2	MgO
1	0.39	7.06	51.95	2.73	34.57	2.48	0.55
2	0.62	7.24	52.95	2.27	33.01	2.64	0.99
3	0.07	6.24	53.21	2.26	33.83	2.95	0.70
4	0.39	6.27	55.82	1.10	34.00	2.36	0.15
5	0.28	3.21	56.09	2.70	32.56	3.66	0.68

表 7-4　我国某些厂生产的 CA-50 铝酸盐水泥熟料矿物组成和系数

工厂代号	CA/%	CA_2/%	C_2AS/%	A_m	CA/CA_2
1	31.08	23.60	32.26	0.76	1.32
2	31.09	23.05	33.09	0.76	1.35
3	41.90	18.43	28.52	0.82	2.27
4	43.04	21.72	28.65	0.81	1.98
5	48.52	22.50	14.67	0.82	2.16

从表 7-3 和表 7-4 可看出，CA-50 铝酸盐水泥的组成，在我国各企业之间差别较大，A_m 波动在 0.76 到 0.82，CA/CA_2 波动在 1.32 到 2.27。这些差别都与工厂所采用的原料密切相关。目前，我国优质矾土资源较缺，市场供应紧张，甚至有些企业要生产 SiO_2 小于标准的 8% 的水泥尚存在困难。有关部门正在考虑修订现行标准，适当放宽无效化合物和其他有害化合物的限制条件。

CA-50 铝酸盐水泥不掺任何外加物，熟料粉磨后就是成品。熟料粉磨一般采用带选粉机的闭路管磨系统。粉磨细度控制在 $80\mu m$ 方孔筛筛余小于 10%，比表面积控制在 $300\sim400m^2/kg$。

5. 水泥性能

1) 强度

根据陈利安的资料[6]，近期我国某些企业生产的 CA-50 铝酸盐水泥强度列于表 7-5。

表 7-5 我国某些厂生产的 CA-50 铝酸盐水泥强度

工厂代号	抗压强度/MPa			抗折强度/MPa		
	1d	3d	28d	1d	3d	28d
1	57.8	60.9	63.8	6.2	6.3	6.5
2	58.3	65.2	81.4	6.4	6.6	6.8
3	60.1	69.5	87.8	6.9	7.5	9.0
4	68.5	80.3	99.9	7.4	8.0	9.9
5	77.7	90.3	109.2	8.1	8.8	11.2

从表 7-5 可看到，当前我国生产的 CA-50 铝酸盐水泥具有很高的强度，特别是早期强度。1d 抗压强度可达 $58\sim78MPa$，与 3d 强度的比值平均为 0.86，与 28d 强度的比值平均为 0.74。此外，部分厂的 28d 强度高达 100MPa 左右，这些强度特性是硅酸盐水泥所不易达到的。记得 20 世纪 50 年代铝酸盐水泥试制成功后的生产初期，出厂 28d 强度一般都在 $50\sim60MPa$，现在能达到 $90\sim100MPa$，说明我国 CA-50 铝酸盐水泥生产水平有了很大的提高。

为进一步了解 CA-50 铝酸盐水泥强度发展特征，下面介绍 F. M. Lea[2] 提供的相关数据资料。

水灰比对铝酸盐水泥强度的影响的数据列于表7-6。强度试样是配比为1∶2∶4的混凝土，所用水泥是相当于我国标准CA-50品种的铝酸盐水泥，水灰比为0.4～0.6，养护温度为18℃。从该表可看到，在同一水灰比情况下，混凝土强度在12h到7d的龄期内随龄期的延长而提高。在相同龄期内，混凝土强度在水灰比0.4到0.6范围内随水灰比的增加而降低。从强度下降的趋势看，铝酸盐水泥与硅酸盐水泥相类似，但前者强度下降的幅度要更大些。

表7-6　水灰比对铝酸盐水泥强度的影响

水灰比	抗压强度/MPa			
	12h	1d	3d	7d
0.4	48.2	62.1	68.9	74.1
0.5	43.0	55.1	63.7	68.9
0.6	37.8	48.2	56.9	62.1

养护温度对铝酸盐水泥的影响的数据列于表7-7，并图示于图7-1。测定强度数据的试样仍然是混凝土，配比1∶2∶4，水灰比0.6，养护条件为18℃水中和35℃水中两种。为作对比，在相同条件下平行测定了硅酸盐水泥的强度。图7-1清楚表明，铝酸盐水泥在不同养护条件下的强度发展规律与硅酸盐水泥有着明显的区别。硅酸盐水泥在不同养护温度下的强度发展曲线基本一致，只是早期强度在35℃养护的较18℃养护的略高。18℃水中养护的铝酸盐水泥强度在56d龄期内都是随着龄期的延长而增长，不论是早期强度还是后期强度都比硅酸盐水泥高，1d强度和3d强度分别高13倍和4.5倍，28d强度和56d强度都要高约2倍。35℃水中养护的铝酸盐水泥强度从3d开始就急剧下降，而且降低的幅度很大，7d强度降到低于硅酸盐水泥的7d强度，28d强度下降到仅为硅酸盐水泥的一半。这些数据充分说明，较高的养护温度，如35℃及其以上，都会使铝酸盐水泥的强度大幅下降。

表 7-7　养护温度对铝酸盐水泥强度的影响

品种	龄期/d	抗压强度/MPa	
		18℃水中	35℃水中
硅酸盐水泥	1	3.2	10.0
	3	11.3	16.9
	7	18.5	22.1
	28	28.6	28.9
	56	31.5	32.0
铝酸盐水泥	1	39.3	29.4
	3	50.5	35.2
	7	52.8	17.6
	28	58.7	14.7
	56	61.7	14.7

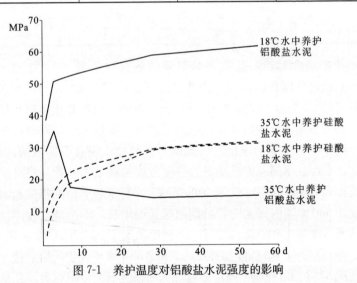

图 7-1　养护温度对铝酸盐水泥强度的影响

　　铝酸盐水泥长期强度的数据列于表 7-8。采用混凝土试样来测定强度，配比为 1：2：4，水灰比为 0.6，养护条件是实验室内 25～30℃水中。

表 7-8 铝酸盐水泥的长期强度

试样代号	抗压强度/MPa			
	7d（初始强度）	1a	5a	20a
1	53.3	51.5	27.8	39.13
2	48.8	56.2	47.4	41.1

从表 7-8 可以看到，铝酸盐水泥长期强度的变化，虽然个别数据有所波动，但其总趋势是向降低的方向发展。1 号试样 20Y 的强度比初始强度下降了 26.6％，2 号试样下降了 15.8％。

铝酸盐水泥的强度发展特性，包括强度随水灰比提高而降低、升高养护温度使强度急剧下降，以及长期强度具明显下降趋势，这些特性都与水化产物的晶型转变密切相关。铝酸盐水泥遇水后的产物是 CAH_{10} 和 C_2AH_8，呈六方片状或针状。这两水化产物是不稳定化合物，随时间的延长和条件的变化会转变成稳定的立方晶体 C_3AH_6。在这晶型转变过程中会伴随着强度下降，提高水灰比和养护温度加速这种晶型转变，相应地加剧强度降低。

2）水化热

N. Davery 和 E. N. Fox[2] 提供的铝酸盐水泥混凝土在绝热养护下的升温曲线示于图 7-2。

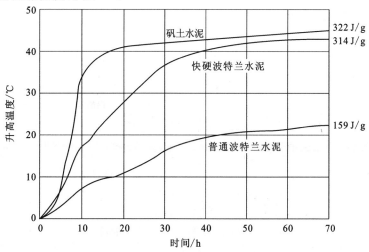

图 7-2 铝酸盐水泥混凝土的升温曲线

从该图可看出，铝酸盐水泥的放热曲线与硅酸盐水泥相比有较大区别。硅酸盐水泥的放热过程延续时间较长，硬化体内温度的提升比较平缓。铝酸盐水泥的总放热量与硅酸盐水泥的总放热量相近，但放热过程比较集中，绝大部分热量都在遇水后的 10h 内释放，24h 后放出的热量很小。由于放热集中，铝酸盐水泥制作的大体积混凝土不易散热，体内温度迅速升高。过高的温度会加速水化物晶型转化，还会在混凝土内产生温差应力。晶型变化和温差应力都对混凝土强度发展造成不利影响，使强度下降，严重时会发生破坏。对小体积混凝土，放热集中的影响当然会弱些。铝酸盐水泥水化放热集中的特性有不利的一面，但也有有利的一面。有利的是在冬季施工中利用水泥的放热取代蒸汽加热养护，节省能源。

3）耐高温性能

我国铝酸盐水泥当前主要用途是制作不定形耐火材料，又称耐火浇注料。不同温度下的强度特征则是耐火浇注料最基本的耐高温性能。周季婳和李玉梅提供的资料[18]介绍，CA-50 铝酸盐水泥高温强度性能测定的试样是由 CA-50 铝酸盐水泥与烧结矾土骨料组成，采用了不同工厂和不同细度的水泥。不同温度的强度变化示于图 7-3。

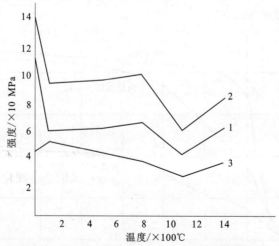

图 7-3　CA-50 铝酸盐水泥不同温度下的强度变化

1—郑州铝厂水泥厂生产，比表面积 330m²/kg；2—郑州铝厂水泥厂生产，
比表面积 540m²/kg；3—上海白水泥厂生产，比表面积 450m²/kg

从图 7-3 可看到，比表面积为 $330m^2/kg$ 的郑州铝厂水泥厂的水泥试样，在室温到 $100℃$ 时，强度急剧下降，$100℃$ 到 $800℃$，强度发展平稳，从 $800℃$ 开始强度下降，到 $1100℃$ 强度回升，在 $1400℃$ 强度达到 $62MPa$。比表面积为 $540m^2/kg$ 的郑州铝厂水泥厂的水泥试样在不同温度下的强度变化规律与比表面积为 $330m^2/kg$ 的试样一样，但所有强度值都要高出一个层次，$1400℃$ 的高温强度达到 $83MPa$。上海白水泥厂的水泥试样，在室温到 $800℃$ 强度发展平稳，$800℃$ 到 $1100℃$ 强度下降，$1100℃$ 强度开始回升，到 $1400℃$ 强度达到 $40MPa$。图 7-3 清楚表明，不同工厂和不同细度的水泥试样在 $800℃$ 到 $1100℃$ 都发生强度下降，这个温度范围通常称之为中温强度下降区。研究者认为，中温强度下降区的存在是水泥水化物胶结结构向瓷化结构过渡时发生体积变化的结果。

不同品种铝酸盐水泥都有中温强度下降问题，随水泥中 Al_2O_3 含量增多，强度下降的幅度降低。CA-50 铝酸盐水泥中温强度下降幅度一般是 $40\%\sim60\%$，CA-70 铝酸盐水泥下降 $30\%\sim35\%$。在水泥中掺入适量 α-Al_2O_3 微粉可以缓解或基本解决强度下降问题。在耐火工程设计中，要考虑耐火浇注料的中温强度下降的因素。看来，浇注料的耐火度与所用骨料的种类密切有关。CA-50 铝酸盐水泥和烧结矾土骨料的耐火度为 $1400℃$，CA-50 铝酸盐水泥和刚玉骨料的耐火度为 $1600℃$。铝酸盐水泥中温强度下降的性能问题，并未影响其推广应用。

6. 用途

CA-50 铝酸盐水泥是由熟料一种组分磨制而成，不掺任何外加物。这种水泥的用途当前主要有三个方面，一是用于制作不定形耐火材料，即耐火浇注料；二是用作抢修材料；三是用于制作各种干混砂浆，特别是自流平砂浆。自流平砂浆顾名思义就是不需振捣而能自动流淌平整的砂浆，既需要流动性好，又能快速硬化。自流平干混砂浆的组成是 CA-50 铝酸盐水泥、硅酸盐水泥、石膏、级配砂和石灰石粉等材料，另外，还掺加高效聚羧酸减水剂、聚合物胶粉、纤维素醚、缓凝剂和促凝剂等外加剂。CA-50 铝酸盐水泥主要起早强作用，使自流平砂浆浇铺 $4\sim5h$ 后即可上人，进行下一步作业。自流平砂浆目前在我国使用量逐年上升，用于民用建筑中地毯、地板革、复合地板或木地板等地面装修装饰的找平层，办公楼和车库等地面材料，还用于工业建筑的地面铺设。目前 CA-50 铝酸盐水泥用于制作干混砂浆的销售量正逐步加大。

CA-50 铝酸盐水泥制作的耐火浇注料用于工作温度低于 1400℃的中温设备。如水泥预分解窑的分解炉和预热器的内衬，以及回转窑内配套用耐火砌块等。全国水泥预分解窑有 1300 多条，近期以每年 100 多条的速度增长，说明 CA-50 铝酸盐水泥在本行业内有一定的用量。

CA-50 铝酸盐水泥在冶金和化工等行业也大量用于制作耐中温窑炉浇注料，还用作炼钢洁净剂，以及制作高效净水剂等。这说明除建筑业和水泥行业外，CA-50 铝酸盐水泥还有较广的用途。

第四节　CA-60 铝酸盐水泥

CA-60 铝酸盐水泥是指 $60\%\leqslant Al_2O_3<68\%$ 的铝酸盐水泥，由高铝水泥-65（部级标准 JC 236—81）发展而成。在目前工厂生产中，CA-60 铝酸盐水泥有两种型号：一种叫高强型 CA-60 铝酸盐水泥；另一种称纯铝酸钙型 CA-60 铝酸盐水泥。这两种型号水泥的技术参数在某些方面虽有不同，但都在国家标准 GB 201—2000 规定的技术要求范围之内。

1. 技术要求

国家标准 GB 201—2000 对 CA-60 铝酸盐水泥的技术要求如下：

（1）化学成分

$60\%\leqslant Al_2O_3<68\%$；

$SiO_2\leqslant 5.0\%$；

$Fe_2O_3\leqslant 2.0\%$；

R_2O（$Na_2O+0.658K_2O$）$\leqslant 0.4\%$；

S（全硫）$\leqslant 0.1\%$；

$Cl\leqslant 0.1\%$。

（2）物理性能

细度：比表面积$\geqslant 300m^2/kg$；

凝结时间：初凝时间$>60min$，终凝时间$<18h$。

胶砂强度不低于下列各数值：

抗压强度/MPa			抗折强度/MPa		
1d	3d	28d	1d	3d	28d
20	45	85	2.5	5.0	10.0

2. 高强型 CA-60 铝酸盐水泥

高强型 CA-60 铝酸盐水泥是用矾土和石灰石原料制成，与 CA-50 铝酸盐水泥比较，高强型 CA-60 铝酸盐水泥的基本特点是其熟料矿物组成是以 CA_2 为主，并含有一定量的 C_2AS。熟料的化学成分为：

CaO 约 23%；

Al_2O_3 约 65%；

$SiO_2 < 6\%$；

$Fe_2O_3 < 3\%$。

为获得上述成分的熟料，矾土原料成分要求是：

$Al_2O_3 > 73\%$；

$SiO_2 < 5.0\%$；

$Fe_2O_3 < 2.5\%$；

$TiO_2 < 3.0\%$。

我国 CA-60 铝酸盐水泥都是采用回转窑烧结法生产。由于 CA_2 含量高，熟料烧成温度比 CA-50 铝酸盐水泥要高出 50~100℃，熟料立升重也较重，一般控制在 1.20~1.28kg/L。

我国某厂生产的高强型铝酸盐水泥的主要化学成分为：

SiO_2 4.31%；

Al_2O_3 65.08%；

Fe_2O_3 2.00%；

CaO 24.61%；

MgO 0.50%；

TiO_2 3.14%。

该水泥的主要物理性能为如下数值：

凝结时间/h：min		抗压强度/MPa			抗折强度/MPa		
初凝	终凝	1d	3d	28d	1d	3d	28d
2：57	3：27	23.4	42.5	85.3	3.3	5.1	10.3

高强型 CA-60 铝酸盐水泥按骨料性能可配制使用温度为1300～1600℃的耐火浇注料。我国用高强型 CA-60 铝酸盐水泥耐火浇注料建造航天火箭发射台导流槽，效果良好，沿用至今。

3. 纯铝酸钙型 CA-60 铝酸盐水泥

纯铝酸钙型 CA-60 铝酸盐水泥的特点是由工业氧化铝取代天然矾土而制成，其矿物组成与高强型 CA-60 铝酸盐水泥有很大区别，主要成分是 CA，CA_2 含量较低，基本上不含 C_2AS。我国某厂生产的纯铝酸钙型 CA-60 铝酸盐水泥主要化学成分如下：

Al_2O_3　　63％～65％；

CaO　　33％～35％

SiO_2　　<1.0％；

Fe_2O_3　　<0.5％；

R_2O　　<0.4％。

其物理性能为：

细度：比表面积>450m^2/kg；

凝结时间：初凝时间>30min，终凝时间<6h；

抗压强度：1d，40MPa；3d，50MPa；

抗折强度：1d，5.5MPa；3d，6.0MPa。

纯铝酸钙型 CA-60 铝酸盐水泥适用于配制各种耐火浇注料和低水泥浇注料。

低水泥浇注料是指水泥用量较低的浇注料。耐火水泥浇注料的水泥用量一般是 15％～20％，低水泥浇注料的水泥用量则是 5％左右，有的甚至降低到 1％～2％。降低水泥用量的目的是提高浇注料的耐火性能。

由陈利安[6]提供的关于铝酸钙矿物耐火度与抗压强度的变化曲线图示于图 7-4。

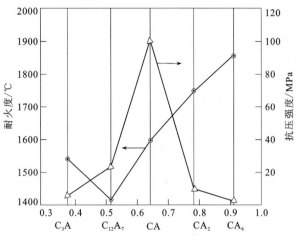

图 7-4　铝酸钙矿物耐火温度与抗压强度的变化

△—抗压强度；⊙—耐火温度

分析图 7-4 提供的数据可得出，水泥中含 CA_2 愈多，浇注料耐火度愈高，但强度愈低。为保证浇注料具有足够的起始强度，须掺入较多水泥量。由于水泥用量增多，浇注料中氧化钙含量提高，反而降低了耐火度。水泥中 CA 含量愈多，浇注料耐火度愈低，但强度愈高。为使浇注料具有所要求的起始强度，可降低水泥用量。由于水泥用量减少，使浇注料中氧化钙含量降低，反而提高了耐火度。因此，在适当提高水泥中 CA 含量的情况下减少水泥用量，既可确保起始强度，又能提高耐火度。这就是使用低水泥浇注料的科学原理。低水泥浇注料已成为我国耐火材料企业一个重要产品。

第五节　CA-70 铝酸盐水泥和 CA-80 铝酸盐水泥

按现行国家标准，CA-70 铝酸盐水泥是指含 $68\% \leqslant Al_2O_3 < 77\%$ 的铝酸盐水泥，CA-80 铝酸盐水泥是指含 $Al_2O_3 \geqslant 77\%$ 的铝酸盐水泥。这种水泥相当于我国 20 世纪 70 年代研究开发出的纯铝酸钙水泥。

目前我国企业除上述两种水泥外有些厂还生产 CA-75 等铝酸盐水泥。在国家标准中只有 CA-70 铝酸盐水泥和 CA-80 铝酸盐水泥。

1. 技术要求

国家标准 GB 201—2000 对 CA-70 铝酸盐水泥和 CA-80 铝酸盐水泥的技术要求如下：

1）化学成分

水泥化学成分应符合下列数值要求（%）：

铝酸盐水泥品种	Al_2O_3	SiO_2	Fe_2O_3	R_2O	S（全硫）	Cl
CA-70	68~77	≤1.0	≤0.7	≤0.4	≤0.1	≤0.1
CA-80	≥77	≤0.5	≤0.5	≤0.4	≤0.1	≤0.1

2）物理性能

比表面积：不小于 $300m^2/kg$；

凝结时间：初凝时间不早于 30min，终凝时间不迟于 6h；

各龄期强度值不低于下列数值：

铝酸盐水泥品种	抗压强度/MPa		抗折强度/MPa	
	1d	3d	1d	3d
CA-70	30	40	5.0	6.0
CA-80	25	30	4.0	5.0

2. 生产特点

CA-70 铝酸盐水泥的原料特点是：铝质原料是工业氧化铝；钙质原料大都采用优质石灰石，少数企业采用工业石灰，进行石灰配料。优质石灰石 CaO 含量要求大于 55%。工业氧化铝的质量要求如下：

Al_2O_3＞98%；

烧失量＜1.0%；

Fe_2O_3＜0.2%；

R_2O＜0.6%。

某品牌 CA-70 铝酸盐水泥计算矿物组成为：

CA   49.95%；

CA_2 47.39%；

C_2AS 1.60%；

C_2F 0.17%。

从矿物组成可计算出该水泥的 Al_2O_3 含量为 69.67%，CA/CA_2 为 1.05。

为制备低水泥浇注料，我国工厂经验表明，CA-70 铝酸盐水泥的 CA/CA_2 一般应调整为 1.70，相应的矿物组成除少量杂质外 CA 应为 62%左右、CA_2 为 36%左右。与普通生产的 CA-70 铝酸盐水泥相比，用于低水泥浇注料的水泥矿物组成 CA 含量要提高 10%以上。

为提高水泥组成中 Al_2O_3 的含量，须增加 CA_2 的比例。当矿物组成全部为 CA_2 时，水泥中 Al_2O_3 含量为 78.5%。这是铝酸盐水泥中 Al_2O_3 含量的最高值。为进一步提高水泥中 Al_2O_3 含量，须在 CA-70 铝酸盐水泥中掺入 $\alpha-Al_2O_3$ 微粉。所以，一般情况下 CA-80 铝酸盐水泥是由 CA-70 铝酸盐水泥与 $\alpha-Al_2O_3$ 共同粉磨而制成。

CA-70 铝酸盐水泥熟料在我国都用回转窑烧结法烧成。为避免煤灰粉混入而增加熟料杂质，采用重油作燃料。烧成温度为 1550～1670℃。熟料立升重为 0.7～0.9kg/L。水泥粉磨细度为 400～500m^2/kg。为制备 CA-80 铝酸盐水泥，熟料中掺入 $\alpha-Al_2O_3$ 的物料粉磨细度控制在比表面积 500～600m^2/kg 范围。

3. 性能与用途

陈利安[6]提供的关于我国工厂生产的 CA-70 和 CA-80 铝酸盐水泥主要物理性能数据列于表 7-9。

表 7-9 CA-70 和 CA-80 铝酸盐水泥物理性能

项　　目		CA-70	CA-80
Al_2O_3/%		70.28	80.0
Fe_2O_3/%		0.41	0.11
SiO_2/%		0.14	0.22
比表面积/（m^2/kg）		432	600
凝结时间	初凝	1：40	4：36
	终凝	6：11	5：11
水灰比		0.38	0.39

续表

项 目		CA-70	CA-80
抗压强度/MPa	1d	45.4	29.5
	3d	68.0	35.8
	7d	83.0	
	28d	93.7	
耐火度/℃		1650	1770

从该表可以看到，CA-70 铝酸盐水泥虽然 CA_2 含量较多，但仍具有较高强度，该水泥的耐火度很高，达 1650℃。CA-80 铝酸盐水泥由于掺加 $\alpha\text{-}Al_2O_3$ 而使强度下降，但仍可使耐火浇注料具有足够初始强度。该水泥的耐火度更高，达 1770℃。有关文献资料提供的数据都表明，这两种铝酸盐水泥都具有足够的中温强度，可以安全地用作不定形耐火材料。

CA-70 铝酸盐水泥和 CA-80 铝酸盐水泥配以相应骨料，可以制作用于 1600℃ 以上的耐火浇注料。这两种水泥的杂质含量低，抵抗 CO、H_2 和 CH_4 等还原介质的侵蚀能力强，适用于配制高温、高压和还原条件下使用的不定形耐火材料，目前已广泛应用于冶金和石化等行业。在水泥行业，CA-70 铝酸盐水泥和 CA-80 铝酸盐水泥也是不可或缺的耐火浇注料用水泥；应用于现代预分解窑的回转窑窑口、喷煤管和冷却机热端等部位，以确保设备长期运转。

铝酸盐水泥是中国三大特种水泥之一，其主要特性是有很高的耐火度，应用于制作不定形耐火材料，且具很宽的温度适用范围，如表 7-10 所示。

表 7-10　各品种铝酸盐水泥耐火浇注料温度适用范围

铝酸盐水泥品种	适用温度/℃
CA-50	<1400
CA-60	1400~1600
CA-70、CA-80	>1600

铝酸盐水泥可利用强度特性用于建筑材料领域，也可利用耐火特性用于耐火材料领域。但是，铝酸盐水泥用作耐火材料的地位目前是不可取代的，具有良好前景。

第八章 铝酸盐水泥其他品种

第一节 概 述

CA-50 铝酸盐水泥于 20 世纪 50 年代在我国问世后，其进一步研究工作即向建筑工程和耐火工程两个应用领域方面发展。在耐火工程应用方面的研究开发取得很大成功，开发出 CA-50、CA-60、CA-70 和 CA-80 等耐火铝酸盐水泥系列，用于制作不定形耐火材料而得到广泛应用，已成为现代工业中不可缺少的一种功能材料。在建筑工程应用方面也开发出铝酸盐水泥其他品种，以及砂浆和混凝土外加剂。CA-50 铝酸盐水泥用作干混砂浆的胶凝材料而获广泛应用。铝酸盐水泥其他品种是 CA-50 铝酸盐水泥的衍生产品，曾制定行业标准的有：快硬高强铝酸盐水泥、特快调凝铝酸盐水泥、膨胀铝酸盐水泥和自应力铝酸盐水泥。这些品种曾在建筑工程上成功推广，但现在很少被采用，有的已被其他品种所取代。为全面了解我国特种水泥情况，本章对它们逐一简要介绍。

研究开发这些水泥的单位主要是中国建筑材料科学研究总院。科研人员有：薛君玕、沈梅菲、陈雯浩、童雪莉、孙淑英、王延生、游宝坤、邓中言、席耀忠、许积智和张贻玉等。他们对铝酸盐水泥在建筑工程上的应用作出了历史性的贡献，在研究开发中积累的实践经验和理论知识，对水泥品种和混凝土外加剂的创新至今仍发挥重要作用。

第二节 物 化 理 论

1. 水化反应的导向

前已论述，CA-50 铝酸盐水泥水化后形成水化产物 CAH_{10} 和 C_2AH_8。这两个不稳定化合物在一定的温度和湿度条件下会转变成 C_3AH_6。在这晶型转变过程中由于化合物体积变化而引起硬化体强度下降。晶型转变而引起的强度倒缩成为 CA-50 铝酸盐水泥在建筑工程上应用的致命弱点。

研究者发现，在 CA-50 铝酸盐水泥中加入石膏可以防止强度倒缩，其原理就是石膏对水泥水化反应发生了导向作用，使水泥水化不是向着 C_3AH_6 的方向，而是按下列化学式进行反应：

$$3CA+3CaSO_4 \cdot 2H_2O+nH_2O \longrightarrow C_3A \cdot 3CaSO_4 \cdot 32H_2O+4Al(OH)_3$$
$$3CA_2+3CaSO_4 \cdot 2H_2O+mH_2O \longrightarrow C_3A \cdot 3CaSO_4 \cdot 32H_2O+10Al(OH)_3$$

水泥硬化体由于化学作用的内在变化使外观表象之一的强度特征必然也随之发生变化。从上列反应式可看到，由于石膏的化学导向作用，CA-50 铝酸盐水泥矿物水化后形成的稳定化合物并非是 C_3AH_6，而是高硫型水化硫铝酸钙 $C_3A \cdot 3CaSO_4 \cdot 32H_2O$。这个化合物为针状晶体，与铝胶交织在一起组合成一个密实的胶凝物结构，不仅不会引起强度倒缩，而且能大大优化包括强度在内的物理性能。石膏对水化反应的导向作用使 CA-50 铝酸盐水泥由此衍生出新的品种，如快硬高强铝酸盐水泥等，从而实现在建筑工程上的成功应用。

2. 膨胀原理

石膏对 CA-50 铝酸盐水泥水化的导向作用不仅使硬化体提高强度，避免强度倒缩，还能使硬化体发生膨胀。研究发现该水泥的膨胀特性十分显著，膨胀数值可从下式计算中得出。

$$3CA+3CaSO_4 \cdot 2H_2O+32H_2O \longrightarrow$$

摩尔质量/（g/mol）	474	516
密度/（g/cm³）	2.98	2.32
摩尔体积/（cm³/mol）	159	222

$$C_3A \cdot 3CaSO_4 \cdot 32H_2O+4Al(OH)_3 \qquad (1)$$

摩尔质量/（g/mol）	1255	312
密度/（g/cm³）	1.73	2.40
摩尔体积/（cm³/mol）	725	130

$$\Delta V_{CA}=\frac{(725+130)-(159+222)}{159+222}\times100\%=124.4\%$$

$$3CA_2+3CaSO_4 \cdot 2H_2O+41H_2O \longrightarrow$$

摩尔质量/（g/mol）	780	516
密度/（g/cm³）	2.91	2.32
摩尔体积/（cm³/mol）	268	222

$$C_3A \cdot 3CaSO_4 \cdot 32H_2O + 10Al(OH)_3 \qquad (2)$$

摩尔质量/（g/mol）	1255	780
密度/（g/cm³）	1.73	2.40
摩尔体积/（cm³/mol）	725	325

$$\Delta V_{CA_2} = \frac{(725+325)-(268+222)}{268+222} \times 100\% = 114.3\%$$

从计算式（1）、（2）得出，在存在石膏的条件下，水泥中 CA 的水化可使硬化体总体积增加 124.4%；CA_2 的水化可使硬化体的总体积增加 114.3%。

CA-50 铝酸盐水泥由膨胀特性而衍生出的新品种有膨胀铝酸盐水泥和自应力铝酸盐水泥等。

第三节　快硬高强铝酸盐水泥

快硬高强铝酸盐水泥是指由 CA-50 铝酸盐水泥熟料与一定量硬石膏经粉磨而成的水泥。1991 年制定并发布了行业标准 JC 416—91。该标准对快硬高强铝酸盐水泥规定了技术要求。

1. **技术要求**

按行业标准 JC 416—91 规定：

水泥比表面积：不得低于 400m²/kg；

凝结时间：初凝不得早于 25min，终凝不得迟于 3h；

水泥中 SO_3 含量：不得超过 11.0%；

水泥强度：分 625、725、825、925 四个标号，各龄期强度不得低于下列数值：

标　号	抗压强度/MPa		抗折强度/MPa	
	1d	28d	1d	28d
625*	35.0	62.5	5.5	7.8
725	40.0	72.5	6.0	8.6
825	45.0	82.5	6.5	9.4
925	47.5	92.5	6.7	10.2

* 1:3 硬练胶砂试体。

2. 生产技术要点

快硬高强铝酸盐水泥生产须按产品质量要求在以下几个方面做出相应的选择。

(1) 熟料组成

熟料矿物组成是影响水泥性能的基本因素。为制得快硬高强铝酸盐水泥，必须首先调整 CA-50 铝酸盐水泥熟料的矿物组成。CA-50铝酸盐水泥矿物组成被设置在一个较大范围。在快硬高强铝酸盐水泥生产中，根据产品性能要求，其组成和系数一般控制在如下范围：

$$A_m = 0.8 \sim 0.9;$$
$$CA/CA_2 = 2 \sim 3;$$
$$C_2AS < 25\%.$$

(2) 硬石膏掺入量

根据物化理论，硬石膏的作用是防止强度倒缩和改善物理性能。这对快硬高强铝酸盐水泥生产十分重要，须正确选择其合理的掺入量。硬石膏掺入量与熟料矿物组成密切有关，熟料中铝酸钙矿含量愈高，掺入量愈大，不同的熟料矿物组成须匹配不同的掺入量，要通过试验进行抉择。在快硬高强铝酸盐水泥生产中，硬石膏掺入量一般波动在 $10\% \sim 18\%$。过量的硬石膏掺入量是不可取的，因为剩余石膏会引起水泥硬化体的后期膨胀，造成硬化体开裂，在工程上产生质量事故。

(3) 粉磨细度

在快硬高强铝酸盐水泥生产中，粉磨细度对水泥强度的影响特别明显。较低的细度，不仅无法得到较高的强度，而且还会增加具有危险性的后期膨胀。所以，快硬高强铝酸盐水泥比表面积必须大于$400m^2/kg$，一般控制在$450m^2/kg$左右。

3. 性能与应用

按邓中言和沈梅菲提供的资料[6]，快硬高强铝酸盐水泥混凝土抗压强度数据列于表8-1。

表 8-1 快硬高强铝酸盐水泥混凝土强度数据

水泥用量/ (kg/m³)	混凝土配比 (水泥：砂：石)	水灰比	坍落度/cm	抗压强度/MPa			
				6h	1d	3d	28d
350	1：1.83：3.55	0.47	3.5	15.0	33.3	39.2	47.6
400	1：1.52：3.08	0.40	2.2	21.2	40.8	47.2	57.8
450	1：1.27：2.71	0.36	2.0	25.0	43.4	51.3	60.0
500	1：1.04：2.04	0.35	3.4	29.8	44.0	49.3	62.5

从表 8-1 可看出，快硬高强铝酸盐水泥混凝土具有以下特点：

（1）早期强度高。6h 混凝土强度达 15.0～29.8MPa，1d 强度为 33.3～44.0MPa。在各种早强水泥混凝土中，快硬高强铝酸盐水泥的 6h 和 1d 强度都比较高。

（2）可操作性正常。混凝土在 6h 强度很高的条件下具有 2.0～3.5cm 的坍落度和正常的可操作性，这是难能可贵的。

（3）后期强度持续增长态势。3d 混凝土强度为 39.2～51.3MPa，28d 强度为 47.6～62.5MPa，说明可制得 C40～C60 等级的混凝土，此外，3d 到 28d 强度持续增长，毫无强度倒缩迹象。

快硬高强铝酸盐水泥曾用于框架建筑结构中的接头和道路修补工程等。

第四节 特快硬调凝铝酸盐水泥

特快硬调凝铝酸盐水泥是指由 CA-50 铝酸盐水泥熟料和硬石膏，以及外掺促硬剂经粉磨而成的水泥。1986 年制定并实施了专业标准 ZBQ 11002—85。该标准对特快硬调凝铝酸盐水泥规定了技术要求。

1. 技术要求

按专业标准 ZBQ 11002—85 中规定：

水泥比表面积：不得低于 500m²/kg。

凝结时间：初凝不早于 2min，终凝不迟于 10min；加入水泥重量 0.2% 的酒石酸作缓凝剂时，初凝不早于 15min，终凝不得迟于 40min。

水泥中 SO_3 含量：不得低于 7.0%，不得超过 11.0%。

水泥标号：以 2h 抗压强度表示，仅 225 一个标号，各龄期强度不得低于下列数值：

水泥标号	抗压强度/MPa		抗折强度/MPa	
	2h	1d	2h	1d
225*	22.06	34.31	3.43	5.39

注：在用户要求时才检测 28d 抗压、抗折强度，其值分别不低于 53.92MPa 和 7.35MPa。

* 1:3 硬练胶砂试体。

2. 生产技术要点

特快硬调凝铝酸盐水泥生产技术要点有以下几个方面：

（1）熟料矿物组成

为使特快硬调凝铝酸盐水泥具有更高的早期强度，最基本的措施是调整 CA-50 铝酸盐水泥熟料矿物组成。调整的技术路线是尽可能提高 CA 含量，降低 C_2AS 的生成量。为生产特快硬调凝铝酸盐水泥，CA-50 铝酸盐水泥熟料矿物组成和系数一般控制在如下范围：

$$A_m = 0.85 \sim 0.9;$$
$$CA/CA_2 = 2.5 \sim 3.0;$$
$$C_2AS < 25\%.$$

（2）硬石膏掺量

特快硬调凝铝酸盐水泥的硬石膏掺量为 12%～18%。

（3）促硬剂

铝酸盐水泥促硬剂通常采用的有碳酸锂（Li_2CO_3）、氯化锂（LiCl）、制锂厂的锂渣和碳酸钠（Na_2CO_3）等。生产特快硬调凝铝酸盐水泥一般都是选用 Li_2CO_3 作为促硬剂，掺入量为 0.1%～0.3%。

（4）缓凝剂

使铝酸盐水泥缓凝的外加剂有酒石酸、硼酸和柠檬酸等。特快硬调凝铝酸盐水泥使用时有时采用酒石酸调整凝结时间，其掺入量为 0.1%～0.3%。

（5）粉磨细度

为获得更好的快硬性能，特快硬调凝铝酸盐水泥的粉磨细度要求较高，一般控制在 500～600m²/kg。为避免粉磨高细度水泥时磨机产量过度下降，往往向磨机内加入不超出水泥重量 1.0％的木炭，或不超出水泥重量 2.0％的滑石作为助磨剂。

3. 性能与应用

（1）凝结时间

特快硬调凝铝酸盐水泥的凝结时间很快，而且初凝与终凝的间隔时间很短，为满足施工要求，可以采用缓凝剂以延长凝结时间和提高可操作性。例如，用于喷射混凝土时，可直接使用特快硬调凝铝酸盐水泥，不掺缓凝剂，其初凝与终凝时间为 5～7min，能满足施工要求；用于抢修工程时，在特快硬调凝铝酸盐水泥中须掺加一定量缓凝剂，使混凝土能有 20～40min 的可操作时间。

（2）强度特性

按孙淑英提供的资料[6]，特快硬调凝铝酸盐水泥砂浆强度数值列于表 8-2。

表 8-2　特快硬调凝水泥砂浆强度数据

试样编号	抗压强度/MPa				抗折强度/MPa			
	1h	2h	1d	28d	1h	2h	1d	28d
1	14.6	28.2	39.9	73.7	2.8	5.3	6.5	10.4
2	11.0	25.1	39.4	68.7	1.0	4.6	6.2	9.7
3	13.5	27.2	51.2	74.6	2.2	5.2	8.6	10.7
4	13.1	28.8	51.5	72.8	2.7	5.3	9.5	11.4

从该表看到，特快硬调凝铝酸盐水泥具有很高的早期强度，1h 强度为 11.0～14.6MPa，2h 强度为 25.1～28.8MPa，有如此高的早期强度在各种水泥中非常少见。从表 8-2 还可看到，特快硬调凝铝酸盐水泥不仅早强高，而且其后期强度也能保持在一个较高水平，28d 强度达到 68.7～74.6MPa。特快硬调凝铝酸盐水泥具有优异的强度特性。

（3）工程应用

特快硬调凝铝酸盐水泥曾用于市政交通、铁路、公路和海运码头等的抢修工程，还用于地下工程的止水、防渗和堵漏等，都取得了良好效果。

第五节 膨胀铝酸盐水泥

膨胀铝酸盐水泥又称石膏矾土膨胀水泥，是指由 CA-50 铝酸盐水泥熟料与一定量二水石膏经磨细而成的具有一定膨胀性能的水泥。该水泥曾于 1968 年制定并发布实施部级标准 JC 56—68，标准中规定了技术要求。

1. 技术要求

按 JC 56—68 部级标准规定：

水泥比表面积：不得低于 $450m^2/kg$；

凝结时间：初凝不早于 20min，终凝不迟于 4h；

水泥标号：分 400 号和 500 号两个标号，各龄期强度不得低于下列数值：

标号	抗压强度/MPa			抗折强度/MPa		
	1d	3d	28d	1d	3d	28d
400*	20.0	30.0	40.0	1.6	1.8	2.0
500	30.0	40.0	50.0	2.0	2.2	2.4

* 1:3 硬练胶砂强度。

净浆线膨胀率：1d≥0.15%，28d≥0.30%并≤1.0%；

不透水性：净浆试体水中养护 1d 后，在 10 个大气压下完全不透水。

2. 生产技术要点

在膨胀铝酸盐水泥生产中，须把握如下三个技术要点：

（1）熟料矿物组成

按游宝坤提供的资料[6]，在膨胀铝酸盐水泥生产中，CA-50 铝酸盐水泥熟料矿物组成和碱度系数应控制在如下范围：

$A_m = 0.8 \sim 0.9$；

$CA = 50\% \sim 60\%$；

$CA_2 < 20\%$；

$C_2AS < 25\%$。

（2）水泥配比

水泥配比与熟料组成和水泥性能要求有关。要通过试验来确定具体的配比。一般情况下，膨胀铝酸盐水泥的配比为：

CA-50 铝酸盐水泥熟料为 70%～73%；

二水石膏为 27%～30%。

（3）粉磨细度和温度

膨胀铝酸盐水泥细度较高，比表面积要求大于 $450m^2/kg$，这不仅是为了提高早强，更重要的是为了缩短硬化体膨胀稳定期，防止后期过度膨胀。在生产中水泥比表面积一般都控制在 $500～550m^2/kg$。为此，粉磨时要在磨内加入为水泥重量 1.5%～2.0% 的滑石作助磨剂，以提高磨机产量和降低电耗。

由于采用了二水石膏，为防止二水石膏脱水而引起水泥速凝，磨机内温度须控制在 65℃ 以下。

3. 性能与应用

（1）膨胀性能

按游宝坤提供的资料[6]，我国工厂生产的膨胀铝酸盐水泥的膨胀性能列于表 8-3。

表 8-3　膨胀铝酸盐水泥膨胀性能

工厂编号	比表面积/ (m^2/kg)	凝结时间/h：min		水中净浆线膨胀率/%			
		初凝	终凝	1d	3d	7d	28d
1	517	0：40	1：16	0.200	0.280	0.300	0.310
2	524	1：10	2：18	0.203	0.406	0.480	0.490
3	535	0：20	0：31	0.157	0.314	0.336	0.369

从表 8-3 可见，我国工厂生产的膨胀铝酸盐水泥膨胀性能都能达到标准规定的技术要求。此外可看到，水泥试体膨胀大部分发生在 1d 到 7d，7d 后继续膨胀，但其速度缓慢。

实践表明，影响膨胀铝酸盐水泥膨胀性能的因素有水泥中的 SO_3 含量、水泥细度、水泥用量、用水量和养护条件等。在一定范围内提高 SO_3 含量能增大膨胀值。提高水泥细度能增加早强和有利于缩短膨胀稳定期。提高水泥用量会增大膨胀值，但同时增大干缩值，所以，作为补偿收缩材料，水泥砂浆配比不宜低于 1：3，混凝土水泥用量不宜少于 $350kg/m^3$。养护条件对膨胀性能的发展十分重要，水中和湿气养护不应小于14d。

（2）强度性能

我国工厂生产的膨胀铝酸盐水泥强度性能列于表8-4。

表8-4　膨胀铝酸盐水泥强度性能

工厂编号	抗压强度/MPa			抗拉强度/MPa		
	1d	3d	28d	1d	3d	28d
1	37.8	47.1	74.2	2.1	2.7	2.8
2	56.4	59.0	74.6	2.7	2.1	3.0
3	40.9	50.7	81.3	2.7	2.5	3.6

从表8-4可看出，膨胀铝酸盐水泥仍保持着CA-50铝酸盐水泥的强度特征，早期强度较高，1d强度为28d的50%。需要指出的是，在表8-4中还可看到，有两个试样的3d抗拉强度倒缩，到28d又恢复并保持增长。在生产和应用中，铝酸盐水泥砂浆抗拉强度倒缩的现象并不罕见，时有发生，估计与生产和应用条件有关。不过，在这种水泥的混凝土强度发展中一般不发生抗拉强度倒缩现象。在水泥中掺入一定量混合材往往会消除抗拉强度的倒缩问题。

（3）抗渗性能

膨胀铝酸盐水泥的抗渗性能列于表8-5。

表8-5　膨胀铝酸盐水泥抗渗性能

编　号	水泥用量/(kg/m³)	配合比	水灰比	养护龄期/d	抗渗标号
砂浆1	600	1∶2	0.40	3	S10
混凝土1	350	1∶2.82∶5.50	0.52	28	S30
混凝土2	400	1∶1.76∶4.20	0.47	28	S30

从该表看到，膨胀铝酸盐水泥砂浆水中养护3d后，其抗渗标号达S10；水泥用量为350～400kg/m³的混凝土，养护28d后的抗渗标号为S30。这些数据说明膨胀铝酸盐水泥具有很好的抗渗性能。

（4）钢筋锈蚀性能

钢筋锈蚀试验中发现，膨胀铝酸盐水泥钢筋混凝土试件养护 3 个月后，埋设的钢筋表面呈现锈斑，1 年多后，这种锈斑不再发展。产生锈斑的原因是铝酸盐水泥水化液相的 pH 值较低，钢筋表面无法形成防止生锈的钝化膜。由于膨胀铝酸盐水泥硬化体比较致密，混凝土内氧气耗尽后新的氧气无法继续渗入，于是钢筋锈斑不再进一步发展。钢筋初期轻微锈蚀是铝酸盐水泥各品种的通病，但不妨碍它们的推广应用。

（5）工程应用

在 20 世纪 60 年代到 70 年代，我国曾将膨胀铝酸盐水泥应用于防油和防水的防渗工程、建筑物和机器基础的修补工程，以及建筑结构和水泥管的接缝工程等，满足了用户的要求。

第六节　自应力铝酸盐水泥

自应力铝酸盐水泥是指由 CA-50 铝酸盐水泥熟料与二水石膏经粉磨而成的大膨胀率的水泥。该种水泥于 1979 年曾制定和发布部级标准 JC 214—78，1991 年修订 1992 年开始实施行业标准 JC 214—91，取代 JC 214—78，与其他水泥品种一样，行业标准 JC 214—91 对自应力铝酸盐水泥规定了技术要求。

1. 技术要求

按行业标准 JC 214—91，对自应力铝酸盐水泥规定的技术要求如下。

SO_3、细度和凝结时间应符合下列规定：

项　　目		技术指标
水泥中 SO_3/% ≤		17.5
细度（80μm 筛筛余）/% ≤		10
凝结时间/h	初凝 ≥	0.5
	终凝 ≤	4

自由膨胀率、抗压强度和自应力值应符合下列规定：

性　能 ＼ 龄　期		7d	28d
自由膨胀率/% ≤		1.0	2.0
抗压强度/MPa ≥		28.0	34.0
自应力值*/MPa ≥	3.0 级	2.0	3.0
	4.5 级	2.8	4.5
	6.0 级	3.8	6.0

* 自应力值的测定按 1：2 标准砂浆，自应力值分为 3.0、4.5 和 6.0 三个级别。

2. 生产技术要点

按陈雯洁和薛君玕等人提供的资料[18]，铝酸盐水泥的生产技术要点如下：

（1）熟料矿物组成

我国工厂生产自应力铝酸盐水泥时选用的 CA-50 铝酸盐水泥熟料的碱性系数（A_m）和矿物组成列于表 8-6。

表 8-6　自应力铝酸盐水泥用熟料主要成分

熟料编号	主要成分/%			
	A_m	CA	CA_2	C_2AS
1	0.815	45.9	32.2	18.8
2	0.859	55.6	17.9	12.2
3	0.935	61.9	7.6	17.7

从表 8-6 可以得出，我国工厂生产自应力铝酸盐水泥所用熟料的主要成分波动在如下范围：

A_m＝0.82～0.94；

CA＝46%～62%；

CA_2＝8%～32%；

C_2AS＜20%。

（2）水泥配比

自应力铝酸盐水泥中 SO_3 含量要求在 15.5%～16.5% 的范围。

在工厂生产中水泥的配比如下：

CA-50 铝酸盐水泥熟料 60%～66%；

二水石膏 34%～40%。

建筑用铝酸盐水泥各品种的石膏掺量综合列于表 8-7。

表 8-7　建筑用铝酸盐水泥各品种的石膏掺量

水泥品种	硬石膏/%	二水石膏/%
快硬高强铝酸盐水泥	10～18	
膨胀铝酸盐水泥		27～30
自应力铝酸盐水泥		34～40

从该表可得出，在 CA-50 铝酸盐水泥熟料中掺入不同量的石膏可制得不同品种的铝酸盐水泥，随着石膏掺入量的提高，依次可得快硬高强铝酸盐水泥、膨胀铝酸盐水泥和自应力铝酸盐水泥。

（3）粉磨细度

自应力铝酸盐水泥与膨胀铝酸盐水泥一样，都要求较高的细度，在生产中，混合粉磨的水泥细度一般控制在比表面积 560～600m²/kg。为提高粉磨细度，水泥中往往要外掺 2%滑石粉。

3. 性能与应用

（1）物理力学性能

按陈雯洁和薛君玕等人提供的资料[18]，自应力铝酸盐水泥的基本性能示于表 8-8。

表 8-8　自应力铝酸盐水泥基本性能（1：2 砂浆）

项　　目	养护龄期			
	1d	3d	7d	28d
抗压强度/MPa	33.4	41.8	43.7	45.9
自由膨胀率/%	0.124	0.299	0.676	1.87
自应力值/MPa	1.8	3.5	5.1	6.4

该表说明，自应力铝酸盐水泥 1：2 砂浆的 28d 抗压强度在 45MPa 左右，自由膨胀率在 1%～2%之间，自应力值在 6MPa 左右，

都符合行业标准要求的指标，该试样自应力等级达到 6.0 级。

（2）膨胀稳定期

膨胀稳定期对于膨胀型水泥十分重要，因为这涉及到使用安全性问题。水泥的后期膨胀会引起硬化体开裂，造成事故。

按席耀忠和许积智提供的数据[6]和有关资料的统计，自应力铝酸盐水泥混凝土的膨胀稳定性数据列于表 8-9。该表的数据说明，自应力铝酸盐水泥膨胀稳定期按配比等因素的不同而有所差别，波动在 2 个月到 6 个月的范围内，时间较长。

表 8-9　自应力铝酸盐水泥混凝土的膨胀稳定期

混凝土配比 （水泥∶碎石）	28d 自应力值 /MPa	自应力稳定值 /MPa	28d 自应力值 占稳定值/%	膨胀稳定期/m
1∶2	4.0～6.0	6.5～8.5	62～71	4～6
1∶3	3.4～3.7	5.0～7.0	53～68	2～6

（3）性能对比

在第五章介绍过自应力硅酸盐水泥。有必要对自应力铝酸盐水泥与自应力硅酸盐水泥的性能进行比较。这两种水泥的性能数据列于表 8-10。

表 8-10　两种自应力水泥性能比较

水泥品种	自应力值/MPa	28d 自由膨胀率/%	抗压强度/MPa	膨胀稳定期/d
自应力硅酸盐水泥	2.0～3.5	1～3	35～45	7～14
自应力铝酸盐水泥	4.0～6.0	1～2	40～50	120～180

该表说明，自应力硅酸盐水泥自应力值较低，膨胀稳定期较短；自应力铝酸盐水泥自应力值高，但膨胀稳定期较长。这两种自应力水泥在性能上有明显的区别。

（4）工程应用

自应力水泥主要用于制作水泥压力管。自应力铝酸盐水泥和其他自应力水泥一样，曾应用于制造各种水泥压力管，由于抗渗性能好，自应力铝酸盐水泥压力管不仅用于输水，还曾用于输气和输油。

受自应力值限制，自应力硅酸盐水泥只能用于制作直径小于800mm 的压力管。提高自应力值，可以制作直径更大的压力管。自应力铝酸盐水泥自应力值较高，曾制作 $\phi950mm$ 的输水管用于江西婺源港口水电站建设，取得了成功。

为保证产品安全使用，工厂制作的自应力水泥压力管必须待水泥膨胀稳定后才能出厂交付使用。自应力铝酸盐水泥膨胀稳定期长，使压力管在厂内的养护时间延长，造成产品和资金周转慢，增加成本，影响经济效益。这是自应力铝酸盐水泥推广应用中的一个缺陷。

自应力铝酸盐水泥自 1972 年试产以来，到 1992 年累计生产了 20 多万吨。随着国民经济快速发展，水泥压力管逐步被钢管取代。自应力铝酸盐水泥价格贵，性能尚存在某种缺点，在压力管制作中常被其他自应力水泥所代替。目前，自应力铝酸盐水泥在我国已退出市场。

综上所述，CA-50 铝酸盐水泥通过掺加石膏和其他外加剂可衍生出快硬高强铝酸盐水泥、超快硬调凝铝酸盐水泥、膨胀铝酸盐水泥和自应力铝酸盐水泥四种建筑用铝酸盐水泥。这些水泥在许多方面具有优异性能。早强方面，6h 抗压强度达 30MPa，在 20~40min 的可操作时间条件下 1h 抗压强度达 15MPa；膨胀性能方面，水泥用量为 350~400kg/m³ 的混凝土，其抗渗标号能达 S30；自应力值方面，一般条件下，自应力值达 4~6MPa，经采取特别措施后可达 9~10MPa。这些优异的性能在各种水泥中是比较突出的。

经水泥生产技术要点分析后可以得出，上述四种水泥生产对 CA-50 铝酸盐水泥熟料的质量要求都比较高，一般而言，要求 CA 含量＞50％，C_2AS 含量＜20％。为生产这种熟料需采用高品位矾土原料，矾土中 Al_2O_3 含量要大于 73％，SiO_2 含量要小于 6％。由于我国高品位矾土资源紧缺，价格较贵，这给建筑用铝酸盐水泥的生产和应用造成困难，同时促进了其他替代产品的纷纷问世。正是这些原因，本章介绍的四种建筑用铝酸盐水泥近期已不同程度地淡出我国市场。

目前，有些生产耐火用铝酸盐水泥的企业根据市场需要同时生产少量建筑用 CA-50 铝酸盐水泥衍生产品，这是一种可行的选择。相信这些水泥凭着自己的优异性能必能在市场中找到自己的地位，通过不断创新开拓，能有更好的发展。

第三篇
硫铝酸盐水泥

第九章　硫铝酸盐水泥基础化学理论

硫铝酸盐水泥的基本特征是其熟料组成由主要矿物无水硫铝酸钙（$C_4A_3\bar{S}$）、硅酸二钙（C_2S）和铁相（C_2F-C_6A_2F），以及一些少量矿物所组成。这些矿物的形成和水化过程构成了硫铝酸盐水泥的基本化学理论。

第一节　主　要　矿　物

1. 无水硫铝酸钙（$C_4A_3\bar{S}$）

国内外学者对 $C_4A_3\bar{S}$ 晶体的研究有过不少报道，但存在着不同的认识。

P. E. Halstead 等人认为，$C_4A_3\bar{S}$ 矿物具有立方亚晶胞，晶胞参数 $a_0 = 0.9195nm$，属等轴晶系，折射率 $n_0 = 1.570$，X 射线衍射特征线 d 值为 0.376、0.265、0.216nm 等。

中国建筑材料科学研究院水泥物化室张丕兴等人对无水硫铝酸钙进行大量研究工作后认为，$C_4A_3\bar{S}$ 矿物为四方晶系；晶胞参数 $a_0 = b_0 = 1.303nm$、$c_0 = 0.916nm$、$\alpha = \beta = 90°$；光学数据 $n_g = 1.570 \pm 0.002$、$n_p = 1.567 \pm 0.002$，斜消光，负延性，一轴晶，正光性；密度为 $2.61g/cm^3$；X 射线衍射谱主要特征线 d 值为 0.376、0.265、0.217nm。

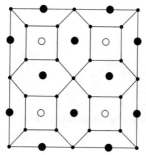

图9-1　$C_4A_3\bar{S}$晶体结构示意图

●—Al-O；○—Ca^{2+}；●—S-O

$C_4A_3\bar{S}$ 晶体结构是以节点相连的铝氧四面体构成的多孔骨架，在这个骨架里 4 个 Al-O 四面体构成四方环状，在平行 c 轴方向形成竖井孔，在其 $1/4c_0$ 和 $3/4c_0$ 处分别吊着孤岛式 S-O 四面体，在四方

· 173 ·

环状竖井之间的每个方角处又有一对 Al-O 四面体相连，从而构成 6 个 Al-O 四面体连成的方矩形。Ca^{2+} 存在于 c 轴方向形成的长方形竖井孔里，并以离子键分别与 Al-O 四面体和 S-O 四面体相连接。$C_4A_3\bar{S}$ 晶体结构示意图如图 9-1 所示。$C_4A_3\bar{S}$ 矿物之所以具有较高活性与这种多孔结构有密切关系。

在工厂生产的熟料中，$C_4A_3\bar{S}$ 矿物外形呈六角形板状或四边形柱状，晶体尺寸比较细小，一般为 $5\sim10\mu m$。不同窑型烧成的 $C_4A_3\bar{S}$ 的外形规则程度有差别。中空回转窑熟料中的 $C_4A_3\bar{S}$ 外形较规则；预分解窑熟料中的 $C_4A_3\bar{S}$ 外形较不规则，晶形较细。不同窑型熟料中的 $C_4A_3\bar{S}$ 矿物扫描电镜观察结果如图 9-2 (a)、(b)、(c)所示；C_2S 矿物扫描电镜观察结果如图 9-2 (d)、(e)所示。

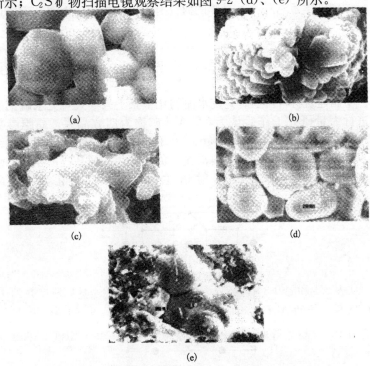

图 9-2 不同窑型烧成的 $C_4A_3\bar{S}$ 和 C_2S 矿物扫描电镜观察结果

(a) 中空回转窑煅烧的 $C_4A_3\bar{S}$（×8000）；(b) 立筒预热器窑煅烧的 $C_4A_3\bar{S}$（×3000）；

(c) 预分解窑煅烧的 $C_4A_3\bar{S}$（×8000）；(d) 中空回转窑烧成的 C_2S（×2000）；

(e) 立筒预热分解窑煅烧的 C_2S（×2000）

$C_4A_3\bar{S}$ 理论计算的化学成分是：Al_2O_3 的质量分数为 50.12%、CaO 的质量分数为 36.76%、SO_3 的质量分数为 13.12%。对不同窑型烧成的 $C_4A_3\bar{S}$ 进行电子显微镜能谱分析，以 100 点以上的数据进行电子计算机数理统计，其结果示于表 9-1 和图 9-3。从这些统计数据可以看到，煅烧熟料的窑型与 $C_4A_3\bar{S}$ 矿物化学成分之间没有明显的规律性关系，但其中 SO_3 的质量分数以立筒预热器窑和预分解窑偏高。然而，在实际生产中，$C_4A_3\bar{S}$ 化学成分与理论值有很大差别。从四个厂的平均值看，Al_2O_3 的质量分数偏低较多。Al_2O_3 的质量分数与理论值相差较大的原因是工业生产熟料的 $C_4A_3\bar{S}$ 矿物中的 Al^{3+} 已部分被 Fe^{3+}、Si^{4+}、Ti^{4+} 等离子所取代。

表 9-1 不同工厂熟料中的 $C_4A_3\bar{S}$ 矿物的化学成分 ($w\%$)

$C_4A_3\bar{S}$ 的成分	TJ	LST	LX	MM	平均值	理论值
CaO	40.22	38.31	37.47	35.47	37.83	36.76
Al_2O_3	38.56	43.33	38.70	42.47	40.83	50.12
SO_3	14.90	11.91	17.45	16.26	15.13	13.12
SiO_2	3.12	2.80	3.19	2.98	3.02	0.00
Fe_2O_3	1.60	1.28	1.39	0.60	1.22	0.00
TiO_2	0.61	1.15	0.64	0.54	0.74	0.00
MgO	0.53	0.68	0.62	0.79	0.66	0.00
K_2O	0.51	0.61	0.75	0.69	0.64	0.00
合计	100.05	100.07	100.21	99.80	100.07	100.00

注：TJ—天津蓟县厂，中空窑；LST—湖南冷水滩厂，中空窑；LX—河北滦县厂，立筒预热器窑；MM—广东茂明水泥厂，预分解窑；平均值为四个厂的平均值；理论值为根据 $C_4A_3\bar{S}$ 分子式计算所得数值。

从表 9-1 和图 9-3 中看到，天津蓟县厂和河北滦县厂所产熟料中的 $C_4A_3\bar{S}$ 矿物的 Al_2O_3 的质量分数较其他两厂低，说明 Al^{3+} 被其他离子如 Si^{4+}、Fe^{3+} 等取代量较多，因为这两个厂都采用低品位矾土作为原料。

工业生产熟料中的 $C_4A_3\bar{S}$ 不是有固定成分的化合物，而是一种被多种杂质取代的固熔体。$C_4A_3\bar{S}$ 化学成分与形成条件和所采用的原料密切相关，实际生产的与实验室采用化学试剂合成的有较大差别。实际生产所得的 $C_4A_3\bar{S}$ 固熔其他氧化物后会使本身晶体的光学特征和其他物理特征产生相应的变化。

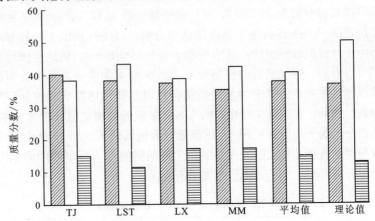

图 9-3 不同工厂熟料中的 $C_4A_3\bar{S}$ 矿物化学成分示意图

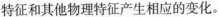

对 CaO-SiO_2-Al_2O_3-$CaSO_4$ 系统的研究表明：$900℃$时，CaO、SiO_2、Al_2O_3 首先形成 C_2AS 矿物；$1000℃$左右时，$CaSO_4$ 开始和 C_2AS、CaO 发生反应，形成 $C_4A_3\bar{S}$ 与 β-C_2S，随着温度的升高，C_2AS、CaO 的量不断下降；$1100℃$时，CaO 与 SiO_2 开始发生反应，形成 β-C_2S，同时 CaO、Al_2O_3 与 $CaSO_4$ 直接反应形成 $C_4A_3\bar{S}$；$1200℃$时，C_2AS、CaO 完全消失；$1250℃$时，β-C_2S 与 $CaSO_4$ 发生反应，形成 $C_4S_2 \cdot CaSO_4$；$1298℃$时，$C_4S_2 \cdot CaSO_4$ 发生分解，形成 α'-C_2S 和 γ-$CaSO_4$；$1400℃$时，$C_4A_3\bar{S}$ 开始分解成 $C_{12}A_7$（或 CA）和 γ-$CaSO_4$。

研究 CaO-SiO_2-Al_2O_3-$CaSO_4$ 四元系统后得出，$C_4A_3\bar{S}$ 的形成有如下两个过程：

$$3CaO + 3(C_2AS) + CaSO_4 \longrightarrow C_4A_3\bar{S} + 3C_2S$$
$$3CaO + 3Al_2O_3 + CaSO_4 \longrightarrow C_4A_3\bar{S}$$

需要指出的是，在该四元系统中存在两个过渡相：C_2AS 和 $C_4S_2 \cdot CaSO_4$，这两个矿物都无活性，在实际生产中应避免它们在最终产品中存在。

2. 硅酸二钙（C_2S）

公认硅酸二钙有四种晶型，即 α-C_2S、α'-C_2S、β-C_2S 和 γ-C_2S。

α-C_2S 属高温型，稳定温度在 1470℃以上，冷却时可逆地转变为 α' 型。α-C_2S 掺入固熔稳定剂后可在常温下存在。在常温下，α-C_2S 是基面呈六方状外形的无色颗粒，密度为 $3.07g/cm^3$，光学性能因稳定剂不同而异。例如，固熔 Na_2O 与 Al_2O_3 的 α-C_2S 其光学指数是 $n_g = 1.712$、$n_p = 1.702$，正光性，光轴角不大或呈单轴晶。X 射线衍射谱主要特征线 d 值为 0.2829、0.2684、0.3382nm。

α'-C_2S 属介稳型，斜方晶系。加热 γ-C_2S 时形成 α'-C_2S，其稳定温度在 830～1470℃之间。在常温下，α'-C_2S 为形状不规则的双晶环颗粒，其光学性能也是不固定的，随固熔物的不同而有所变化。矿渣中 α'-C_2S 的光学指数是 $n_g = 1.732$、$n_m = 1.717$、$n_p = 1.713$，二轴晶，正光性，光轴角 20°～30°。X 射线衍射谱主要特征线 d 值为 0.2730、0.2663、0.2259nm 等。

β-C_2S 属介稳型，单斜晶系，由 α'-C_2S 冷却到 670℃时转变而成。在常温下，β-C_2S 是圆形颗粒状或呈不规则聚合双晶的晶体。纯 β-C_2S 在 520℃左右时不可逆地转变为 γ-C_2S。当固熔某些氧化物如 B_2O_3、P_2O_5 和 SO_3 时，可减慢或不发生这样的转变，使 β-C_2S 在常温下也能存在。β-C_2S 的光学指数是 $n_g = 1.735$、$n_p = 1.717$，二轴晶，正光性。X 射线衍射谱主要特征线 d 值为 0.2778、0.2740、0.2607nm。密度为 $3.28g/cm^3$。

γ-C_2S 属低温型，斜方晶系，稳定范围在 520～830℃之间，升温超出该范围时便转变成 α' 型。γ-C_2S 是无色棱柱体，具有平行解理。光学指数是 $n_g = 1.654$、$n_p = 1.640$，双轴晶，负光性，光轴角 60°。X 射线衍射谱主要特征线 d 值为 0.3002、0.2728、0.1928nm。密度为 $2.97g/cm^3$。β-C_2S 转变成 γ-C_2S 时，由于密度从 $3.28g/cm^3$ 降至 $2.97g/cm^3$，体积相应增加约 10%，因此，在转变过程中试样会发生粉化现象。

硅酸二钙晶型转化过程可用图 9-4 表示。

工业生产的硫铝酸盐水泥熟料中，硅酸二钙主要以 α' 和 β 两种形态存在，C_2AS 与 $CaSO_4$、CaO 发生反应后生成 β-C_2S。过渡相 $C_4S_2 \cdot CaSO_4$ 分解时主要生成 α' 型。CaO 与 SiO_2 直接反应形成的是

β-C$_2$S。在扫描电子显微镜下观察，α′-C$_2$S 外形呈不规则圆形，细小而破碎，尺寸一般在 5～10μm，个别可达 10μm 以上。

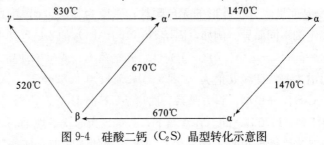

图 9-4 硅酸二钙（C$_2$S）晶型转化示意图

3. 铁相（C$_2$F-C$_6$A$_2$F）

长期以来，人们认为水泥熟料中存在的铁相是具有固定组成的 C$_4$AF，属斜方晶系，棱柱状，密度为 3.77g/cm^3。后来，由于检测技术的进步，许多研究者都公认铁相是一个组成在 C$_2$F-C$_6$A$_2$F 范围内的固熔系列，如图 1-6 所示。该图是 T. W. Newkirk 和 R. D. Thwaite 对 CaO-CA-C$_2$F 子系统进行研究得出的，表示铁相不仅是一个固熔系列，而且存在 C$_2$F、C$_6$AF$_2$、C$_4$AF 和 C$_6$A$_2$F 四种代表性矿物。

关于铁相的光学性能，目前缺少完整资料，即使有一些局部的报道，但不同学者提供的数据相互间仍有差异。F. M. Lea 提供的铁相光学指数为：C$_6$A$_2$F 的 $n_{g,li}$=2.02、$n_{p,li}$=1.94；C$_4$AF 的 $n_{g,li}$=2.04、$n_{m,li}$=2.01、$n_{p,li}$=1.96。两者都是红棕色的棱形颗粒；n_g 为褐色，n_p 为黄色；二轴晶，负光性；光轴角不大。在各种报道中，虽然不同学者所给光学数据有些差别，但有一个共同点是，铁相的折射率随 Fe$_2$O$_3$ 质量分数的增加而提高。

硫铝酸盐水泥研究中所得铁相各矿物的 X 射线衍射谱主要特征线 d 值列于表 9-2。相应矿物的红外光谱特征曲线示于图 9-5。从表 9-2 可看出，随 Fe$_2$O$_3$ 质量分数的增加，铁相主晶面（141）的 d 值相应增大。从图 9-5 也可看到，随 Fe$_2$O$_3$ 质量分数的增加，铁相吸收峰向低波数方向移动。

表 9-2　铁相各矿物的 X 射线衍射谱 *d* 值（10^{-10} m）

hkl	C_2F		C_6AF_2		C_4AF		C_6A_2F	
	卡片值	实验值	卡片值	实验值	卡片值	实验值	卡片值	实验值
020	7.37	7.352		7.284	7.24	7.254	7.17	7.246
040	3.69	3.684		3.664	3.63	3.648	3.62	3.638
200	2.803	2.792		2.791	2.77	2.781	2.76	2.765
002	2.717	2.708		2.685	2.67	2.672	2.65	2.659
141	2.685	2.674		2.653	2.63	2.641	2.62	2.631
161	2.080	2.077		2.057	2.04	2.047	2.04	2.041
202	1.950	1.945		1.936	1.92	1.926	1.91	1.915
080	1.846	1.843		1.823	1.81	1.812	1.81	1.809

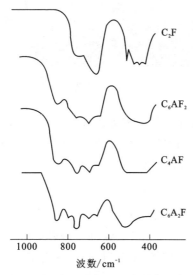

图 9-5　铁相各矿物的红外光谱特征曲线

用扫描电子显微镜观察到的铁相是如图 9-6 所示的长柱状，用光学显微镜很难鉴别铁相，主要依靠 X 射线衍射仪和红外光谱仪对铁相矿物进行物化测定。

对铁相各矿物形成过程的研究是先按代表性矿物组成配制生料，然后在不同温度下观察煅烧物发生的物理化学变化。

C_2F 生料在 805℃ 时 $CaCO_3$ 发生分解；1040℃ 时出现 CF；

1220℃时产生液相，该液相促进 C_2F 在 1225℃大量形成。C_2F 的形成过程可用下式表示：

$$CaO + Fe_2O_3 \longrightarrow CF$$
$$CF + CaO \longrightarrow C_2F$$

图 9-6　电子显微镜（×1500）下高铁硫铝酸盐水泥熟料中的铁相

C_6AF_2 生料在 1000℃就开始出现 C_2F；1160℃时出现少量液相；1200℃时生成 CA；1215℃时又有液相产生，同时形成大量 C_2F；继续升高温度，C_2F 固熔 CA，开始生成 C_6AF_2；1230℃时 C_6AF_2 大量形成。其形成过程用下式表示：

$$2CaO + Fe_2O_3 \longrightarrow C_2F$$
$$CaO + Al_2O_3 \longrightarrow CA$$
$$2C_2F + CA + CaO \longrightarrow C_6AF_2$$

C_4AF 生料在 1210℃时，C_2F 与 CA 就发生固熔，开始形成 C_6AF_2，到 1250℃时，C_6AF_2 大量形成；温度超过 1300℃时，开始产生 C_4AF；到 1350℃时，C_4AF 完全形成。C_4AF 的形成过程表示如下：

$$2CaO + Fe_2O_3 \longrightarrow C_2F$$
$$CaO + Al_2O_3 \longrightarrow CA$$
$$2(C_2F) + CA + CaO \longrightarrow C_6AF_2$$
$$C_6AF_2 + CA + CaO \longrightarrow 2C_4AF$$

C_6A_2F 生料的形成过程比较复杂。1200℃时发现物料中存在 C_2F、C_3A、CA 和 $C_{12}A_7$ 等多种矿物；1250℃时 C_6AF_2 大量形成，1300℃时形成 C_4AF，1350℃时完全形成 C_6A_2F。其产生过程表示如下：

$$2CaO + Fe_2O_3 \longrightarrow C_2F$$

$$CaO + Al_2O_3 \longrightarrow CA$$

$$3CaO + Al_2O_3 \longrightarrow C_3A$$

$$12CaO + 7Al_2O_3 \longrightarrow C_{12}A_7$$

$$X_1(C_2F) + Y_1(CA + C_3A + C_{12}A_7) \longrightarrow Z_1(C_6AF_2)$$

$$X_2(C_6AF_2) + Y_2(CA + C_3A + C_{12}A_7) \longrightarrow Z_2(C_4AF)$$

$$X_3(C_4AF) + Y_3(CA + C_3A + C_{12}A_7) \longrightarrow Z_3(C_6A_2F)$$

测得用化学萃取分离法取得的铁铝酸盐水泥熟料中铁相组成接近 C_6AF_2，普通硫铝酸盐水泥熟料中铁相的组成则接近 C_4AF，两者都固熔少量 SiO_2、TiO_2、MgO 和 SO_3 等氧化物。研究结果表明，硫铝酸盐水泥熟料中的铁相属 C_2F-C_6A_2F 系列固熔体。不同水泥熟料的铁相组成不一样，一般含铁量较高、烧成温度较低的熟料铁相，其组成接近 C_6AF_2；含铁量较低、烧成温度较高的铁相，其组成接近 C_4AF。硫铝酸盐水泥熟料中铁相的形成是由于 C_2F 矿物随着温度的升高，不断固熔各类铝酸钙矿物的结果。

第二节　少量矿物

在硫铝酸盐水泥熟料中除上述三种主要矿物外，一般尚存在少量游离石膏（游离 $CaSO_4$）、方镁石（MgO）和钙钛矿（CT）等，煅烧不太正常或配料不当时，还有少量钙黄长石（C_2AS）、硫硅酸钙（$C_4S_2 \cdot CaSO_4$）、游离石灰（游离 CaO）和铝酸钙（$C_{12}A_7$、CA）等。

1. 游离石膏（游离 $CaSO_4$）

硫铝酸盐水泥熟料中的游离 $CaSO_4$ 属 γ-$CaSO_4$，呈细小粒状。其光学性能是 $n_g = 1.614$、$n_p = 1.570$，二轴晶，正光性。X 射线衍射主要特征线 d 值为 0.305、0.285、0.232nm。正常熟料中存在少量游离 $CaSO_4$，其质量分数通常小于或等于 5%。少量游离 $CaSO_4$ 的存在，表明生料中配入的石膏完全满足形成 $C_4A_3\overline{S}$ 的需要。生料中配入过多的石膏会引起熟料中存在$C_4S_2 \cdot CaSO_4$；如果生料中石膏量不足，在最终烧成物中会出现C_2AS、γ-C_2S和$C_{12}A_7$等矿物。

2. 游离石灰（游离CaO）

游离CaO属立方晶系，呈无色圆形细小颗粒。折射率$n_0 = 1.836$，X射线衍射主要特征线d值为0.2405、0.1701、0.2778nm。硫铝酸盐水泥熟料中有时含有极少量游离CaO，其质量分数一般小于0.2%。当生料碱度系数过大时会出现数量较多的游离CaO。

3. 方镁石（MgO）

硫铝酸盐水泥熟料中通常存在少量方镁石，其颗粒极小，大都小于$2\mu m$，主要由石灰石原料带入的$MgCO_3$经灼烧而成。MgO属立方晶系，折射率$n_0 = 1.736$。X射线主要特征线d值为0.211、0.149、0.122nm。如果生料中MgO过多，特别是在含铁量较高的情况下，煅烧时物料发粘，容易结块，甚至结圈，会导致粉磨时熟料不易磨细。由于硫铝酸盐水泥熟料煅烧温度低，方镁石结晶细小，因此不会对水泥的安定性产生不良影响。

4. 钙钛矿（CT）

硫铝酸盐水泥熟料与铝酸盐水泥熟料一样，含有一定量的钙钛矿（CT），它们都是由矾土原料带入的TiO_2经化合而成。早期的研究者认为，在CaO-TiO_2系统中存在$3CaO \cdot TiO_2$和$2CaO \cdot TiO_2$两种化合物，但后来许多研究者认为该系统中存在的两种独立的化合物是$3CaO \cdot 2TiO_2$和CT，也有人认为前者是由CT固熔CaO而形成。在硫铝酸盐水泥熟料中生成的CT呈颗粒状，大小与形状不规则，呈团状分布。折射率$n_0 = 2.38$。X射线衍射主要特征线d值为0.350、0.285、0.232nm等。

5. 钙黄长石（C₂AS）

钙黄长石是硫铝酸盐水泥熟料形成过程中的过渡相。然而，当水泥生料中CaO的质量分数过低而石膏配入量又不足且煅烧温度低时，在最终烧成物中也会有C_2AS存在。该矿物属四方晶系。光学指数为$n_g = 1.669$，$n_p = 1.658$，一轴晶，负光性。X射线衍射主要特征线d值为0.285、0.172、0.243nm。

在正常配料条件下，C_2AS的形成温度为900～950℃，消失温度

为 $1200 \sim 1250℃$。

6. 硫硅酸钙（$C_4S_2 \cdot CaSO_4$）

$C_4S_2 \cdot CaSO_4$ 也是硫铝酸盐水泥熟料形成过程中的过渡相。在熟料煅烧温度较低时，或 $CaSO_4$ 配入量过多时，最终产物中会有 $C_4S_2 \cdot CaSO_4$ 存在。该矿物为细小颗粒状，能使熟料呈淡青绿色，即鸭蛋青色。岩相鉴定时的折射率 $n_0 = 1.635$。X 射线衍射主要特征线 d 值为 0.284、0.283、0.319nm。$C_4S_2 \cdot CaSO_4$ 在微还原气氛中的形成温度范围为 $1200 \sim 1250℃$，消失温度范围为 $1250 \sim 1300℃$。

7. 铝酸钙（$C_{12}A_7$）

煅烧 CaO 含量过高而 $CaSO_4$ 含量又不足的生料时，或因温度过高而导致 $C_4A_3\bar{S}$ 矿物分解的熔融熟料中，往往存在 $C_{12}A_7$。该矿物属立方晶系。在正常湿度的空气中加热时，$C_{12}A_7$ 会从环境中吸收水分，$1000℃$ 时最大吸水量可达 1.4%。其折射率：无水时 $n_0 = 1.61$；有水时 $n_0 = 1.62$。X 射线衍射主要特征线 d 值为 0.4890、0.2680、0.2445nm 等。$C_{12}A_7$ 的 X 射线谱与 C_5A_3 的 X 射线谱极易混淆。在硫铝酸盐水泥熟料中形成的是 $C_{12}A_7$，而不是 C_5A_3。

第三节　主要水化产物

硅酸盐水泥的主要水化产物是 $Ca(OH)_2$、水化硅酸钙凝胶，以及少量水化硫铝酸钙和水化铁酸钙等。硫铝酸盐水泥水化产物与硅酸盐水泥比较有着根本的区别，主要水化产物是水化硫铝酸钙、铝胶、铁胶，以及水化硅酸钙凝胶等。水化硫铝酸钙由于形成条件的不同又分成高硫型水化硫铝酸钙和低硫型水化硫铝酸钙两种。硫铝酸盐水泥主要水化产物的物化特征如下。

1. 高硫型水化硫铝酸钙（AFt）

该水化物早在 19 世纪末就已被人们发现，其常用的化学式为 $C_3A \cdot 3CaSO_4 \cdot 32H_2O$，属六方晶系，一般呈针状晶型。折射率 $n_g = 1.464$、$n_p = 1.458$，密度为 $1.73g/cm^3$（$25℃$），X 射线衍射谱上主要特征线 d 值为 0.98、0.52、0.28nm，差热分析曲线上在 $160℃$ 左右有一个吸热谷。在硫铝酸盐水泥水化体中的高硫型水化硫铝酸钙的吸热谷在 $110 \sim 130℃$ 之间。

高硫型水化硫铝酸钙可用人工合成。在饱和石灰溶液中加入适量硫酸铝和硫酸钙（石膏），或加入水泥矿物铝酸钙和石膏，都能合成高硫型水化硫铝酸钙。该化合物与西德 Ettringer 所产天然水化硫铝酸钙矿物极相似，所以人们通常称高硫型水化硫铝酸钙为 Ettringite，在我国称为钙矾石。

普通硅酸盐水泥混凝土在硫酸盐溶液中由于形成高硫型水化硫铝酸钙而遭破坏，因此人们又称该化合物为"水泥杆菌"。

高硫型水化硫铝酸钙晶体外形与形成条件密切相关。在饱和石灰溶液中，$C_3A \cdot 3CaSO_4 \cdot 32H_2O$ 形成速度较快，往往为细针状晶体；在低浓度石灰溶液中，$C_3A \cdot 3CaSO_4 \cdot 32H_2O$ 形成速度较慢，一般都生成较粗的长柱状晶体。

另外，在存在 Fe_2O_3 的条件下，$C_3A \cdot 3CaSO_4 \cdot 32H_2O$ 中的 Al_2O_3 会部分地被 Fe_2O_3 所取代，形成 $C_3(A \cdot F) \cdot 3CaSO_4 \cdot 32H_2O$。

高硫型水化硫铝酸钙在水中为不一致溶解，会分解出铝胶、$Ca(OH)_2$ 和 $CaSO_4 \cdot 2H_2O$。但在石灰溶液中则为一致溶解，不过溶解度很低，例如在 25℃时，1L 质量浓度为 1.08g/L 的 CaO 溶液仅能溶解 0.024g。F. M. Lea 提供的资料表明，$C_3A \cdot 3CaSO_4 \cdot 32H_2O$ 在石灰溶液中的溶解度随温度上升而有所增大，然而在 90℃时，仍保持为稳定相，不发生分解，只有当温度升到更高时，才会发生向低硫型水化硫铝酸钙的转变。

2. 低硫型水化硫铝酸钙（AFm）

该水化物发现于 20 世纪 20 年代。通常遇到的低硫型水化硫铝酸钙的化学式都写为 $C_3A \cdot CaSO_4 \cdot 12H_2O$，属假六方晶系，呈六方片状，折射率 $n_g = 1.504$、$n_p = 1.488$，X 射线衍射谱上主要特征线 d 值为 0.89、0.45、0.29nm 等。其密度为 1.99g/cm³，在差热分析曲线上 160~180℃范围内有一个吸热谷。

低硫型水化硫铝酸钙由于所含结晶水的不同而有五种变型，它们按 X 射线衍射谱所反应的最大晶面间距的不同而相互区别，如表 9-3 所示。这些变型水化物是在不同湿度的条件下制备而成的。通常在水泥浆体中形成的是最大晶面间距为 0.89nm 的 $C_3A \cdot CaSO_4 \cdot 12H_2O$。

表 9-3　低硫型水化硫铝酸钙的五种变型

水化物	晶　　型	最大晶面间距/nm
$C_3A \cdot CaSO_4 \cdot 15H_2O$	六方片状	1.03
$C_3A \cdot CaSO_4 \cdot 12H_2O$	六方片状	0.96
$C_3A \cdot CaSO_4 \cdot 12H_2O$	六方片状	0.89
$C_3A \cdot CaSO_4 \cdot 10H_2O$	六方片状	0.82
$C_3A \cdot CaSO_4 \cdot 7H_2O$	六方片状	0.80

在介稳的铝酸—钙溶液中加入含有石膏的石灰饱和溶液,当混合物中 $n(CaSO_4)/n(Al_2O_3)$ 约等于 1 时,即形成 $C_3A \cdot CaSO_4 \cdot 12H_2O$;当 $n(CaSO_4)/n(Al_2O_3)$ 大于 1 时,同时形成 $C_3A \cdot CaSO_4 \cdot 12H_2O$ 和 $C_3A \cdot 3CaSO_4 \cdot 32H_2O$,随着 $CaSO_4$ 含量的提高,$C_3A \cdot 3CaSO_4 \cdot 32H_2O$ 的数量增多;当 $n(CaSO_4)/n(Al_2O_3)$ 小于 1 时,同时形成 $C_3A \cdot CaSO_4 \cdot 12H_2O$ 和 C_4AH_{13},随着 $CaSO_4$ 含量的降低,C_4AH_{13} 数量增多。当 $n(CaSO_4)/n(Al_2O_3)$ 在 0.5~1 之间时,还存在 C_4AH_{13}-$C_3A \cdot CaSO_4 \cdot 12H_2O$ 的固熔系列。实际上纯的 $C_3A \cdot CaSO_4 \cdot 12H_2O$ 较难制得,它往往与 $C_3A \cdot 3CaSO_4 \cdot 32H_2O$ 或 C_4AH_{13} 共存。

这里需要指明的是,在一定条件下,高硫型与低硫型水化硫铝酸钙会相互转变。高硫型水化硫铝酸钙在 $CaSO_4$ 不足的液相中会转变成低硫型水化硫铝酸钙;同样,低硫型水化硫铝酸钙在液相中存在足够的 $CaSO_4$ 的条件下会转变成高硫型水化硫铝酸钙。在温度大于 90℃ 的条件下,$C_3A \cdot 3CaSO_4 \cdot 32H_2O$ 会转变成 $C_3A \cdot CaSO_4 \cdot 12H_2O$;恢复到常温时,后者能向前者转变。

在存在 Fe_2O_3 的条件下,低硫型水化硫铝酸钙和高硫型水化硫铝酸钙一样,其中的 Al_2O_3 会部分地被 Fe_2O_3 所置换,生成 $C_3(A \cdot F) \cdot CaSO_4 \cdot 12H_2O$。

3. 铝胶和铁胶

铝胶一般用化学式 $Al_2O_3 \cdot 3H_2O$ (gel) 表示,在光学显微镜下呈点滴状无色均质体。其折射率 $n_0 = 1.56$ 左右,密度为 $2.43g/cm^3$。X 射线衍射谱上主要特征线 d 值为 0.483、0.435nm。在差热分析曲线上 300℃ 左右有吸热谷,随结晶度的减弱,吸热谷温度向低温方向迁移。

铝胶的化学式有些地方还用 $Al(OH)_3$（gel）或 Al_2O_3（aq）表示。

铁胶的化学式为 $Fe(OH)_3$（gel），有时还写为 Fe_2O_3（aq）。在光学显微镜下它为无定形均质体，呈红棕色，折射率远比铝胶高，在 $2.0\sim2.15$ 之间波动。铁胶在差热分析曲线上有两个吸热峰，它们的温度范围分别为 $150\sim160℃$ 和 $250\sim260℃$。

4. 水化碳铝酸钙

水化碳铝酸钙与水化硫铝酸钙相似，分为高碳型和低碳型两种。

高碳型水化碳铝酸钙的化学式为 $C_3A \cdot 3CaCO_3 \cdot 32H_2O$，其晶形呈针状，X 射线衍射谱与 $C_3A \cdot 3CaSO_4 \cdot 32H_2O$ 很相似。主要特征线 d 值为 0.94、0.54、$0.27nm$ 等，折射率 $n_g=1.480\sim1.490$、$n_p=1.456\sim1.470$，差热曲线上在 $145\sim165℃$ 和 $860\sim925℃$ 分别有一个吸热谷。在含有铝酸钙的石灰蔗糖溶液中加入碳酸钠或碳酸氢铵，可制得高碳型水化碳铝酸钙。

低碳型水化碳铝酸钙的化学式一般都写为 $C_3A \cdot CaCO_3 \cdot 11H_2O$，其晶形为六方板状，X 射线衍射谱主要特征线 d 值为 0.76、0.38、$0.29nm$，折射率 $n_g=1.554$、$n_p=1.532$，差热曲线上在 $230℃$ 和 $900℃$ 分别有一个吸热谷。将铝酸钙溶液与 $Ca(OH)_2$、$NaOH$ 溶液混合，当 $n(CaO)/n(Al_2O_3)$ 接近 1，溶液中 CaO 的质量浓度约为 $0.4g/L$ 时，即制得低碳型水化碳铝酸钙。在水泥矿物 C_3A 和 C_4AF 与 $CaCO_3$ 加水混合的浆体中也能见到 $C_3A \cdot CaCO_3 \cdot 11H_2O$ 形成。

5. 水化硅酸钙凝胶

水化硅酸钙是水泥化学中研究的重要矿物群。水化硅酸钙种类很多，有天然的，也有人工合成的，其中人工合成的绝大多数只能在水热条件下生成。在常温下仅能获得水化硅酸钙凝胶，它用化学符号C-S-H（gel）表示。在水泥浆体中常见的水化硅酸钙凝胶有两种，它们的化学式分别是 C-S-H（I）和 C-S-H（Ⅱ）。

（1）C-S-H（I）

这种水化硅酸钙凝胶仅在质量浓度为 $0.05g/L$ 到接近饱和的石灰溶液中形成。该化合物的 $n(CaO)/n(SiO_2)=0.8\sim1.5$，水含量难以精确测定，一般认为含 $1.0\sim2.5mol$ 的 H_2O。所以，C-S-H（I）的化学式可写成 $(CaO)_{0.8\sim1.5}\text{-}SiO_2\text{-}(H_2O)_{1.0\sim2.5}$。其结构与托勃莫来石

相似，呈层状。由于结晶度很差，X 射线衍射谱上线条较少，呈弥散状，且随 n（CaO）$/n$（SiO_2）和 n（H_2O）$/n$（SiO_2）的改变而漂移。X 射线衍射谱上主要特征线 d 值通常为 0.9～1.4、0.307、0.280、0.183nm。在电子显微镜下观察，C-S-H（I）呈薄状碎片。

（2）C-S-H（II）

这种水化硅酸钙只在石灰饱和溶液中形成。该化合物的 n（CaO）$/n$（SiO_2）$= 1.5 \sim 2.0$，含 2mol 的 H_2O。化学式为 $(CaO)_{1.5\sim2.0} \cdot SiO_2 \cdot (H_2O)_{2.0}$。C-S-H（II）在电子显微镜下呈纤维状或纤维结构的薄片。X 射线衍射谱上的特征线 d 值为 0.98～1.06、0.307、0.285、0.183nm。C-S-H（II）的 X 射线衍射谱与托勃莫来石的相似。主要谱线的漂移也是由于 n（CaO）$/n$（SiO_2）和 n（H_2O）$/n$（SiO_2）的变化所致。

C-S-H（I）和 C-S-H（II）的 X 射线衍射谱都与托勃莫来石的相似，所以有人还把它们统称为托勃莫来石凝胶。两者除在电子显微镜下呈不同的外形外，C-S-H（I）在差热分析曲线 800～900℃上还有一个放热峰，因此可通过这两个差别来鉴定它们。

第四节 单矿物的水化

1. 无水硫铝酸钙（$C_4A_3\bar{S}$）的水化

$C_4A_3\bar{S}$ 的水化反应在水灰比不同的条件下存在一定的差别。在存在大量水的条件下，例如当水灰比为 10～20 时，水化早期的水化产物中首先有细针状的 AFt 出现，接着便生成 AFm。随着时间的推移，AFm 愈来愈多，达到平衡时，水化生成物几乎都是 AFm 和铝胶。$C_4A_3\bar{S}$ 的水化反应式可写为：

$$C_4A_3\bar{S} + 18H_2O \longrightarrow C_3A \cdot CaSO_4 \cdot 12H_2O + 2(Al_2O_3 \cdot 3H_2O)（gel）$$

在存在少量水的条件下，例如水灰比为 0.30 时，水化自始至终，水化产物中都同时存在 AFt 和 AFm 两种水化物。在水化初期，AFt 较多，以后便愈来愈少。最后的水化产物以 AFm 和铝胶为主，仅含少量 AFt。这是由于在存在少量水的条件下，$C_4A_3\bar{S}$ 矿物水化反应不易达到平衡的缘故。

$C_4A_3\bar{S}$ 矿物水化速度很快。图 9-7 显示了在水灰比为 0.8 的条件下 $C_4A_3\bar{S}$ 单矿物水化浆体的传导式微热量计图谱。从该图可以看出，$C_4A_3\bar{S}$ 放热速率很快，而且很集中。表 9-4 给出了 $C_4A_3\bar{S}$ 单矿物的力学性能。从此表看出，$C_4A_3\bar{S}$ 的力学特征就是早期强度高。上述物理性能足以说明，$C_4A_3\bar{S}$ 是一个早期水化活性高的矿物。

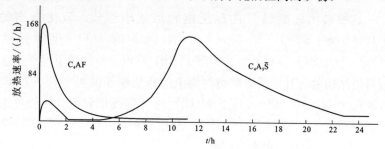

图 9-7 $C_4A_3\bar{S}$ 单矿物水化放热曲线

表 9-4 $C_4A_3\bar{S}$ 单矿物的力学性能

试　样	水灰比	耐压强度/MPa					
		6h	1d	3d	7d	14d	60d
净　浆	0.39	15.3	36.6	40.5	30.7	34.6	34.6

* 净浆试样为 1cm×1cm×1cm 立方体。

2. 铁相（C_2F-C_6A_2F）的水化

水泥中的铁相是一个固熔系列，代表性组成有四种，即 C_2F、C_6AF_2、C_4AF 和 C_6A_2F，它们在水化过程中的产物是有差别的。

C_2F 的水化产物是呈六方片状的结晶度较差的 C_4FH_{13} 和凝胶状的 $Fe(OH)_3$。其水化反应用下式表示：

$$2(C_2F)+16H_2O \longrightarrow C_4FH_{13}+2Fe(OH)_3$$

C_6AF_2、C_4AF 和 C_6A_2F 的水化产物是立方状的 $C_3(A \cdot F)H_6$ 晶体和凝胶状的 $Fe(OH)_3$，有时观察到在水化产物中还存在少量结晶度较差的 $C_4(A \cdot F)H_{13}$。该化合物是过渡性产物，最终要转化为 $C_3(A \cdot F)H_6$。C_6AF_2 的水化反应可用下式表示：

$$C_6AF_2+15H_2O \longrightarrow 2C_3(A \cdot F)H_6+xFe(OH)_3+yAl(OH)_3$$

C_4AF 和 C_6A_2F 的反应式与上式类似。然而，在这三个化合物的水化产物中，$C_3(A \cdot F)H_6$ 和 $Fe(OH)_3$ 的相对生成量是不同的，随着铁相中$n(Al_2O_3)/n(Fe_2O_3)$的增大，$C_3(A \cdot F)H_6$ 晶体逐渐增多，而 $Fe(OH)_3$ 凝胶则相应减少。XRD 半定量法对水化产物的测定结果示于图 9-8。从图 9-8 可以看出，水化产物中 $C_3(A \cdot F)H_6$ 的数量随铁相中铝含量的增加和水化龄期的延长而增多。

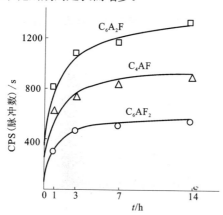

图 9-8　$C_3(A \cdot F)H_6$ 生成量与龄期的关系

此外，$C_3(A \cdot F)H_6$ 中 Al_2O_3 被 Fe_2O_3 所置换的数量也随铁相中 $n(Al_2O_3)/n(Fe_2O_3)$ 的不同而变化，从表 9-5 可看到，置换量随铁相中含铁量的增加而增多。

表 9-5　Fe_2O_3 在 $C_3(A \cdot F)H_6$ 中的置换量

起始矿物	C_6A_2F	C_4AF	C_6AF_2
Fe_2O_3置换量/%	2.9	11.4	31.4

图 9-9 表明，铁相的放热特性与 $C_4A_3\bar{S}$ 矿物相比更加集中在早期。组成不同的铁相的放热速率有所不同，如图 9-9 所示。从图 9-9 可看到，含铁量愈高，放热速率就愈慢，在这幅图上各化合物达到最大放热速率的时间是：C_6A_2F 为 6min；C_4AF 为 7min；C_6AF_2 为 8min；C_2F 为 22min。

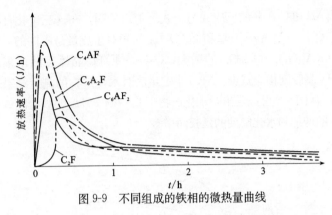

图 9-9　不同组成的铁相的微热量曲线

铁相的力学性能示于表 9-6。从该表可看到，低温条件下烧结形成的各铁相，除 C_2F 外都具有较好的强度指标。C_6AF_2 早期强度较低，但后期强度较高，达到 74.5MPa；C_4AF 既有较高的早期强度，又有较高的后期强度；C_6A_2F 早期强度较高，但后期强度较 C_4AF 低。

表 9-6　铁相力学性能

化合物	抗压强度/MPa					
	1d	3d	7d	14d	28d	96d
C_2F	0.7	1.0	1.7	2.7	3.0	34.0
C_6AF_2	8.0	27.7	42.5	45.5	43.0	74.5
C_4AF	17.5	34.2	34.5	38.0	41.5	67.0
C_6A_2F	10.5	32.5	35.3	34.5	35.5	55.0

注：试样为 1cm×1cm×1cm 立方体。

3. 硅酸二钙（C_2S）的水化

硅酸二钙各变型中，γ-C_2S 在常温下无活性；β-C_2S 在常温下虽能进行水化，但速度很慢；α'-C_2S 在常温下水化速度比较快。C_2S 按下式发生水化反应：

$$C_2S+2H_2O \longrightarrow C\text{-}S\text{-}H（gel）+Ca(OH)_2$$

式中，反应生成物 C-S-H（gel），当 C_2S 在石灰非饱和溶液中水化时为低钙型的 C-S-H（Ⅰ），其 $n(CaO)/n(SiO_2)=0.8\sim1.5$；当 C_2S 在石灰饱和溶液中水化时为高钙型的 C-S-H（Ⅱ），其 $n(CaO)/n(SiO_2)=1.5\sim2.0$。

第十章 普通硫铝酸盐水泥

第一节 概 述

1824 年，英国人 J. Aspdin 第一个获得波特兰水泥专利。经过近 190 年的发展，波特兰水泥逐步形成了庞大的硅酸盐水泥系列。该类水泥的矿物组成特征是以 C_3S 矿物为主。C_3S 矿物决定了水泥的凝结和强度等一系列基本性能。硅酸盐水泥自发明以来，一直沿用至今，是应用最广泛的无机胶凝材料。

1908 年，J. Bled 在法国获得铝酸盐水泥专利，Lafarge 公司实现了其工业化生产。经过 100 多年的发展，这种水泥也形成了一个铝酸盐水泥系列。铝酸盐类水泥与硅酸盐水泥的矿物组成特征决然不同，铝酸盐类水泥的矿物组成特征是以 CA 矿物为主。CA 矿物赋予水泥早强和耐火等特殊性能。铝酸盐水泥自 20 世纪初发明以来，虽然一直在生产实践中应用，但仅局限于某些特殊用途。

20 世纪 70 年代，中国发明了普通硫铝酸盐水泥，80 年代又首创高铁硫铝酸盐水泥（也称铁铝酸盐水泥），从而形成了不同种类的硫铝酸盐水泥。与硅酸盐水泥和铝酸盐水泥相比，硫铝酸盐水泥的组成属于另一个物理化学系统，它以 $C_4A_3\bar{S}$ 矿物为主。$C_4A_3\bar{S}$ 矿物使水泥具有早强、高强、抗冻、抗渗、耐蚀和低碱度等优良特性。这类水泥是当代世界水泥发展史上新出现的品种系列，已显示出十分乐观的发展前景。

1954 年，新中国创建了中国有史以来第一个水泥科研机构——建材综合研究所，开始水泥品种的专业研究。1958 年，在综合研究所基础上成立的中国建筑材料科学研究总院前身——水泥工业研究院创建了我国第一个水泥物化室，水泥品种研究进入更深层次。数十年来，该室对水泥矿物硅酸钙和铝酸钙两个系统进行了大量研究，在熟料化学、水化化学和水泥石结构等方面积累了丰硕的资料。1973 年物化室对无水硫铝酸钙进行研究，从而成功开发出普通硫铝酸盐水泥。物化理论研究引导水泥品种的研究走上创新之路。

水泥物化室参加硫铝酸盐水泥的研究人员是以苏慕珍为领导的

邓君安、李德栋、葛文明、李秀英、郑万禀、张丕兴、李培铨等。

1973年，时任建材研究院院部科技组工程师的王燕谋提出并安排水泥物化室立项研究无水硫铝酸盐钙矿物。此后，他即使走上研究院和建材部门领导岗位，始终指导和支持硫铝酸盐水泥的研究开发。为使研究开发工作适应社会主义市场经济条件，在王燕谋的倡导和支持下，水泥物化室创建了集科学研究、技术开发、工厂生产和应用服务于一体的远大特种工程材料开发公司。远大公司主要由物化室硫铝酸盐水泥研究人员组成，除此之外，还有刘小欣、周海红、刁江京、许积智、李运北、陈智丰、单连英、韩桂华、张凤琴和徐井军，以及研究生张量、李绍正、路永华、章银祥等。

硫铝酸盐水泥的发明曾在四个方面取得重大技术突破。

第一是理论上的突破。在研究 $C_4A_3\bar{S}$ 的过程中，发现该矿物与 C_2S 匹配后既有早强又有高强特性，而后又发现 $C_4A_3\bar{S}$、C_2S 与 C_6AF_2 匹配的烧结物也有很好的胶凝性能。这些理论的揭示使发明硫铝酸盐水泥的步伐向前迈出了重要的一步。

第二是生产上的突破。在理论研究取得成果后紧接着就是开展应用研究。首先遇到的课题就是寻找低价原料和确定可行的生产工艺与设备。研究者发现采用我国储量丰富的低品位矾土和石膏等就能生产出以 $C_4A_3\bar{S}$ 和 C_2S 矿物为主的熟料。采用铁矾土和石膏等就能生产出含有 $C_4A_3\bar{S}$、C_2S 和 C_6AF_2 等矿物的烧结物。工厂试生产表明，现有水泥回转窑工艺和相应设备经适当改造后就可生产硫铝酸盐水泥。这两项技术问题的解决使大批量生产成为可能。

第三是性能上的突破。一个水泥新品种必定有其自身的特点，否则很难存在下去。硫铝酸盐水泥在理论研究阶段被发现的早强、高强等性能在应用研究阶段获得了证实。这种水泥还具有一系列比硅酸盐水泥更为优异的性能，如抗渗、耐腐、抗冻，并且用一种熟料可制成早强、膨胀和自应力等不同性能的水泥。普通硫铝酸盐水泥另一个突出的性能是其水化液相碱度比硅酸盐水泥低得多。硫铝酸盐水泥的特殊性能是它在众多水泥中能生存和发展的先决条件。

第四是应用上的突破。在硫铝酸盐水泥推广过程中解决了许多施工技术问题，其中主要问题之一就是水泥的凝结时间。硫铝酸盐水泥凝结时间比硅酸盐水泥要短些，对一般工程可以满足施工要求，但对某些工程则不能适应，显然这就限制了该水泥的应用范围。在研究工作中找到了适用于硫铝酸盐水泥的专用外加剂，这种外加剂能在很大范围内调节混凝土的硬化时间，使其能满足各种混凝土工作性能的要求。

普通硫铝酸盐水泥的发明是在水泥品种开发方面继铝酸盐水泥之后的一大进步。它具有与铝酸盐水泥同样的早强特点，但没有后期强度倒缩问题，可在建筑结构工程上应用，有着更广阔的市场。普通硫铝酸盐水泥于 1979 年通过技术鉴定，1980 年获国家发明二等奖。

普通硫铝酸盐水泥自发明后的 30 年间，一直保持着工厂连续生产。生产企业有：唐山北极熊特种水泥公司、唐山六九水泥公司、郑州王楼水泥公司、山西阳泉天隆工程材料公司、广西云燕特种水泥建材公司、湖南冷水滩中大特种水泥公司、新疆青松建材化工公司和山东曲阜中联水泥公司等 20 多家。近期硫铝酸盐水泥年总产量为 100～200 万吨。

普通硫铝酸盐水泥曾在工厂生产过的品种有五个，它们的标准制定情况分别为：

（1）快硬硫铝酸盐水泥，代号 R·SAC，曾先后制定过行业标准 JC 714—1996、JC 933—2003，现已由国家标准 GB 20472—2006 取代。

（2）自应力硫铝酸盐水泥，代号 S·SAC，曾先后制定过行业标准 JC 715—87、JC 715—1996，现已由国家标准 GB 20472—2006 取代。

（3）低碱度硫铝酸盐水泥，代号 L·SAC，曾先后制定过行业标准 JC/T 659—1997、JC/T 659—2003，现已由国家标准 GB 20472—2006 取代。

（4）膨胀硫铝酸盐水泥，代号 E·SAC，有专业标准 ZBQ 11007—87，即 JC/T 739—87。

（5）高强硫铝酸盐水泥，代号 H·SAC，未制定行业标准，有企业规范。

普通硫铝酸盐水泥各品种在一个工厂内可由设定的一种熟料进行生产。

第二节　熟料化学

硫铝酸盐水泥物化理论有熟料化学和水泥水化理论两个方面。本节论述普通硫铝酸盐水泥熟料化学。

1. 熟料形成过程

普通硫铝酸盐水泥生料在不同温度下发生如下变化：

室温～300℃　　原料脱水，包括物理水和结晶水。

300～450℃　　石膏转变为无水石膏。

450～600℃　　矾土的水铝石分解，形成 $\alpha\text{-}Al_2O_3$，物料中出现 $\alpha\text{-}SiO_2$ 和 Fe_2O_3。

600～850℃　　$\alpha\text{-}Al_2O_3$、$\alpha\text{-}SiO_2$ 和 Fe_2O_3 继续增加。

850～900℃　　$CaCO_3$ 分解，产生 CaO 和 CO_2，CO_2 从废气中逸出。

900～950℃　　游离 CaO 量迅速增加，C_2AS 开始形成。

950～1000℃　　$C_4A_3\bar{S}$ 矿物开始形成。

1000～1050℃　　$C_4A_3\bar{S}$ 和 C_2AS 的量增加，游离 CaO 吸收率达 $1/2$，$\alpha\text{-}Al_2O_3$、$\alpha\text{-}SiO_2$ 和 $CaSO_4$ 含量迅速减少。

1050～1150℃　　$C_4A_3\bar{S}$ 和 C_2AS 的量继续增加。出现 $\beta\text{-}C_2S$，游离 CaO 吸收率达 $2/3$。

1150～1250℃　　$C_4A_3\bar{S}$ 继续增加，游离 CaO 和 C_2AS 消失。在 1250℃出现 $C_4S_2 \cdot CaSO_4$ 矿物，此时试样的矿物组成主要为 $C_4A_3\bar{S}$、$\beta\text{-}C_2S$、$C_4S_2 \cdot CaSO_4$、游离 $CaSO_4$ 和少量铁相。

1250～1300℃　　$C_4S_2 \cdot CaSO_4$ 消失，分解成为 $\alpha'\text{-}C_2S$ 和游离 $CaSO_4$，此时熟料的主要矿物为 $C_4A_3\bar{S}$ 和 C_2S，还有少量铁相和 $CaSO_4$ 以及微量 MgO，普通硫铝酸盐水泥熟料已完全形成。

1300～1400℃　　熟料矿物无明显变化。

1400℃以上　　　$C_4A_3\bar{S}$ 及 $CaSO_4$ 开始分解，产生 $C_{12}A_7$ 等急凝矿物，出现熔块。

观察和分析普通硫铝酸盐水泥生料在升温过程中发生的物理、化学变化，可以得出如下几点结论。

（1）采用工业原料制造的普通硫铝酸盐水泥熟料。在其形成过程中主要发生下列化学反应：

$$2CaO+Al_2O_3+SiO_2 \xrightarrow{900\sim950℃} C_2AS$$

$$3CaO+3Al_2O_3+CaSO_4 \xrightarrow{950\sim1000℃} C_4A_3\bar{S}$$

$$3CaO+3C_2AS+CaSO_4 \xrightarrow{1050\sim1150℃} C_4A_3\bar{S}+3C_2S$$

$$2CaO+SiO_2 \xrightarrow{1050\sim1150℃} C_2S$$

$$2C_2S+CaSO_4 \xrightarrow{1150\sim1250℃} C_4S_2\cdot CaSO_4$$

$$C_4S_2\cdot CaSO_4 \xrightarrow{1250\sim1300℃} 2C_2S+CaSO_4$$

（2）正常条件下生产的普通硫铝酸盐水泥熟料，其最终矿物组分主要是 $C_4A_3\bar{S}$ 和 C_2S，还有少量 $CaSO_4$ 和铁相（C_4AF），有时还存在一些方镁石（MgO）和钙钛矿（CT）。

（3）普通硫铝酸盐水泥熟料中各矿物的形成都是固相反应的结果。在加热过程中虽有极少量液相出现，但并未见到只有通过液相才能形成的矿物。

（4）普通硫铝酸盐水泥熟料烧成温度范围应该是 1300～1400℃，即 1350℃±50℃。烧成范围与硅酸盐水泥熟料一样为 100℃，但烧成温度要低 100℃。与在回转窑烧成铝酸盐水泥熟料相比，烧成范围要宽 50℃。

2. 石膏的作用

硫铝酸盐水泥生料与铝酸盐水泥生料的不同之处在于前者多了一种石膏原料。石膏的加入使铝酸盐水泥熟料化学发生了根本性变化，最终产生了新的水泥品种。在硫铝酸盐水泥熟料形成过程中，石膏主要起如下两方面的作用。

（1）导向化合

铝酸盐水泥熟料形成主要反应式为：

$$Al_2O_3 + CaO \xrightarrow{\triangle} CA$$

$$CA + Al_2O_3 \xrightarrow{\triangle} CA_2$$

$$SiO_2 + Al_2O_3 + 2CaO \xrightarrow{\triangle} C_2AS$$

因此，该水泥熟料最终组分为 CA、CA_2 和 C_2AS。众所周知，C_2AS 无水化活性。然而，形成该矿物时要消耗有效成分 CaO 和 Al_2O_3，使熟料中有效矿物 CA 和 CA_2 生成量减少。所以 C_2AS 生成量愈多，铝酸盐水泥熟料质量下降愈大。为避免或减少 C_2AS 的形成，要求在原料中尽可能降低 SiO_2 的含量。

在铝酸盐水泥生料中引入石膏以后，熟料形成便改变为按下列反应进行：

$$3Al_2O_3 + 3CaO + CaSO_4 \xrightarrow{\triangle} C_4A_3\bar{S}$$

$$SiO_2 + Al_2O_3 + 2CaO \xrightarrow{\triangle} C_2AS$$

$$3C_2AS + 3CaO + CaSO_4 \xrightarrow{\triangle} C_4A_3\bar{S} + 3C_2S$$

从以上反应式可以看出，石膏的掺入不仅使最终产物中的 CA 改变为 $C_4A_3\bar{S}$，更重要的是使无活性的 C_2AS 改变为高活性的 $C_4A_3\bar{S}$ 和 C_2S。这说明石膏改变了 SiO_2 的反应方向，引导它去形成有用的 C_2S 而不是无效的 C_2AS，使 SiO_2 由有害成分变成了有效成分。石膏在 CaO-Al_2O_3 系统中的化合导向作用是硫铝酸盐水泥最基本的熟料化学理论。

（2）稳定矿物

高温 C_2S 在缓慢冷却时会发生晶型转变：α-$C_2S \rightarrow \alpha'$-$C_2S \rightarrow \beta$-$C_2S \rightarrow \gamma$-C_2S。介稳态 α、α' 和 β 型 C_2S 都表现为有活性，能使水泥具有很高的后期强度；低温稳定的 γ-C_2S 则为惰性，仅在高温水热条件下才呈现一定的活性。所以，在制造任何品种的水泥熟料时都不希望在高温冷却过程中发生向 γ-C_2S 的晶型转变。阻止该晶型转化的技术措施就是采用稳定剂，石膏就是一种好的稳定剂。

硫铝酸盐水泥熟料在烧成过程中，有大量 α'-C_2S 和 β-C_2S 形成，由于石膏的存在，这些矿物在冷却过程中不发生向 γ-C_2S 的晶型转化，而是以介稳态存在于熟料之中，从而使水泥石具有良好的建筑性能。所以，石膏作为稳定剂，在硫铝酸盐水泥熟料化学中占有重要地位。

3. 煅烧气氛的影响

在硫铝酸盐水泥熟料形成过程中，燃烧气氛有着特别重要的意义。实践表明，只有在氧化气氛下才能获得设计组成的熟料，还原气氛对熟料形成会产生不良影响。

硫铝酸盐水泥生料的主要组分之一就是石膏，在煅烧过程中，还原气氛会使石膏按下式分解：

$$CaSO_4 + CO \xrightarrow{\triangle} CaO + SO_2 + CO_2 \uparrow$$

$$CaSO_4 + 2C \xrightarrow{\triangle} CaS + 2CO_2 \uparrow$$

石膏分解会对熟料形成产生如下影响：

（1）石膏分解后，使剩下的石膏量不能满足 C_2AS 转化为 $C_4A_3\bar{S}$ 和 C_2S 的需要，造成熟料中存在无效的 C_2AS，相应地减少有效的 $C_4A_3\bar{S}$ 和 C_2S 的含量，从而导致熟料质量下降。

（2）在加热过程中，随着石膏的分解，还会出现 $C_4A_3\bar{S}$ 的解体，同时产生 $C_{12}A_7$。该矿物具有速凝特性，会使水泥凝结时间不合格。

（3）由于石膏分解而使熟料中的石膏量过低时，会导致 α'-C_2S 和 β-C_2S 向 γ-C_2S 转化，致使熟料产生粉化，形成常温下无活性的 γ-C_2S，这对水泥后期强度增长极为不利。

（4）石膏分解时产生 CaO，这会造成水泥熟料中生成过量游离 CaO。众所周知，游离 CaO 在硅酸盐水泥中是有害物，在硫铝酸盐水泥中，也是一个不利因素，因为它会造成水泥的速凝。

在还原气氛下煅烧硫铝酸盐水泥生料时，不仅能改变化学反应进程，而且还会使水泥颜色发生变化。重度还原气氛下烧成的普通硫铝酸盐水泥熟料，使水泥失去常见的深灰色而变成黄色，这种颜色不易被用户接受。

此外，石膏分解生成的 SO_2 会污染环境，生成的 CaS 会使水泥水化时产生具有恶臭味的 H_2S 气体。

4. 矿物的共存关系

在 $CaSO_4$-C_4AF 系统中，$CaSO_4$ 能夺取铁相中的 Al_2O_3 而形成

$C_4A_3\bar{S}$；在 $C_2F-C_4A_3\bar{S}$ 系统中，Fe_2O_3 能取代 $C_4A_3\bar{S}$ 中的 Al_2O_3，而形成含铝铁相；在铁铝酸盐水泥的配料中，两者取代的结果是 $C_4A_3\bar{S}$ 与 C_6AF_2 共存。在石膏存在的条件下，即使提高铁含量，也不会使所有的 Al_2O_3 均生成 C_6AF_2，始终是含铝铁相与 $C_4A_3\bar{S}$ 共存。

在 $CaO\text{-}SiO_2\text{-}Al_2O_3\text{-}CaSO_4$ 系统中，SiO_2 只能形成 C_2S，而不会形成 C_3S，也就是说，只能是 $C_4A_3\bar{S}$ 与 C_2S 共存，不会发生 $C_4A_3\bar{S}$ 与 C_3S 共存。如果在该系统中加入很少量的 CaF_2，在 CaO 满足的条件下才会生成 C_3S，即可产生 $C_4A_3\bar{S}$ 与 C_3S 共存。

5. 矿物的固熔

在工业生产的硫铝酸盐水泥熟料中，主要矿物 $C_4A_3\bar{S}$、C_2S 和铁相都固熔少量氧化物。

(1) $C_4A_3\bar{S}$ 的固熔

采用带能谱分析仪的扫描电子显微镜分析四个工厂生产的普通硫铝酸盐水泥熟料可知，$C_4A_3\bar{S}$ 矿物固熔了下列氧化物：SiO_2、Fe_2O_3、TiO_2、MgO 和 K_2O。用赤泥配料制造的高硅硫铝酸盐水泥熟料的 $C_4A_3\bar{S}$ 除固熔 K_2O 外，还固熔 Na_2O。

(2) C_2S 的固熔

采用带能谱分析仪的扫描电子显微镜分析用赤泥配料生产的高硅硫铝酸盐水泥熟料可知，C_2S 固熔下列氧化物：Al_2O_3、Fe_2O_3、SO_3、K_2O 和 Na_2O，其中以 SO_3 与 Al_2O_3 为主。

F. M. Lea 提供的资料指出，C_2S 能固熔质量分数为 $2\%\sim3\%$ 的 Al_2O_3、质量分数为 $1.5\%\sim2.5\%$ 的 Fe_2O_3 和质量分数为 1.5% 的 MgO。

(3) C_6AF_2 的固熔

用化学萃取法分离出高铁硫铝酸盐水泥熟料的铁相，对其进行化学成分分析的结果表明，其中 CaO、Al_2O_3 和 Fe_2O_3 的质量比接近 C_6AF_2 中 CaO、Al_2O_3 和 Fe_2O_3 的质量比。同时它还可能固熔下列质量分数的氧化物：

SiO_2	TiO_2	MgO	SO_3
2.37%	2.58%	7.31%	1.20%

用赤泥生产的高硅硫铝酸盐水泥熟料的铁相能固熔质量分数为 $1\%\sim1.5\%$ 的 Na_2O 和质量分数为 $0.15\%\sim0.2\%$ 的 K_2O。

研究硫铝酸盐水泥熟料矿物固熔少量氧化物的状况后，可得出以下几点结论：

第一，在硫铝酸盐水泥熟料中，三种主要矿物都固熔一定量的 TiO_2。这说明矾土原料带入的 TiO_2 在熟料形成过程中，一部分形成 CT 矿物，另一部分则固熔入主要矿物之中。

第二，$C_4A_3\bar{S}$、C_2S 和铁相三种主要矿物都能固熔少量 K_2O，当用含 Na_2O 较多的赤泥作为原料时，它们能固熔较多的 Na_2O。

第三，C_2S 和铁相都固熔一定量的 SO_3，在某些生产条件下，SO_3 的固熔量很高。

第四，铁相都固熔较多的 MgO，这与硅酸盐水泥熟料铁相能固熔大量 MgO 的特性一致。

第三节　熟　料　生　产

1. 熟料组成

根据科学研究和生产实践所确定的普通硫铝酸盐水泥熟料化学成分示于表 10-1。对应的熟料矿物组成示于表 10-2。为对比，在表中都列出了其他水泥熟料的化学组成和矿物组成。

表 10-1　水泥熟料的化学成分（$w\%$）

水泥名称	SiO_2	Al_2O_3	Fe_2O_3	CaO	SO_3
普通硫铝酸盐水泥熟料	3～13	30～38	1～3	38～45	8～15
铝酸盐水泥熟料	<10	50～58	<3	32～36	
硅酸盐水泥熟料	21～25	4～8	2～4	64～67	

表 10-2　水泥熟料的矿物组成（$w\%$）

水泥名称	熟料矿物组成		
普通硫铝酸盐水泥	$C_4A_3\bar{S}$	C_2S	C_4AF
	55～75	8～37	3～10
铝酸盐水泥	CA	CA_2	C_2AS
	40～45	15～30	20～36

水泥名称	熟料矿物组成			
硅酸盐水泥	C_3S	C_2S	C_3A	C_4AF
	42~60	15~35	5~14	10~16

山东某厂普通硫铝酸盐水泥熟料化学成分和矿物组成分别列于表 10-3 和表 10-4[20]。

表 10-3　山东某厂普通硫铝酸盐水泥熟料的化学成分（$w\%$）

烧失量	SiO_2	Al_2O_3	Fe_2O_3	CaO	MgO	SO_3	TiO_2	$\sum$
0.28	10.1	30.2	2.8	43.0	1.0	10.4	1.34	99.1

表 10-4　山东某厂普通硫铝酸盐水泥熟料的矿物组成（$w\%$）

$C_4A_3\bar{S}$	C_2S	C_4AF	CT
56.7	28.9	8.15	2.37

从化学成分和矿物组成可以看出，普通硫铝酸盐水泥熟料具有以下特点：

（1）与硅酸盐水泥和铝酸盐水泥熟料相比，普通硫铝酸盐水泥熟料的矿物组成属不同体系，具有自己独特的矿物种类和匹配。

（2）与硅酸盐水泥熟料相比，普通硫铝酸盐水泥熟料中含 CaO 量较少，主要矿物都是形成温度较低的化合物。

（3）与铝酸盐水泥熟料相比，普通硫铝酸盐水泥熟料中 SiO_2 含量较多，可利用含 SiO_2 较高、Al_2O_3 较低的低品位矾土，从而扩大原料资源。

生产实践经验表明，熟料中的碱（K_2O+Na_2O）含量对水泥性能有很大影响，当超过一定数值时会加速水泥凝结，不能达到标准所规定的质量指标。因此，熟料中 $w(K_2O+Na_2O)\%$ 须低于 0.7%。

2. 原料品质要求

普通硫铝酸盐水泥生产所用原料是矾土、石灰石和石膏。为将熟料组成控制在规定范围内，必须对原料品质提出一定的要求。

（1）矾土品质要求

普通硫铝酸盐水泥各种熟料对矾土的质量要求指标列于表 10-5。

表 10-5　普通硫铝酸盐水泥熟料对矾土的质量要求

水泥品种	矾土成分/w%		
	Al_2O_3	SiO_2	$0.658K_2O + Na_2O$
42.5 快硬硫铝酸盐水泥	≥65	<15	
32.5 快硬硫铝酸盐水泥	≥55	<20	
膨胀硫铝酸盐水泥	≥60	<20	<0.5
自应力硫铝酸盐水泥	≥60	<20	
低碱度硫铝酸盐水泥	≥65	<15	

从表 10-5 可看出，普通硫铝酸盐水泥生产对矾土质量要求比铝酸盐水泥低。铝酸盐水泥要求铝矾土中 Al_2O_3 质量分数大于 70%、SiO_2 小于 9%，而普通硫铝酸盐水泥各品种要求矾土中 Al_2O_3 质量分数大于 55%～65%、SiO_2 小于 15%～20%。

我国是矾土资源比较丰富的国家，矾土中矿物的化学特征从总体上看属高铝、高硅、低铁类型，平均含量为 $w(Al_2O_3)=56\%\sim62\%$、$w(SiO_2)=7\%\sim12\%$、$w(Fe_2O_3)=3\%\sim19\%$。生产硫铝酸盐水泥时，把 $w(Fe_2O_3)<5\%$ 的矾土称为铝矾土、$w(Fe_2O_3)>5\%$ 的矾土称为铁矾土。根据 Al_2O_3 质量分数，把铝矾土分成三级：$w(Al_2O_3)>70\%$ 为一级，$w(Al_2O_3)$ 在 65%～70% 之间为二级，$w(Al_2O_3)$ 在 55%～65% 之间的为三级。将铁矾土也分成三级：$w(Al_2O_3)>65\%$ 为一级，$w(Al_2O_3)$ 在 55%～65% 之间为二级，$w(Al_2O_3)$ 在 45%～55% 之间的为三级。我国矾土资源中拥有大量二、三等级的铝矾土和铁矾土。普通硫铝酸盐水泥生产可利用三级矾土，为利用低品位矾土资源开辟了新的途径，对水泥行业创建资源节约型社会具有重要意义。

（2）石灰石品质要求

普通硫铝酸盐水泥各品种熟料对石灰石品质要求指标列于表 10-6。

表 10-6 普通硫铝酸盐水泥熟料对石灰石的质量要求

水泥品种	石灰石成分/w%			
	CaO	SiO$_2$	MgO	0.658K$_2$O+Na$_2$O
42.5 快硬硫铝酸盐水泥	>51	<3.0	—	<0.5
32.5 快硬硫铝酸盐水泥	>48	<5.0	—	
自应力硫铝酸盐水泥	>51	<3.0	—	
硅酸盐水泥	>48	—	<3.0	<1
铝酸盐水泥	>55	<1.0	<1.0	<1

从表 10-6 可以看出，普通硫铝酸盐水泥熟料对石灰石的品质要求与铝酸盐水泥的相比较低，后者要求 w（CaO）大于 55%、w（SiO$_2$）小于 1.0%、w（MgO）小于 1.0%，属高等级石灰石；与硅酸盐水泥相比则有两个特点：一是 w（0.658K$_2$O+Na$_2$O）要小于 0.5%，以控制熟料中碱含量，防止水泥速凝；另一个特点是对 w（MgO）并未提出严格要求，因为普通硫铝酸盐水泥熟料煅烧温度低，生料中 MgO 不会形成有害的方镁石，可允许原料中存在较多 w（MgO）。

（3）石膏品质要求

普通硫铝酸盐水泥生产中，配制生料和磨制水泥时都要使用较大比例的石膏或硬石膏。对石膏的品质要求是：石膏中 SO$_3$ 质量分数大于 38%；硬石膏中 SO$_3$ 质量分数大于 48%。

我国石膏资源非常丰富，远景储量超过 400 亿吨。在探明储量中，2/3 是硬石膏。除磨制膨胀水泥和自应力水泥外，在普通硫铝酸盐水泥生产中配制生料和磨制其他品种水泥时都可采用硬石膏。我国具有生产普通硫铝酸盐水泥的良好资源条件。

3. 配料计算

1）计算基准

生料在煅烧形成熟料的过程中，大部分有机物与部分无机物发生分解，H$_2$O、CO$_2$ 等物质则挥发进入大气，因此必须统一计算标准。蒸发出物理水以后的原料称为干燥原料。以干燥原料计算的干生料成分称为干基。本节一律采用干基计算生料的配合比及成分。去掉烧失量（结晶水、二氧化碳与挥发物质等）以后，生料处于灼烧状态，以灼烧状态质量所表示的计算单位，称为灼烧基准。本节一律用灼烧基准计算熟料的化学成分、矿物组成和率值。

2）率值计算

在硫铝酸盐水泥生产中，引入了碱度系数（C）、铝硫比（P）和铝硅比（N）三个率值的概念，用这些率值来控制熟料成分和调整生料配比。硫铝酸盐水泥不同品种有不同的控制率值。

（1）碱度系数（C）

碱度系数表示生、熟料中的 CaO 满足于生成生、熟料中有用矿物所需 CaO 量的程度。$C=1$ 时，生、熟料中的 CaO 刚好满足各有用矿物所需 CaO 量。$C>1$ 时，理论上表示 CaO 有剩余，要出现游离 CaO。但在实际生产过程中，对酸性氧化物分析的只是其中主要的、含量较高的部分，还有少量的酸性氧化物没分析出来。因此，$C>1$ 时，在一定范围内不会出现游离 CaO。当然大得过多了，就会出现游离 CaO。游离 CaO 过多会引起水泥的急凝。$C<1$ 时，表示 CaO 不能满足形成有用矿物的需要，一些过渡矿物如 C_2AS 等就会保留下来。因此应控制 C 尽量靠近 1 或稍小于 1（即 $C \leqslant 1$）。普通硫铝酸盐水泥生、熟料碱度系数的计算公式为：

$$C = \frac{w(\text{CaO}) - 0.70w(\text{TiO}_2)}{0.73\left[w(\text{Al}_2\text{O}_3) - 0.64w(\text{Fe}_2\text{O}_3)\right] + 1.40\left[w(\text{Fe}_2\text{O}_3) + 1.87w(\text{SiO}_2)\right]}$$

式中，假设生、熟料中的 Fe_2O_3 和 TiO_2 分别形成 C_4AF 和 CT；Al_2O_3 除形成 C_4AF 外都生成 $C_4A_3\bar{S}$；SiO_2 都形成 C_2S。

（2）铝硫比（P）

在硫铝酸盐水泥中除 CaO 外，Al_2O_3 和 $CaSO_4$ 是形成 $C_4A_3\bar{S}$ 的主要成分。铝硫比的含义是在形成 $C_4A_3\bar{S}$ 的反应过程中，形成铁相所剩余的 Al_2O_3 与 $CaSO_4$ 之间满足形成 $C_4A_3\bar{S}$ 的程度。当 $P=3.82$ 时，表示 $CaSO_4$ 完全能满足与剩余的 Al_2O_3 形成 $C_4A_3\bar{S}$ 的需要；当 $P<3.82$ 时，表示 $CaSO_4$ 有富余，富余的石膏称为游离 $CaSO_4$；当 $P>3.82$ 时，表示 $CaSO_4$ 不足以使 Al_2O_3 完全形成 $C_4A_3\bar{S}$，另有部分 Al_2O_3 形成 C_2AS、$C_{12}A_7$ 和 CA 等含铝矿物。所以通常控制 $P \leqslant 3.82$。铝硫比的计算公式为：

$$P = \frac{w(\text{Al}_2\text{O}_3) - 0.64w(\text{Fe}_2\text{O}_3)}{w(\text{SiO}_2)}$$

（3）铝硅比（N）

铝硅比（N）反映熟料中 $C_4A_3\bar{S}$ 和 C_2S 两矿物之间的比例关系。铝硅比太小，会影响水泥质量，一般控制 $N>3$。铝硅比的计算公式为：

$$N=\frac{w\,(Al_2O_3)\,-0.64w\,(Fe_2O_3)}{w\,(SiO_2)}$$

3）矿物组成计算

熟料矿物组成的确定方法有岩相分析、X 射线定量分析和扫描电镜分析等。按化学成分进行计算则是一种较为简便可行的方法。在推导计算公式时，假设 Al_2O_3 除形成 C_4AF 外其余都生成 $C_4A_3\bar{S}$；SiO_2 都形成 C_2S；Fe_2O_3 形成 C_4AF；TiO_2 形成 CT。矿物组成的计算公式为：

$$w\,(C_4A_3\bar{S})=1.99\,[\,w\,(Al_2O_3)\,-0.64w\,(Fe_2O_3)\,];$$
$$w\,(C_2S)=2.87w\,(SiO_2);$$
$$w\,(C_4AF)=3.04w\,(Fe_2O_3);$$
$$w\,(CT)=1.70w\,(TiO_2);$$
$$w\,(CaSO_4)=1.70w\,(SO_3).$$

4）配料计算

水泥配料计算方法有多种，在硫铝酸盐水泥生产中采用两种：一种是公式计算法，另一种是尝试误差法。

公式计算法曾在早期的开发工作中应用，现在有时还用于新厂投产初次配料计算或改变品种时的配料计算。推导公式时，假设矾土中的 SiO_2 全部形成 C_2S；Fe_2O_3 全部形成 C_4AF；Al_2O_3 小部分形成 C_4AF，大部分形成 $C_4A_3\bar{S}$；TiO_2 形成 CT。

设矾土为 100%，石灰石和二水石膏的质量分数分别是：

$$w\,(石灰石)=\{0.55\,[\,w\,(Al_2O_3)\,-0.64w\,(Fe_2O_3)\,]+$$
$$1.87w\,(SiO_2)+1.40w\,(Fe_2O_3)+$$
$$0.70w\,(TiO_2)\}\,[\,w\,(CaO)\,]^{-1}\times100\%$$

$$w\,(二水石膏)=\frac{0.26\,[\,w\,(Al_2O_3)\,-0.64w\,(Fe_2O_3)\,]}{w\,(SO_3)}\times100\%$$

式中，w（Al_2O_3）、w（SiO_2）、w（Fe_2O_3）、w（TiO_2）为矾土中 Al_2O_3、SiO_2、Fe_2O_3、TiO_2 的质量分数，$w(CaO)$ 为石灰石中 CaO 的质量分数，w（SO_3）为石膏中 SO_3 的质量分数。

由于上述公式没有考虑到石灰石、石膏和煤灰中 SiO_2、Al_2O_3、Fe_2O_3、SO_3 和 CaO 等氧化物的掺入，所以计算所得配比会有较大误差。为此，需对计算结果不断修正，最后按配料计算进行小磨试验，用以校验化学分析与配料计算的准确性。这样做一般都能获得满意的结果。

尝试误差法是近期硫铝酸盐水泥生产中常用的配料方法。该法基本原理是：先假定一个原料配合比，然后按此配合比从各原料的成分计算出生、熟料的化学成分和熟料的矿物组成（或率值），若计算结果不符合要求，则重新调整配合比，再进行计算，如此重复调整和计算，直至符合要求为止。

尝试误差法的具体计算步骤是：

第一步，确定各原料化学成分（干基）和掺入熟料的煤灰化学成分（灼烧基）；

第二步，按设定配比计算生料化学成分并换算到灼烧基；

第三步，计算煤灰掺入量；

第四步，计算熟料化学成分；

第五步，计算熟料矿物组成（或率值）。

关于煤灰掺入量的计算公式如下：

$$G_A = \frac{qA_AS}{Q_A \times 100} = \frac{P_AA_AS}{100}$$

式中，G_A 为熟料中煤灰掺入量/$w\%$；q 为单位熟料热耗/（kJ/kg）；Q_A 为实物煤的热值/(kJ/kg)；A_A 为实物煤中灰分的质量分数/%；S 为煤灰沉降率/%；P_A 为实物煤耗/（kg/kg）。

其中煤灰沉降率因窑型和工厂具体操作情况不同而异，所以它只能是个经验参数。通常干法中空窑 S 取 $50\%\sim70\%$，预分解和预热器窑 S 取 $90\%\sim100\%$。

应当指出，在配料计算中还有一些因素没有考虑在内，如煅烧过程中物料的飞扬损失，又如煅烧时的还原气氛使部分石膏分解并

挥发出 SO_2，以及窑灰的掺入等。所以在工厂生产中往往还要根据实际经验对计算配比进行调整，而且随着生产条件的变化，要不断调整原料的配比。

4. 生产方法

普通硫铝酸盐水泥生产可以套用通用硅酸盐水泥的工艺和设备，但不能照搬照抄，必须根据自身特点处理好每一个生产环节。普通硫铝酸盐水泥生产的主要特点是：

（1）物料成分独特；

（2）生产量较小；

（3）主要原料的易磨性相差很大；

（4）均匀性要求高；

（5）影响产品质量的因素较多。

因此，普通硫铝酸盐水泥的生产理念与通用硅酸盐水泥相比，应当更加精细、更加严格、更加专业化。

普通硫铝酸盐水泥的原料、半成品和成品等物料的化学成分与硅酸盐水泥和铝酸盐水泥相比有很大差别。为防止物料混杂而造成生产事故，普通硫铝酸盐水泥必须在单独的专用生产线和专用厂区进行生产。

普通硫铝酸盐水泥生产方法有湿法回转窑和干法回转窑两种。

日本太平洋水泥公司利用被淘汰的小型湿法回转窑成功生产了普通硫铝酸盐水泥。湿法生产的优点是可用较简单的工艺流程制备出成分均匀的生料，在此基础上生产出高质量的熟料。然而，其致命缺点是热耗较高，在通用硅酸盐水泥生产中早已被淘汰。不过，在利用废旧设备的条件下，采用湿法生产小批量的价值较高的特种水泥也是可以允许的一种选择。

我国普通硫铝酸盐水泥企业都采用干法回转窑生产方法，包括中空回转窑干法、立筒预热器干法、旋风预热器窑干法和预分解窑新型方法。生产实践证明，预分解窑新型干法能生产出高质量的、受欢迎的普通硫铝酸盐水泥，应当是组织硫铝酸盐水泥企业技术改造的方向。

预分解窑新型干法不仅有创新的烧成技术，同时也包括先进的生料制备和水泥制成技术。硫铝酸盐水泥生产应当根据自身特点，在通用硅酸盐水泥的新型干法的基础上作进一步修正、补充和选择。

5. 生料制备

普通硫铝酸盐水泥生产的原料包括矾土、石灰石和石膏（或硬石膏）三种，其一般性配比示于表10-7。

表10-7　原料配比

生料名称	原料/$w\%$		
普通硫铝酸盐水泥	石灰石	矾土	石膏
	45	35	20
通用硅酸盐水泥	石灰石	硅铝原料	铁粉
	75	20	5

从表10-7中可看出，普通硫铝酸盐水泥原料混合物与通用硅酸盐水泥原料混合物的区别在于矾土的质量分数约为35%、石灰石的质量分数仅为45%，还含有质量分数为20%的石膏，矾土和石膏的配比较大。

生料制备就是将上述配比的原料制成规定细度、规定成分和成分均匀的生料。因此，普通硫铝酸盐水泥的生料制备应当是一个系统，总的功能是均化、粉碎和成分调配，缺一不可，并且均化自始至终贯穿在整个系统中，生料制备系统流程如下：

采购→堆存→破碎→预均化→自动配料→粉磨→均化→储存

（1）采购。普通硫铝酸盐水泥企业规模小，不设自备矿山，所用原料都在市场采购。为从源头就能控制原料成分，应设法定点采购。尤其是矾土原料，不同矿区的成分差别大。应选定矿区，与其签订长期购买合同，为全系统的均化和生料成分稳定创造前提条件。

（2）堆存。这是一个生产环节，起着储存和预均化作用，市场采购的原料进厂后分别运入固定堆场。横向分层堆放，纵向切割取料，进行流程中第一次均化。堆场应科学设计，尤其物流通道要合理，容量能满足储存期要求，保证正确配料和连续生产。

（3）破碎。一般情况下，矾土的布氏硬度比石灰石高1倍。在普通硫铝酸盐水泥生料制备中要解决好矾土的破碎问题。根据生产实践经验，石灰石和石膏可采用一级破碎，矾土则须二级破碎。在工厂中，一级破碎设备用颚式破碎机，出口粒度控制在小于100mm，二级破碎设备用圆锥式破碎机或细碎式颚式破碎机，出口粒度控制在小于20mm。

（4）预均化。长期的生产和使用实践说明，普通硫铝酸盐水泥的质量稳定性非常重要，是研究开发成败的关键之一。为稳定产品质量，首先要从提高生料的均匀性着手，在生料制备中必须采取原料均化措施。设预均化堆场是生料制备过程中实现原料均化的重要一环。预均化堆场按形状分圆形和矩形两种；按堆料方式分人字形堆料、波浪形堆料、水平层堆料、倾斜层堆料和圆锥形堆料五种；按取料方式分为端面取料、侧面取料和底部取料三种。不同类型的预均化设施和不同堆、取料方式都有相应的堆、取料设备。各企业根据自身条件选取不同的预均化设施和不同的堆、取料方式。预均化堆场的均化效果比较好，均化系数可达5～10，在生料均化链中能负担总均化量的30%～40%。

（5）自动配料。为控制生料化学成分和均匀性，必须设置自动配料回路，示于图10-1。

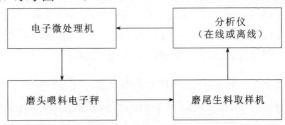

图10-1 生料制备自动配料回路

在该回路中，磨尾生料自动取得平均瞬时样品，分析仪测出瞬时样的化学成分数据，微处理机对生料成分进行处理，磨头喂料电子秤根据微处理机的信号自动调整各物料的喂料量，从而完成一个循环的调控。自动配料的出磨生料合格率一般大于70%。

（6）粉磨。生产实践表明，采用如图10-2所示的中卸原料粉磨兼烘干的闭路系统，制备普通硫铝酸盐水泥生料是较好选择。

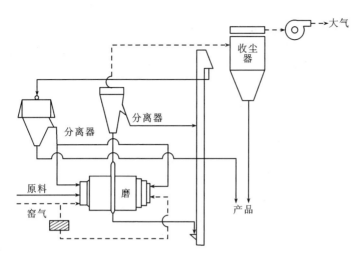

图 10-2 中卸原料粉磨兼烘干的闭路系统

普通硫铝酸盐水泥原料混合物的突出特点是所含三种原料的硬度相差较大。这是选择粉磨系统的主要根据。采用开流粉磨系统时，会出现过细磨或粗颗粒过多等问题。过细磨使磨机产量大幅度下降，有时甚至要停机清理。粗颗粒过多则会影响下一个烧成工序。粗颗粒中多数为矾土粒子，这些粒子在煅烧过程中不能完全参与反应，因此 Al_2O_3 量不能满足形成熟料矿物的需要，从而造成熟料中有效矿物 $C_4A_3\bar{S}$ 减少并出现游离 CaO，导致熟料质量下降，严重时甚至出现不合格产品。

采用闭路系统就能避免上述问题的发生。在这种情况下，磨机细粉会及时被循环气流带走而分离出来，粗粒子会回流到磨内继续粉碎，直到磨细后被气流带到选粉机内分出。用闭路粉磨系统生产出的生料颗粒比较均匀，在煅烧过程中反应完全，能生产出高质量的熟料。

由于矾土硬度大，含量又高，普通硫铝酸盐水泥生料易磨性较差。生产统计结果表明，对同一磨机而言，与硅酸盐水泥生料比较，生产普通硫铝酸盐水泥生料产量要下降 15％～20％。在设计中选择生料粉磨系统时按产量下降 20％计算。

现代通用硅酸盐水泥生料制备中普遍采用辊压磨闭路系统。该粉磨系统的优点是电耗低、噪声小，目前在普通硫铝酸盐水泥生料中尚无应用先例。按工作原理和生料条件，辊压磨系统可能是更好的选择，值得一试。

（7）均化。普通硫铝酸盐水泥生料制备过程贯穿着一条均化链，如图 10-3 所示。

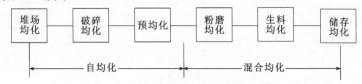

图 10-3 生料均化链

生料均化链分两个阶段，一个是原料在粉磨前各自的均化阶段，叫自均化；另一个是原料混合后自粉磨开始的均化阶段，叫混合均化。

自均化是混合均化的基础，对生产硫铝酸盐水泥生料特别重要。矾土原料成分复杂，波动大，只有在自均化阶段达到所要求的标准偏差，才能使生料在混合均化阶段达到均化要求指标。混合均化是均化链的最后阶段，必须严格把住这一关，才能生产出合格的产品。

生料均化是混合均化的重要一环，在整个均化链中担负着均化总量 40% 的任务。

普通硫铝酸盐水泥生料的均化宜采用间歇式气力均化系统。这种均化系统的优点是均化效果好，均化系数一般可达到 10~20，并且调配操作比较灵活，适合于小批量生产高质量生料。

普通硫铝酸盐水泥企业控制生料 $CaCO_3$ 滴定值和 SO_3 质量分数的波动范围应是 ±0.25，入窑生料合格率为 100%。

6. 熟料烧成

1）烧成特点。

普通硫铝酸盐水泥熟料烧成与通用硅酸盐水泥熟料相比有以下特点：

（1）液相少。硅酸盐水泥熟料主要矿物 C_3S 形成须经过出现液相和液相的重结晶两个阶段，所以熟料中一般含有 20%~30% 的液相。普通硫铝酸盐水泥熟料主要矿物 $C_4A_3\bar{S}$ 和 C_2S 都是经过固相反应形成，从理论上讲熟料中不存在液相，但由于煅烧温度、生料成分与颗粒尺寸的不均匀性，一般情况下，往往有 5% 左右的液相量。因为液相量少，普通硫铝酸盐水泥熟料高温下粘性差，冷却后堆积密度低，细小结粒多。

（2）烧成温度低。普通硫铝酸盐水泥熟料烧成温度是 1300～1400℃，这是由熟料中主要矿物 $C_4A_3\bar{S}$ 和 C_2S 形成过程确定的。C_2S 是由中间相 C_2AS 在 1250～1300℃ 分解而成，从而确定熟料烧成温度范围的下限是 1300℃。在实际生产中，鉴定熟料中间相的存在与否就可判断燃烧的进度，无中间相即表示熟料已烧成。$C_4A_3\bar{S}$ 在 1400℃ 开始分解，产生有害矿物 $C_{12}A_7$ 等影响熟料质量，从而确定烧成温度范围的上限为 1400℃，不能过高。

（3）氧化气氛的煅烧条件。为防止石膏原料分解，在普通硫铝酸盐水泥熟料煅烧过程中必须始终保持氧化气氛。所以，烧成技术必须选择回转窑技术，不能采用立窑技术。此外，对回转窑的操作也必须提出多方面要求。

（4）热耗低。与通用硅酸盐水泥熟料烧成相比，普通硫铝酸盐水泥生料中石灰石含量低 30％，烧成温度低 100℃，因此，其熟料烧成的理论热耗要低 20％～30％，烧成设备产量则提高 20％左右。

2）烧成技术

从生产实践中得出，在当前市场需求量不大的情况下，普通硫铝酸盐水泥熟料烧成宜选择日产 1000t 熟料的 Φ3.0×48m 预分解窑烧成系统，示于图 10-4。

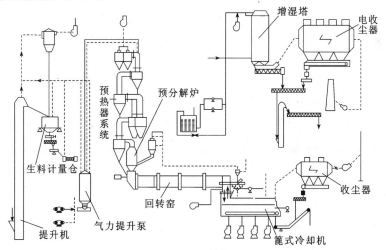

图 10-4　预分解窑系统

在该烧成系统中，生料在预分解炉内预分解，然后进入回转窑，为窑内温度保持平稳创造了有利条件。带分解炉的回转窑转速较快，每分钟 2～3 转，比其他回转窑快 2～3 倍。快转速使窑内物料大大减薄，受热更加均衡。在这样的烧成条件下，可以生产出质量均匀的熟料，这是预分解窑系统烧成普通硫铝酸盐水泥熟料的主要优势，其他烧成技术都是无法与之相比的。

普通硫铝酸盐水泥熟料虽然含细小结粒较多，在日产 1000t 熟料预分解窑系统中仍可采用篦式冷却机。与单筒冷却机相比，篦冷机可提高回转窑的二次风温度，有助煤粉燃烧，有利于窑内形成氧化气氛；还能降低出料温度，熟料出口温度可达 50～80℃，减少了热耗，提高了熟料质量。

在通用硅酸盐水泥生产中，日产 1000t 熟料预分解窑生产线，与日产 2000t 熟料和日产 5000t 熟料生产线相比，其技术经济指标差距很大，竞争力很弱，大部分已经停产。在原料条件和市场需求都许可的情况下，可利用这些停产的生产线生产普通硫铝酸盐水泥。

煅烧操作中最重要的是使窑内始终保持氧化气氛。为此，风煤要配合适当，保持一定过剩空气系数，一般掌握在 1.2～1.5 之间；煤粉质量要合格，一般掌握 0.08mm 方孔筛筛余小于 8%、w（水分）小于 1.5%，宜采用带中间仓的风扫式磨机煤粉制备系统；操作要稳定，防止结皮和堵塞现象发生，经常保持通风良好。

3）熟料质量控制。

为保证质量，在普通硫铝酸盐水泥熟料烧成中通常控制如下指标：

（1）堆积密度，应控制在 700～850g/L。

（2）熟料颜色，应呈灰色，如呈黄色或深黄色表示窑内存在还原气氛或熟料碱度系数偏低。

（3）烧失量，应控制 w（烧失量）小于 0.3%。

（4）游离氧化钙，应控制 w（f-CaO）小于 0.2%

（5）游离三氧化硫，按 w（f-SO$_3$）$=\overline{S}-0.26（A-0.64F）$公式进行控制。式中 $\overline{S}$ 是熟料中 SO$_3$ 的质量分数，A 是熟料中 Al$_2$O$_3$ 的质量分数，F 是 Fe$_2$O$_3$ 的质量分数。

（6）化学成分，按熟料化学成分校正生料成分和调整原料配比。

（7）凝结时间，熟料凝结时间应大于 20min。

（8）强度，比表面积（380±10）m²/kg 时熟料 3d 抗压强度大于 60MPa。

7. 熟料的储存和均化

储存的作用是保证均衡生产和使熟料进一步冷却，为水泥粉磨创造有利条件。均化的作用是提高熟料的均匀度，为生产高质量水泥奠定基础。在生产中宜采用装备有堆、取料机的封闭式熟料均化库。库容应是 10d 的熟料产量。普通硫铝酸盐水泥熟料单位质量体积比硅酸盐水泥熟料大 1/3，库容设计要考虑这一特点。

第四节　水　泥　制　成

1. 水泥组分

普通硫铝酸盐水泥各品种的组分列于表 10-8。

表 10-8　普通硫铝酸盐水泥组成

品　　种	组　　分
快硬硫铝酸盐水泥	1. 普通硫铝酸盐水泥熟料 2. 石膏或硬石膏 3. 石灰石或其他混合材
高强硫铝酸盐水泥	1. 普通硫铝酸盐水泥熟料 2. 石膏或硬石膏
膨胀硫铝酸盐水泥	1. 普通硫铝酸盐水泥熟料 2. 石膏
自应力硫铝酸盐水泥	1. 普通硫铝酸盐水泥熟料 2. 石膏
低碱度硫铝酸盐水泥	1. 普通硫铝酸盐水泥熟料 2. 硬石膏 3. 石灰石

表 10-8 可看到，各品种采用同一种普通硫铝酸盐水泥熟料，但采用不同种类的石膏。膨胀硫铝酸盐水泥和自应力硫铝酸盐水泥须采用石膏，低碱度硫铝酸盐水泥须采用硬石膏，其他品种则采用石膏或硬石膏。在快硬硫铝酸盐水泥和低碱度硫铝酸盐水泥中还可掺入一定量的石灰石或其他混合材。

2. 配料计算

水泥性能主要由熟料与石膏的化学反应所决定，调整石膏掺量可以制得不同品种的水泥。石膏掺量按如下公式计算：

$$C_G = 0.13 \times M \times \frac{A_c}{\bar{S}}$$

式中，C_G 为石膏与熟料的比值，设熟料为 1，可算出石膏掺入的质量分数；A_c 为熟料中 $C_4A_3\bar{S}$ 的质量分数；$\bar{S}$ 为石膏中 SO_3 的质量分数；M 为石膏提供的 SO_3 量与 $C_4A_3\bar{S}$ 矿物水化形成高铝型水化硫铝酸钙（AFt）所需 SO_3 量之比，称石膏系数。不同品种的水泥有不同的 M 值。

关于 M 值的物理化学含义，要从熟料主要矿物与石膏的化学反应来解释。水泥水化时依次发生与性能密切相关的下列两个主要反应：

$$C_4A_3\bar{S} + CaSO_4 \cdot 2H_2O + 3Ca(OH)_2 + 22H_2O \longrightarrow$$
$$2\,(C_3A \cdot CaSO_4 \cdot 12H_2O) + Al_2O_3 \cdot 3H_2O\,(gel)$$
$$C_4A_3\bar{S} + 2\,(CaSO_4 \cdot 2H_2O) + 34H_2O \longrightarrow$$
$$C_3A \cdot 3CaSO_4 \cdot 32H_2O + 2\,[Al_2O_3 \cdot 3H_2O\,(gel)]$$

从上述反应式可看出。随 M 值的增加，水泥石中主要水化产物从以低硫型水化硫铝酸钙为主，向以高硫型水化硫铝酸钙为主转变。当 $M \leqslant 1$ 时，主要水化产物为 AFm；当 $M \geqslant 2$ 时，主要水化产物为 AFt。水化产物的变化必然引起水泥石性能的变化。性能变化到一定数量级，便形成新的水泥品种。所以 M 的含义可解释为 $C_4A_3\bar{S}$ 结合石膏的量，不同水泥品种有各自的结合量，从而表现出不同的物理化学性能。

在配料计算中，为制得所需品种，必须确定相应的 M 值。实际生产的各种硫铝酸盐水泥的 M 值范围列于表 10-9。确切数据要由企业根据自身具体条件而确定。

表 10-9　配制硫铝酸盐水泥的 M 值

水泥品种	M 值	石膏种类
早强高强硫铝酸盐水泥	0～1	石膏或硬石膏
膨胀硫铝酸盐水泥	1～2	石膏
自应力硫铝酸盐水泥	2～4	石膏
低碱度硫铝酸盐水泥	2.5～3.0	硬石膏

企业确定水泥配比时，首先进行配料计算，然后选择若干个配比作小磨试样的强度与膨胀曲线，根据曲线特点选择若干个石膏与熟料的配比，再进行小磨试验，验证上一次小磨试验的准确性以及波动范围，在此基础上选出一个适合本厂情况的石膏与熟料的最佳配比。

确定石膏与熟料配比后再选择掺加混合材的比例，主要通过凝结时间、强度和抗渗试验来确定混合材的掺量。

3. 水泥粉磨

在日产 1000t 熟料预分解窑新型干法生产线上宜配置示于图 10-5 的辊压磨预粉磨系统或示于图 10-6 的辊压磨半终粉磨系统。

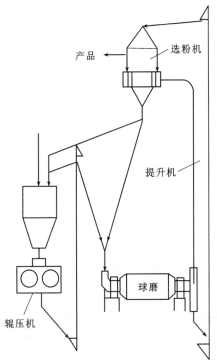

图 10-5　辊压磨预粉磨系统

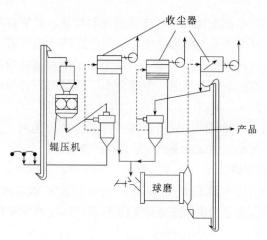

图 10-6　辊压磨半终粉磨系统

这两个粉磨系统的优势是：节省电耗，与开流管磨系统比较能节电 30%；非常适合普通硫铝酸盐水泥各品种细度高的要求。系统的选粉机采用 O-Sepa 高效选粉机。辊压机和高效选粉机在硅酸盐水泥生产中已普遍推广。

4. 水泥均化

普通硫铝酸盐水泥生产中，石膏（或硬石膏）和混合材对水泥性能影响很大，除粉磨过程的均化外，必须单独设立水泥均化工序，才能确保水泥质量。

均化方法采用间歇式气力均化库。一般设两个均化库，一个进料，另一个搅拌和出料，出库水泥进入储存库待装。这种均化库流程简单，均化效果好，能满足普通硫铝酸盐水泥的均化要求。

5. 水泥质量控制

普通硫铝酸盐水泥质量控制主要包括如下几个方面：

（1）水泥温度

配制普通硫铝酸盐水泥的特点之一是石膏掺入量较多。在这里，石膏不是调凝剂，而是参加反应的主要组分，起调节性能的作用。普通硫铝酸盐水泥中的快硬、膨胀和自应力水泥都是靠调节石膏的不同掺入量而制得的，其掺量的质量分数波动在 10%～40% 这样一个大范围内。

众所周知，石膏从 65℃ 开始脱水反应，到 100～140℃，该反应大大加速。脱水反应按下式进行：

$$CaSO_4 \cdot 2H_2O \underset{65℃}{\rightleftharpoons} CaSO_4 \cdot \frac{1}{2}H_2O + \frac{3}{2}H_2O$$

从上式看出，石膏在此温度下脱水后便生成半水石膏。此反应式是可逆的，半水石膏遇水后又生成二水石膏。在这里特别要指出的是，半水石膏遇水后硬化很快，凝结时间仅 5～15min。

普通硫铝酸盐水泥含有大量石膏，在高温下石膏会脱水，从而引起水泥急凝、需水量增大和强度下降，严重影响水泥质量。所以，在水泥制成时，必须严格控制磨内物料温度，一般规定不超过 80℃。为降低磨内温度，采取的措施有降低入磨熟料温度、加强磨内通风、磨体淋水和提高磨内空气湿度等。

（2）水泥细度

普通硫铝酸盐水泥比表面积根据水泥标准的要求列于表 10-10。

表 10-10 普通硫铝酸盐水泥各品种比表面积要求

水泥品种	比表面积/（m^2/kg）
快硬硫铝酸盐水泥	＞350
高强硫铝酸盐水泥	＞350
膨胀硫铝酸盐水泥	＞400
自应力硫铝酸盐水泥	＞370
低碱度硫铝酸盐水泥	＞430

出磨水泥比表面积 1h 检验 1 次，要求合格率大于 90%。

水泥细度并不是愈细愈好。例如：快硬、高强水泥细度过细会使混凝土需水量增加，坍落度损失过快，影响混凝土后期强度和施工质量。所以各厂应在表 10-10 规定的比表面积范围内，根据自己的具体情况确定出厂水泥细度。

（3）水泥组分

普通硫铝酸盐水泥组分有熟料、石膏和混合材三种。目前各厂都用石灰石作为混合材。在控制配料时，通常是控制石膏和石灰石的比例，从而使三种物料掺量保持在要求的范围内。

根据水泥中 SO_3 的质量分数来调整石膏掺量。SO_3 的质量分数用离子交换法测定。出磨水泥 1h 取样检定 1 次 SO_3 的质量分数，其波动范围控制在 $\pm0.5\%$，规定合格率 90%。

根据水泥中 $CaCO_3$ 的质量分数来调整石灰石掺量。$CaCO_3$ 的质量分数用定碳仪测定。出磨水泥 1h 取样检定 1 次。$CaCO_3$ 波动范围控制在 $\pm0.5\%$，规定合格率是 100%。

在普通硫铝酸盐水泥生产线上，采用自动配料回路，可大大减小水泥质量波动。

（4）出磨水泥的物理性能

在磨尾 1h 取 1 个留样，将 1d 所取 24 个留样混合均匀，取出 1d 的平均样，按标准方法做标准稠度、凝结时间、抗压强度和抗折强度等物理性能试验，根据试验结果调整水泥配比。

（5）均化水泥的物理性能

经均化后的水泥按标准进行物理性能检验，合格率应 100%。

（6）包装水泥的检验

普通硫铝酸盐水泥企业规模较小，标准规定以不超过 180t 为一个编号进行出厂例行检验。

检验结果全部符合标准内各项品质指标要求和富余标号要求的水泥才允许出厂。进行完物理性能检验的试样要封存保留 3 个月，以便出现问题时复验。

第五节　水泥水化理论

1. 水化化学

早强、高强、膨胀和自应力硫铝酸盐水泥都是由含 $C_4A_3\bar{S}$ 和 C_2S 等矿物的熟料与 $CaSO_4 \cdot 2H_2O$（石膏）或 $CaSO_4$（无水石膏）混合而成，各品种在组成上的区别仅是石膏掺量的不同而已。所以研究这些水泥的水化过程，实质上就是观察 $C_4A_3\bar{S}$-C_2S-$CaSO_4 \cdot 2H_2O$-H_2O 四元系统中所发生的化学变化。低碱硫铝酸盐水泥的组成除硫铝酸盐水泥熟料和石膏外，还掺含 $CaCO_3$ 的石灰石，所以该水泥的水化就是 $C_4A_3\bar{S}$-C_2S-$CaSO_4 \cdot 2H_2O$-$CaCO_3$-H_2O 五元系统内所发生的化学反应。

在 $C_4A_3\bar{S}$-C_2S-$CaSO_4\cdot 2H_2O$-H_2O 系统中首先发生如下两种化学反应：

$$C_4A_3\bar{S}+2(CaSO_4\cdot 2H_2O)+34H_2O\longrightarrow$$
$$C_3A\cdot 3CaSO_4\cdot 32H_2O+2(Al_2O_3\cdot 3H_2O)\ (gel)$$
$$C_2S+2H_2O\longrightarrow C\text{-}S\text{-}H\ (I)+Ca(OH)_2$$

在石膏含量充足的条件下，尤其是在 $Ca(OH)_2$ 溶液中，接着水化生成物之间发生以下反应：

$$Al_2O_3\cdot 3H_2O(gel)+3Ca(OH)_2+3(CaSO_4\cdot 2H_2O)+20H_2O\longrightarrow$$
$$C_3A\cdot 3CaSO_4\cdot 32H_2O$$

在石膏含量不足的条件下，很易发生下列反应：

$$C_4A_3\bar{S}+18H_2O\longrightarrow C_3A\cdot CaSO_4\cdot 12H_2O+2\ (Al_2O_3\cdot 3H_2O)\ (gel)$$
$$C_3A\cdot 3CaSO_4\cdot 32H_2O\longrightarrow$$
$$C_3A\cdot CaSO_4\cdot 12H_2O+2\ (CaSO_4\cdot 2H_2O)+16H_2O$$

从上述反应式可以看出普通硫铝酸盐水泥各品种，除低碱硫铝酸盐水泥外，其水化产物均为 $C_3A\cdot 3CaSO_4\cdot 32H_2O$、$C\text{-}S\text{-}H\ (I)$ 和 $Al_2O_3\cdot 3H_2O$ (gel)。在石膏不足和反应达不到平衡的条件下，还有 $C_3A\cdot CaSO_4\cdot 12H_2O$ 生成。由于水泥浆体中熟料水化反应很难达到平衡，所以在一般情况下，水泥石中除前述三种水化物外，常有少量 $C_3A\cdot CaSO_4\cdot 12H_2O$ 存在。C_2S 水化后产生的 $Ca(OH)_2$ 会与其他水化物发生二次反应，形成新的化合物，因此普通硫铝酸盐水泥水化产物中不存在 $Ca(OH)_2$ 析晶。

用电子显微镜在普通硫铝酸盐水泥石中可观察到的各种形貌的 $C_3A\cdot 3CaSO_4\cdot 32H_2O$ 分别示于图 10-7、图 10-8、图 10-9 和图 10-10。图 10-7 是细针状 $C_3A\cdot 3CaSO_4\cdot 32H_2O$；图 10-8 是粗针状 $C_3A\cdot 3CaSO_4\cdot 32H_2O$；图 10-9 是管状 $C_3A\cdot 3CaSO_4\cdot 32H_2O$；图 10-10 是发育很好的柱状 $C_3A\cdot 3CaSO_4\cdot 32H_2O$，其中六方形晶体是夹杂的少量 $C_3A\cdot CaSO_4\cdot 12H_2O$。用电子显微镜观察到的 $Al_2O_3\cdot 3H_2O$ (gel) 示于图 10-11 和图 10-12。图 10-11 是绒球状的 $Al_2O_3\cdot 3H_2O$ (gel)。图 10-12 中除球状的 $Al_2O_3\cdot 3H_2O$ (gel) 外，还有针状 $C_3A\cdot 3CaSO_4\cdot 32H_2O$。

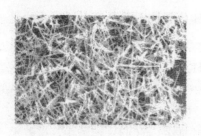

图 10-7　细针状 $C_3A \cdot 3CaSO_4 \cdot 32H_2O$

图 10-8　粗针状 $C_3A \cdot 3CaSO_4 \cdot 32H_2O$

图 10-9　管状 $C_3A \cdot 3CaSO_4 \cdot 32H_2O$

图 10-10　发育很好的柱状 $C_3A \cdot 3CaSO_4 \cdot 32H_2O$

图 10-11　绒球状 $Al_2O_3 \cdot 3H_2O$（gel）

图 10-12　球状 $Al_2O_3 \cdot 3H_2O$（gel）和针状 $C_3A \cdot 3CaSO_4 \cdot 32H_2O$

在这一系统中，水化产物种类虽然相同，但石膏掺量对不同龄期的水化产物的形成量有很大影响。图 10-13 和图 10-14 分别表示石膏掺量与 $C_3A \cdot 3CaSO_4 \cdot 32H_2O$ 和凝胶体形成量的关系。从图 10-13 可以看到，当石膏掺量（质量分数）大于 10% 以后，在 1d 水化龄期，$C_3A \cdot 3CaSO_4 \cdot 32H_2O$ 形成量近似于极限值，这个极限值与石膏掺量无关；

在 3d 和 28d 水化龄期，$C_3A \cdot 3CaSO_4 \cdot 32H_2O$ 的形成量则随石膏掺量的增大而提高。从图 10-14 看出，在 1d 龄期内，凝胶形成量在石膏掺量较少时，急剧增大；在石膏掺量（质量分数）为 $10\%\sim25\%$ 时，保持平衡；在石膏掺量增高到 25% 以上时，急剧下降。在 3d 和 28d 龄期，凝胶形成量在不掺石膏时最大，以后便随石膏掺量的增加而下降。从这里可看出，不掺石膏的纯熟料水泥，在 1d 龄期内，无论是 $C_3A \cdot 3CaSO_4 \cdot 32H_2O$ 晶体还是凝胶均很少，说明早期水化速度较慢；但到 3d 龄期，水化速度加快，只不过其水化产物是以凝胶为主。

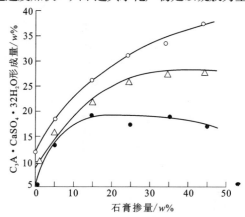

图 10-13　石膏掺量与 $C_3A \cdot 3CaSO_4 \cdot 32H_2O$ 形成量的关系
●—1d；△—3d；○—28d

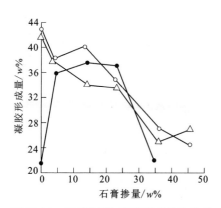

图 10-14　石膏掺量与凝胶形成量的关系
●—1d；△—3d；○—28d

石膏掺量对水化产物形成量的影响可在熟料水化程度的测定中得到证实。图 10-15 表示了石膏掺量与熟料中 $C_4A_3\bar{S}$ 水化程度的关系；图 10-16 表示了石膏掺量与熟料中 C_2S 水化程度的关系。从图 10-15 可看到，在 1d 龄期，$C_4A_3\bar{S}$ 水化程度近似一个极限，大约为 60％，这与图 10-13 所示的 $C_3A \cdot 3CaSO_4 \cdot 32H_2O$ 形成量有很好的对应性；在 3d 以后的龄期，$C_4A_3\bar{S}$ 水化程度与石膏掺量成直线关系，随石膏掺量的增加而提高，当石膏掺量（质量分数）达 45％时，$C_4A_3\bar{S}$ 水化程度可达 99％。从图 10-16 看到，当石膏掺量（质量分数）小于或等于 15％时，C_2S 参加水化的较少；当石膏掺量（质量分数）大于 15％时，C_2S 明显地已被激化，水化加速。从图中可以清楚地看到，随石膏掺量的增加，C_2S 水化程度迅速提高，然而石膏掺量（质量分数）达 40％以上时，水化程度便达到极限值。

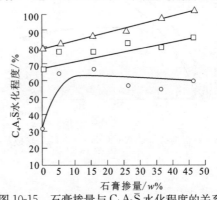

图 10-15 石膏掺量与 $C_4A_3\bar{S}$ 水化程度的关系

○—1d；□—3d；△—28d

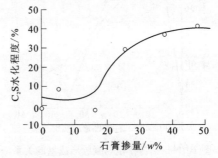

图 10-16 石膏掺量与 C_2S 水化程度的关系

石膏掺量对水泥水化过程产生的影响使普通硫铝酸盐水泥各品种具有不同的性能。在 $C_4A_3\bar{S}$-C_2S-$CaSO_4 \cdot 2H_2O$-$CaCO_3$-H_2O 系统中，除前述几种反应外，还发生如下反应：

$$3(C_4A_3\bar{S}) + 3(CaSO_4 \cdot 2H_2O) + 2CaCO_3 + 3Ca(OH)_2 + 92H_2O \longrightarrow$$
$$2C_3A \cdot 3CaSO_4 \cdot 32H_2O + 2C_3A \cdot CaCO_3 \cdot 11H_2O + 5(Al_2O_3 \cdot 3H_2O) \text{ (gel)}$$

上述反应式表明，低碱度硫铝酸盐水泥的水化产物中除 $C_3A \cdot 3CaSO_4 \cdot 32H_2O$、C-S-H（I）、$Al_2O_3 \cdot 3H_2O$（gel）和少量 $C_3A \cdot CaSO_4 \cdot 12H_2O$ 外，还有少量近似低碳型水化碳铝酸钙（$C_3A \cdot CaCO_3 \cdot 11H_2O$）矿物。石灰石在硅酸盐水泥中是惰性混合材，在硫铝酸盐水泥中，它能发生化学反应，形成新的化合物，成为具有一定活性的混合材。

2. 膨胀与自应力机理

1）膨胀源及膨胀机理

水泥膨胀的动力主要来源于硬化过程中膨胀相的形成。按膨胀相的不同，膨胀类型分为以下几种：

（1）由含铝酸钙矿物与含硫酸盐类物质水化反应生成高硫型水化硫铝酸钙时产生的体积膨胀称为水化硫铝酸钙型膨胀；

（2）轻度过烧 CaO 在水泥硬化过程中遇水形成 $Ca(OH)_2$ 而使水泥石发生的体积膨胀称为氢氧化钙型膨胀；

（3）经 $800 \sim 900\ ℃$ 灼烧的菱镁矿或白云石中的 MgO 与水作用形成 $Mg(OH)_2$ 时造成水泥石的体积膨胀称为氢氧化镁型膨胀；

（4）在水泥硬化过程中金属铁与氧化剂作用而产生的膨胀称为氧化铁型膨胀；

（5）金属铝与水泥水化时析出的 $Ca(OH)_2$ 发生作用放出氢气而引起水泥石的体积膨胀称为氢气型膨胀。

目前，工程中使用最广、用量最大的膨胀水泥的膨胀类型属高硫型水化硫铝酸钙型。由于其膨胀值大，所以自应力水泥的膨胀源也都属该类型。

普通硫铝酸盐水泥的膨胀源是高硫型水化硫铝酸钙。主要矿物 $C_4A_3\bar{S}$，在石膏存在条件下遇水后生成 $C_3A \cdot 3CaSO_4 \cdot 32H_2O$，同时使水泥浆体中的固相体积膨胀，其膨胀量可按下式计算：

$$C_4A_3\bar{S}+2\,(CaSO_4 \cdot 2H_2O)\,+34H_2O \longrightarrow$$

摩尔质量/（g/mol）　610　　　　344

密度/（g/cm³）　　2.60　　　　2.32

摩尔体积/（cm³/mol）235　　　　148

$$C_3A \cdot 3CaSO_4 \cdot 32H_2O+2\,(Al_2O_3 \cdot 3H_2O)$$

摩尔质量/（g/mol）　1255　　　　　　　312

密度/（g/cm³）　　1.73　　　　　　　2.40

摩尔体积/（cm³/mol）725　　　　　　　130

$$\Delta V=\frac{(725+130)\,-\,(235+148)}{235+148}\times100\%=123\%$$

从上述计算式可以得出，普通硫铝酸盐水泥水化过程中主要矿物 $C_4A_3\bar{S}$ 形成 $C_3A \cdot 3CaSO_4 \cdot 32H_2O$ 和 $Al_2O_3 \cdot 3H_2O$ 时固相体积要增大123%。

据计算，铝酸盐水泥浆体中主要矿物 CA 形成 $C_3A \cdot 3CaSO_4 \cdot 32H_2O$ 时的固相体积变化为124%。这说明硫铝酸盐水泥主要矿物 $C_4A_3\bar{S}$ 在水化过程中可能产生的固相体积膨胀量接近铝酸盐水泥中的 CA 矿物产生的固相体积膨胀量。

在实验室和实际生产中，普通硫铝酸盐水泥的膨胀量用自由膨胀率来表示，按行业标准 JC/T 313—2009《膨胀水泥膨胀率试验方法》进行测定。自由膨胀率的计算公式如下：

$$E_x=\frac{L_x-L_1}{250}\times100$$

式中，E_x 为试体某龄期自由膨胀率/%；L_1 为试体初始长度读数/mm；L_x 为试体某龄期长度读数/mm。

2）自应力原理

在配置钢筋的混凝土中，水泥石体积膨胀时带动钢筋同时张拉，在弹性变形范围内的被拉伸的钢筋压缩混凝土使混凝土产生压应力，从而提高其抗拉和抗折强度。靠水泥石自身膨胀而产生的混凝土压应力，人们通常称之为自应力。由于水泥石膨胀是矿物与水发生化学反应的结果，所以自应力又称化学预应力。用硫铝酸盐水泥制作的钢筋混凝土中，$C_4A_3\bar{S}$ 和石膏遇水后发生化学反应，使水泥石体积膨胀，同时拉伸钢筋，于是钢筋对混凝土产生压应力，这就是硫铝酸盐水泥在钢筋混凝土中产生自应力的基本原理。

自应力根据限制膨胀率计算而得，其计算公式如下：

$$\sigma = u \cdot E \cdot \varepsilon_2$$

式中，σ 为所测龄期的自应力值/MPa；u 为配筋率，取 1.24%；E 为钢筋弹性模量，取 1.96×10^5 MPa；ε_2 为所测龄期的限制膨胀率/%。

限制膨胀率按行业标准 JC/T 453—2004《自应力水泥物理检验方法》测定，试体在限制条件下的膨胀率按下式计算：

$$\varepsilon_2 = \frac{l_2 - l_1}{l} \times 100$$

式中，l_2 为所测龄期的限制膨胀试体测量值/mm；l_1 为脱模后限制膨胀试体测量值/mm；l 为限制膨胀试体原始净长（153mm）。

混凝土膨胀量是由水泥石膨胀和强度相互协调发展的结果，如果强度发展过慢，不足以抑制过量膨胀，就会造成试体强度倒缩，甚至开裂；如果强度发展过快，抑制了膨胀的发展，混凝土最终就得不到应有的膨胀量，也得不到相应的自应力值。

第六节　快硬硫铝酸盐水泥和高强硫铝酸盐水泥

在水泥生产和水化理论之后，从第六节开始叙述普通硫铝酸盐水泥的各种性能和应用，本节是快硬硫铝酸盐水泥和高强硫铝酸盐水泥的性能和应用。

1. 水泥强度

通过与硅酸盐水泥和铝酸盐水泥的比较来观察快硬硫铝酸盐水泥和高强硫铝酸盐水泥的强度特征。为便于比较，列出同一时期各品种标准中的水泥强度指标。快硬硅酸盐水泥国家标准 GB 199—90 中所列强度指标示于表 10-11；快硬高强铝酸盐水泥行业标准 JC 416—91 中所列强度指标示于表 10-12；快硬硫铝酸盐水泥行业标准 JC 714—1996 中所列强度指标示于表 10-13；在企业生产规范中高强硫铝酸盐水泥的强度指标示于表 10-14。

表 10-11　快硬硅酸盐水泥强度指标（MPa）

标号	抗压强度			抗折强度		
	1d	3d	28d	1d	3d	28d
325	15.0	32.5	52.5	3.5	5.0	7.2
375	17.0	37.5	57.5	4.0	6.0	7.6
425	19.0	42.5	62.5	4.5	6.4	8.0

表 10-12　快硬高强铝酸盐水泥强度指标（MPa）

标号	抗压强度		抗折强度	
	1d	28d	1d	28d
625	35.0	62.5	5.5	7.8
725	40.0	72.5	6.0	8.6
825	45.0	82.5	6.5	9.4
925	47.5	92.5	6.7	10.2

表 10-13　快硬硫铝酸盐水泥强度指标（MPa）

标号	抗压强度			抗折强度		
	1d	3d	28d	1d	3d	28d
425	34.5	42.5	48.0	6.5	7.0	7.5
525	44.0	52.5	58.0	7.0	7.5	8.0
625	52.5	62.5	68.0	7.5	8.0	8.5
725	59.0	72.5	78.0	8.0	8.5	9.0

表 10-14　高强硫铝酸盐水泥强度指标（MPa）

标号	抗压强度			抗折强度		
	1d	3d	28d	1d	3d	28d
825	60.0	75.0	82.5	8.5	9.0	9.5
925	65.0	80.0	92.5	9.0	9.5	10.0

　　对比表 10-13 与表 10-11 可以看出，快硬硫铝酸盐水泥的最高标号是 725，而快硬硅酸盐水泥最高标号为 425，这说明目前企业生产的各种快硬水泥中，快硬硫铝酸盐水泥的早强性能要比快硬硅酸盐水泥高出三个标号。就同一标号的快硬水泥来比较，425 号快硬硅酸盐水泥 1d 抗压强度为 19.0MPa，而 425 号快硬硫铝酸盐水泥的 1d 抗压强度为 34.5MPa，比快硬硅酸盐水泥要高出 15.5MPa，即高出 81.6%。

　　上述情况说明快硬型硫铝酸盐水泥，无论在 1d 强度还是 3d 强度方面，都要比快硬硅酸盐水泥高很多。

　　对比表 10-13 与表 10-12 可得出，625 号快硬硫铝酸盐水泥的 1d 标准强度比同标号的快硬高强铝酸盐水泥要高出 17.5MPa，即高出 49.5%，比最高标号 925 号快硬高强铝酸盐水泥还要高出 5.0MPa。这表明，快硬型硫铝酸盐水泥的早强性能不仅大大优于快硬硅酸盐水泥，即使与快硬高强铝酸盐水泥相比也要好得多。

　　从表 10-11 与表 10-13 的对比中还可看到，快硬型硫铝酸盐水泥的后期强度比同标号的快硬硅酸盐水泥低，这说明其后期强度发展较慢。

　　从表 10-14 可以看出，高强型硫铝酸盐水泥生产规范中有 825 和 925 标号的产品，这说明高强硫铝酸盐水泥后期强度完全可以达到比硅酸盐水泥更高的水平。对比表 10-12 与表 10-14 可得出，高强硫铝酸盐水泥的 1d 强度比同标号快硬高强铝酸盐水泥高。

　　通过与硅酸盐和铝酸盐水泥的比较，可以得出结论：目前世界上能大批量生产的各类水泥中，快硬硫铝酸盐水泥具有非常突出的早强特性。高强硫铝酸盐水泥具有很高的后期强度，其指标明显优于我国标准中所列的各种硅酸盐水泥，从生产规范所列指标看，则接近快硬高强铝酸盐水泥。

2. 混凝土强度

　　长期强度是水泥混凝土最为重要的基本性能指标。快硬硫铝酸盐水泥混凝土长期强度数值列于表 10-15。

表 10-15　快硬硫铝酸盐水泥混凝土长期强度

混凝土配比 *	抗压强度/MPa					
	1m	3m	6m	1a	2a	6a
1：1.33：2.81：0.42	41.5	45.0	49.0	51.9	52.3	55.1
1：1.69：3.69：0.50	36.1	38.8	41.3	43.1	45.1	46.7
1：2.30：4.58：0.62	31.8	33.3	34.4	35.4	37.9	39.8

＊混凝土配比指水泥、砂、石、水的质量比。

从表 10-15 可得出，快硬硫铝酸盐水泥混凝土，不论是高水灰比还是低水灰比混凝土，都具有良好强度指标。在长达 6 年的试验期内，各种配比的混凝土都保持逐渐增长的态势，具有稳定的长期强度。对 1978 年以来用快硬硫铝酸盐水泥施工的大量建筑物实测的结果进一步证实，快硬硫铝酸盐水泥混凝土具有可靠的长期强度。

3. 水化热

按国家标准 GB 2022—80 法测定四种水泥水化热的结果示于图 10-17。从该图可以看出，快硬硫铝酸盐水泥放热曲线所占面积比两种硅酸盐水泥都要小，说明前者的放热总量比后者少。另外还可看到，快硬硫铝酸盐水泥放热曲线放热峰位置都处在 1d 龄期内，最高峰在 12h 内，说明快硬硫铝酸盐水泥放热都集中在 1d 龄期，最高放热量则在 12h 左右。这与硅酸盐水泥有很大区别。后者放热过程要延续较长时间，即使是快硬硅酸盐水泥，最高放热量也在 12h 以后才释放。

韩国双龙公司中央研究所关于普通硫铝酸盐水泥混凝土绝热温升的测定结果示于图 10-18。从图 10-18 看到，两种普通硫铝酸盐水泥混凝土绝热温升的最高温度都比硅酸盐水泥混凝土低，达到最高温度的时间也都比硅酸盐水泥混凝土少得多。在该试验中，快硬硫铝酸盐水泥混凝土水化 8h 接近最高温度；膨胀硫铝酸盐水泥混凝土水化 12h 接近最高温度；波特兰水泥混凝土则在水化 24h 以后才接近最高温度。这些情况说明，普通硫铝酸盐水泥混凝土水化热总量比硅酸盐水泥混凝土低，并且集中在早期释放，比硅酸盐水泥混凝土早得多。

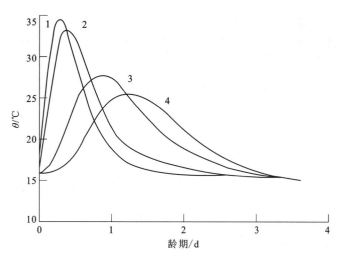

图 10-17　硫铝酸盐水泥与硅酸盐水泥的水化放热速率

1—快硬铁铝酸盐水泥；2—快硬硫铝酸盐水泥；3—普通硅酸盐水泥；4—矿渣硅酸盐水泥

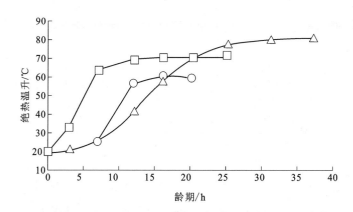

图 10-18　不同龄期普通硫铝酸盐水泥混凝土的绝热温升

□—快硬硫铝酸盐水泥混凝土；○—膨胀硫铝酸盐水泥混凝土；△—波特兰水泥混凝土

　　水化热的研究结果表明，普通硫铝酸盐水泥的水化热总量随石膏掺量的提高而降低，最大水化热释放期也相应延后。膨胀硫铝酸盐水泥混凝土的放热量比快硬硫铝酸盐水泥混凝土低，放热速率也较慢，这显然是由于前者的石膏掺量较高，水泥含量相对较低的缘故。

水泥和混凝土水化热的研究结果表明，硫铝酸盐水泥的水化放热性能与硅酸盐水泥有着明显不同，前者放热总量虽低，但放热集中在水化早期。

早期集中放热的特点，使快硬硫铝酸盐水泥成功地用于冬季施工。

4. 抗冻性

（1）幼龄混凝土抗冻性能

试件在正温下成型，立即放入－16℃低温箱受冻 7d，然后取出移入标准养护室正温养护 28d 和 60d。试验的样品有三种：通用硅酸盐水泥混凝土、快硬硫铝酸盐水泥混凝土和掺 ZB－2 防冻剂的快硬硫铝酸盐水泥混凝土。分别测定这三种混凝土的抗压强度，所得强度数值列于图 10-19。

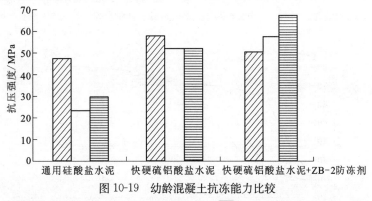

图 10-19　幼龄混凝土抗冻能力比较

▨ —标养 28d；□ — －16℃7d 后标养 28d；▤ — －16℃7d 后标养 60d

从图 10-19 可看出，通用硅酸盐水泥混凝土幼龄受冻后再在标准状态下养护，其强度要显著下降，与 28d 标养强度比较，受冻后标养 28d，其强度下降 50％；受冻后标养 60d，其强度下降近 40％。快硬硫铝酸盐水泥混凝土幼龄受冻后，其强度变化与硅酸盐水泥明显不同：与 28d 标养强度比较，受冻后标养 28d 和 60d，其强度仅下降 9％。掺抗冻剂的快硬硫铝酸盐水泥混凝土幼龄受冻后强度非但不降，反而略有提高，受冻后标养 28d 和 60d 的强度为不受冻标养 28d 强度的 108％和 128％。这些数据说明，快硬硫铝酸盐水泥混凝土，特别是掺抗冻剂的快硬硫铝酸盐水泥混凝土处于塑性状态时也不怕受冻，一旦解冻，强度照样上升，不会因受冻而下降。硫铝酸盐水泥混凝土塑性状态受冻后不损失强度的特点给冬季施工带来很大方便，具有重要的实际意义。

（2）混凝土抗冻融性能

韩国双龙公司中央研究所关于快硬硫铝酸盐水泥混凝土和膨胀硫铝酸盐水泥混凝土硬化试件抗冻融性的测定结果列于表 10-16。

表 10-16　混凝土冻融循环后抗压强度保留率（%）

品　种	冻融循环次数/次						
	0	30	60	90	150	210	270
快硬硫铝酸盐水泥	100	99.7	100.7	99.6	99.6	99.7	97.0
膨胀硫铝酸盐水泥	100	98.7	99.0	98.7	99.9	99.4	95.1
通用硅酸盐水泥	100	93.7	84.7	88.7	72.3	59.9	坏

从表 10-16 可以看出，通用硅酸盐水泥混凝土经 270 次冻融循环后已全部溃裂，无法测定其强度；快硬硫铝酸盐水泥混凝土经 270 次冻融循环后仍保持 97.0% 的强度，试件轮廓完整，毫无剥落现象。这说明硫铝酸盐水泥混凝土具有非常好的抗冻融性能。

硫铝酸盐水泥水化热在水化早期集中释放，采取塑料膜覆盖养护措施后造就了一个"自蒸养"环境，从而使水泥可用于负温下施工。硫铝酸盐水泥混凝土在可塑状态下不怕受冻，即使受冻，待解冻后强度照样发展，不会有损失。在硬化状态下，冻融循环 270 次后强度损失仅 3.0%，具有非常好的抗冻融性。在低温施工浇注大体积混凝土时，硫铝酸盐水泥既无超出热稳定温度的危险性，还能达到快硬和早强。综观上述性能特征可以作出如下结论：硫铝酸盐水泥混凝土在寒冷地区或寒冷季节推广使用时比通用硅酸盐水泥具有更多的优越性。

5. 耐腐蚀性

衡量水泥耐腐蚀性能通常都是按 GB/T 749 标准方法在试验室条件下测定水泥砂浆耐腐蚀系数（K_6）。K_6 是试件在侵蚀液中浸泡 6 个月的抗折强度与在水中养护 6 个月的抗折强度之比，比值愈高，表示耐腐蚀性能愈好。混凝土的抗腐蚀性能是按试件在各种侵蚀液中耐压强度的变化来鉴定的。

快硬硫铝酸盐水泥在各溶液中的 K_6 的数值列于表 10-17。快硬硫铝酸盐水泥与混凝土耐腐蚀性能参数由中国铁道科学研究院与中国建筑材料科学研究总院在合作研究中获得。

表 10-17　快硬硫铝酸盐水泥在各种水泥侵蚀溶液中的 K_6 值

水泥品种	侵　蚀　溶　液					
	轮台水*	若羌水*	$w=5\%$			$w(NaCl)+$ $w(MgSO_4)$ $=15\%+5\%$
			Na_2SO_4	$MgSO_4$	$NaCl$	
425 号快硬硫铝酸盐水泥	1.30	1.33	1.13	1.14	1.11	
425 号快硬硫铝酸盐水泥 +20％矿渣	1.36	1.48	1.34	1.29	1.22	1.17
425 号快硬硫铝酸盐水泥 +40％矿渣	1.54	1.41	1.18	1.51	1.11	
425 号矿渣硅酸盐水泥	0.44	0.83	0.60	坏	0.79	
525 号通用硅酸盐水泥	0.16	0.34	0.67	坏	0.82	
矾土水泥	0.79	1.02	坏	1.22	0.95	
抗硫酸盐硅酸盐水泥				0.71		0.16
低热微膨胀硅酸盐水泥	0.21	0.91	1.13	坏	0.98	0.54

* 轮台水、若羌水指新疆轮台地区、若羌地区的水。

从表 10-17 看到，快硬硫铝酸盐水泥在各种水泥中具有较高的耐腐蚀系数，其值都大于 1.0，这说明快硬硫铝酸盐水泥在这些侵蚀液中抗折强度不仅不下降，反而还稍有增长。从该表中同时可看出，快硬硫铝酸盐水泥掺入矿渣后可进一步提高 K_6，掺质量分数为 20％矿渣的快硬硫铝酸盐水泥在表中所列各水泥中具有最高的耐腐蚀系数。在 $w(NaCl)=15\%$ 和 $w(MgSO_4)=5\%$ 的复合盐溶液中，其 K_6 为 1.17，此种情况下抗硫酸盐硅酸盐水泥的 K_6 仅为 0.16，而含高量矿渣的低热微膨胀硅酸盐水泥的 K_6 也只有 0.54。从表 10-17 还可看到，矾土水泥的耐腐蚀系数比硅酸盐水泥各品种都高，说明前者的耐腐蚀性能也是比较好的。但是，与快硬硫铝酸盐水泥相比则有一定差距，其 K_6 都较低，特别是在 Na_2SO_4 溶液中试件要发生溃裂，其差则更大。表 10-17 十分有趣地表明，硅酸盐水泥除抗硫酸盐硅酸盐水泥外，其余品种在 $MgSO_4$ 溶液中都溃裂；矾土水泥则在 Na_2SO_4 溶液中溃裂；而快硬硫铝酸盐水泥不论在 $MgSO_4$ 溶液中还是在 Na_2SO_4 溶液中，非但不裂，其强度反而稍有增长，这十分清楚地显示出快硬硫铝酸盐水泥具有很好的耐硫酸盐腐蚀性能。

快硬硫铝酸盐水泥混凝土和其他四种水泥混凝土 3a 埋设现场试验结果列于表 10-18。

表 10-18　五种水泥混凝土 3a 埋设试验结果

水泥品种	清水养护强度/MPa	轮台地区			滋泥泉地区		
		强度/MPa	比值/%	外观	强度/MPa	比值/%	外观
525 号快硬硫铝酸盐水泥	57.0	54.2	95	轻微掉砂，棱角清楚	51.2	90	棱角完整
425 号快硬硫铝酸盐水泥＋40%矿渣	50.0	46.5	93	轻微掉砂，棱角清楚	48.0	96	棱角完整
525 号硅酸盐大坝水泥	63.8	26.0	41	严重露石、掉角，有的呈碎块	17.3	27	严重露石、掉角
525 号抗硫酸盐硅酸盐水泥	65.2	38.0	58	严重露石、掉角			破坏呈碎块
425 号矿渣硅酸盐水泥	48.8	34.1	70	严重露石、轻微掉角	14.8	30	严重掉角

表 10-18 所列数据表明，混凝土现场埋设试验结果与实验室试验完全一致，快硬硫铝酸盐水泥耐硫酸盐腐蚀性能比表中所列其他各种水泥都好，不仅比值高、绝对值高，而且外观的完整性也好得多。SO_4^{2-} 腐蚀性很强的埋设试验结果更为明显，两种快硬硫铝酸盐水泥的强度保留率分别达 90% 和 96%；三种硅酸盐水泥的强度保留率分别为 27%、0% 和 30%。这说明快硬硫铝酸盐水泥在硫酸盐腐蚀性很强的地区使用会显示出更大的优越性。

实验室测定 K_6 和现场埋设试验的结果都充分说明，快硬硫铝酸盐水泥可用于要求耐硫酸盐腐蚀的工程，其效果比矾土水泥和任何硅酸盐水泥都要好得多。

6. 其他性能

根据推广过程中出现的问题，对普通硫铝酸盐水泥某些性能进行了试验研究。

（1）混凝土表面"起砂"

用普通硫铝酸盐水泥配制的砂浆和混凝土，在使用过程中其表面会出现"起砂"，或叫"掉粉"的现象。这种现象的产生与水泥水化机理密切有关。普通硫铝酸盐水泥水化液相的 pH 值较低，水化产物中的水化硅酸钙是低钙型水化硅酸钙 C-S-H（I）。这种水化硅酸钙在空气中遇 CO_2 会发生碳化，形成球状方解石，导致表面"起砂"、"掉粉"的发生。这与石膏矿渣无熟料水泥等制品表面出现"起砂"是同一个原理。为减轻或避免这种现象，可在水泥硬化早期采取及时淋水养护、在表面进行若干次抹平压实等措施，以提高砂浆和混凝土的密实度。施工实践证明此种方法是有效的。

（2）钢筋锈蚀

普通硫铝酸盐水泥钢筋混凝土中的钢筋在水泥硬化早期有轻微锈蚀，但在以后的硬化和使用期内，此种锈蚀现象不再发展。对使用 10 多年的普通硫铝酸盐水泥混凝土管和建筑构件进行考察的结果证实，普通硫铝酸盐水泥遇水后只是在硬化早期使钢筋有轻微锈蚀，以后即自行停止，锈斑没有扩大。普通硫铝酸盐水泥混凝土中钢筋的锈蚀是由于在水化初期水与空气含量较多，而其水化体液相的 pH 值过低，在钢筋周围不能形成钝化膜而造成的。然而，由于普通硫铝酸盐水泥混凝土结构非常致密，水与空气不能继续进入内部，所以，随着混凝土制作过程中混入的氧气和剩余水的耗尽，钢筋锈蚀现象便不再扩展。

（3）防火性能

快硬硫铝酸盐水泥砂浆试体与硅酸盐水泥一样，在高温下灼烧时其强度会急剧下降，所不同的是：3cm×3cm×3cm 的试块经 1000℃灼烧 3d 后残留强度保持在 10.5MPa，为常温养护 28d 强度的 17%（如图 10-20 所示），试块不发生崩裂和剥落，而是变得轻质多孔但仍保留原状；将该灼烧试样再进行水中养护 14d，其强度由残留强度 10.5MPa 回升到 73.5MPa（如图 10-21 所示），比常温养护 28d 的强度还高出 10.3MPa。快硬硫铝酸盐水泥混凝土构件短暂灼烧后在表面形成具有一定强度的轻质孔层，该层起隔热防火作用，保护混凝土构件内部不再继续升温。一旦灭火，对灼烧混凝土构件用水养护，其灼烧层会恢复原来的强度。

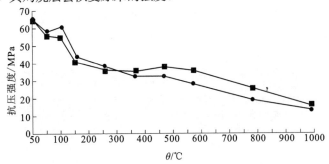

图 10-20 加热温度对水泥石强度的影响
■—加热 1d；●—加热 3d

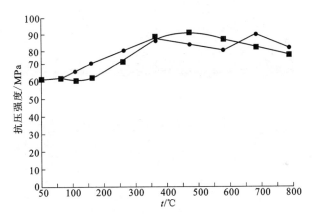

图 10-21 经不同温度加热后回水养护时水泥石强度的变化
■—回水养护 14d；●—回水养护 28d

7. 冬季施工工程的应用

快硬硫铝酸盐水泥和高强硫铝酸盐水泥主要用于冬季施工和快速施工工程。

1978 年 12 月，快硬硫铝酸盐水泥用于北京西长安街的前国家海洋局大楼冬季施工工程，取得成功，开创了硫铝酸盐水泥应用于大型工程的先例。图 10-22 为建成后的前国家海洋局大楼。此后，快硬硫铝酸盐水泥在冬季施工中得到大量推广。例如：

（1）1984 年中国南极考察站长城站在建设中用于钢框架结构的混凝土基础，图 10-23 为建成后的长城站。

（2）1991 年 11 月，黑龙江省佳木斯火车站站房工程在－20～－10℃温度条件下施工时用于独立柱、梁和混凝土基础，图 10-24 为建成后的佳木斯火车站站房。

图 10-22　前国家海洋局大楼

图 10-23　南极长城考察站

图 10-24　佳木斯火车站站房

（3）1993～1994 年沈阳长途电信枢纽工程，高 103m，22 层，面积 3 万多平方米，在冬季施工中用于混凝土框架和剪力墙。图10-25为建成投入使用的沈阳长途电信枢纽工程。

图 10-25　沈阳长途电信枢纽工程

快硬硫铝酸盐水泥冬季施工主要工程应用一览表列于表 10-19。经考察，这些工程质量良好，安全使用，未曾发现问题。

表 10-19　快硬硫铝酸盐水泥冬季施工主要工程一览表

工程名称	工程部位	工程地点	施工时间
前国家海洋局大楼	叠合梁、板、剪力墙	北京市西长安街	1978 年到 1979 年冬季
中国南极考察站长城站	钢框架结构基础	南极	1984 年 1 月
中国南极考察站中山站	钢框架结构基础	南极	1989 年 2 月
燕京饭店	混凝土框架、楼板	北京西长安街	1980 年 1 月
香山饭店	全部混凝土工程	北京西山	1982 年冬季
长城饭店	剪力墙、梁柱接点	北京市朝阳区	1982 年冬季
天津铁路枢纽改造工程	钢筋混凝土框架工程	天津市	1988 年 1 月
佳木斯火车站站房工程	独立柱、条板、基础	黑龙江省	1991 年 11 月
沈阳长途电信枢纽工程	混凝土框架、剪力墙	辽宁省	1993 年冬季
沈阳五爱市场服装城工程	地下防护连续墙	辽宁省	1994 年冬季
塘沽金元宝大厦	混凝土梁、柱、楼板	天津市	1994 年 11 月
塘沽邮政通信大楼	混凝土梁、柱、楼板	天津市	1994 年 11 月
唐山芦苇庄钢铁厂扩建工程	梁、柱、基础	河北省	2005 年 11 月

8. 快速施工工程的应用

快硬硫铝酸盐水泥的大量应用，除冬季施工外，还在快速施工工程方面。例如：

（1）北京二环路上西直门立交桥等的一些立交桥施工中用作梁、柱接点和叠合桥面。

（2）北京望京新城几座跨河桥修建中用于现场浇筑非预应力梁。

（3）1996 年北京首都机场第二航站楼建设中用于专用停车场的抢修。

（4）2009 年，为迎接国庆 60 周年，用于修缮北京天安门金水桥和扩建长安街工程。

（5）为缩短生产周期，用于非蒸养水泥混凝土制品，如屋面板、薄腹梁、方柱、柱子、电线杆和排水管等。

快硬硫铝酸盐水泥在冬季施工和快速施工中的应用都取得了显著经济效益和社会效益。

第七节　膨胀硫铝酸盐水泥和自应力硫铝酸盐水泥

1. 膨胀硫铝酸盐水泥性能与应用

1）水泥性能基本要求

ZBQ 11007—87 专业标准规定的膨胀硫铝酸盐水泥主要性能指标列于表 10-20。此表说明，该类水泥分膨胀硫铝酸盐水泥和微膨胀硫铝酸盐水泥两种。其主要区别是膨胀硫铝酸盐水泥 28d 自由膨胀率不大于 1.0%，而微膨胀硫铝酸盐水泥 28d 自由膨胀率不大于 0.5%。

表 10-20　膨胀硫铝酸盐水泥的主要性能指标

水泥品种	凝结时间/min	抗压强度/MPa			抗折强度/MPa			自由膨胀率/%	
		1d	3d	28d	1d	3d	28d	1d	28d
微膨胀硫铝酸盐水泥	初凝≥30，终凝≤180	31.4	41.2	51.5	4.9	5.9	6.9	≥0.05	≤0.50
膨胀硫铝酸盐水泥	初凝≥30，终凝≤180	27.5	39.2	51.5	4.4	5.4	6.4	≥0.10	≤1.00

2）膨胀性能

为防止开裂和提高耐久性，选取抗裂韧性好的材料是一个方面，另一方面还应查找造成开裂的因素，从而采取减轻或避免开裂的措施。在工程技术界一般都认为，结构物 80% 的开裂是由体积变形造成的，而混凝土胀缩则是产生变形的主要原因之一。所以，工程技术人员历来都非常重视对混凝土胀缩性能的研究。

微膨胀硫铝酸盐水泥砂浆的胀缩性能试验结果示于图 10-26。其试验条件为：1∶2 砂浆，水灰比 0.5，试体尺寸 25mm×25mm×

250mm，先经 7d 湿布养护，以后进行空气养护。

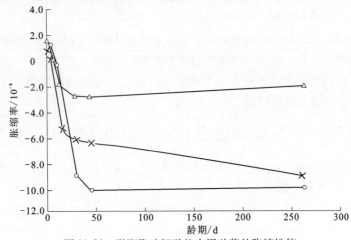

图 10-26　微膨胀硫铝酸盐水泥砂浆的胀缩性能

△—微膨胀硫铝酸盐水泥；×—快硬硫铝酸盐水泥；○—500 号普通硅酸盐水泥

从图 10-26 可明显看到，微膨胀硫铝酸盐水泥胀缩率最小，比快硬硫铝酸盐水泥低，比普通硅酸盐水泥则低得更多。

韩国双龙公司中央研究所测定的微膨胀硫铝酸盐水泥混凝土胀缩性能结果列于表 10-21。

表 10-21　微膨胀硫铝酸盐水泥混凝土的胀缩性能

水泥品种	胀缩率/10^{-4}			
	水中 7d	干空中 1d	干空中 30d	干空中 90d
微膨胀硫铝酸盐水泥	1.30	0.34	−0.66	−1.52
快硬硫铝酸盐水泥	0.8	−0.70	−1.25	−2.03
普通硅酸盐水泥	1.27	−1.09	−2.34	−3.34

表 10-21 与图 10-26 所表明的试验结果是一致的，都说明微膨胀硫铝酸盐水泥具有较小的胀缩率。例如，90d 干空养护的微膨胀硫铝酸盐水泥混凝土胀缩仅为普通硅酸盐水泥的 46%。

3）应用

膨胀硫铝酸盐水泥具有优良的胀缩性能，使其广泛应用于抗渗、防水工程。例如：

(1) 天津市建筑材料科学研究所地下实验室

该工程位于天津水上公园旁，地下水位 1m 左右，雨季更高。实验室分地下、地上共两层，其中地下实验室建筑面积为 54.34m²，室内地面标高为 -2.64～-2.59m。地下实验室为钢筋混凝土结构，外墙、底板、顶板采用 C30 级微膨胀硫铝酸盐水泥混凝土，它具有抗裂防渗功能，未采用其他防水措施。该工程于 1985 年 5 月竣工，经检验，混凝土 28d 强度达 40MPa，抗渗压力达 4MPa，均超过设计指标。20 多年来该实验室一直正常使用，效果良好。

(2) 首钢矿业公司地下通廊

1992 年，首钢矿业公司在一条长 60m、深 5m，抗渗等级为 S8 的混凝土地下通廊建设中，采用了膨胀硫铝酸盐水泥制作防水混凝土，使用至今未发现有渗漏现象，防水效果很好。

(3) 沈阳十三纬路菲菲乐园地下工程

正在施工中的菲菲乐园地下混凝土工程见图 10-27，建成投入使用的菲菲乐园见图 10-28。菲菲乐园地下工程总建筑面积 15000m²，主楼高 13 层，地下一层建筑面积 1760m²。1994 年 1 月施工，施工期间室外最低气温为 -18～-16℃。该工程地下室原设计外防水采用二毡三油，内部为有机硅砂浆抹面，后来改用微膨胀硫铝酸盐水泥混凝土刚性自防水材料。该工程采用梁板式筏形基础，底板厚 1m，设计混凝土强度等级为 C30，抗渗等级为 S8。第一次浇筑混凝土 1310m³，第二次浇筑 455m³，均一次连续浇筑完成。在大体积混凝土施工过程中，为防止内外温差过大，混凝土浇筑完毕后立即覆盖一层塑料薄膜，再在薄膜上加盖草袋等保温材料。混凝土硬化后未发生表面剥蚀现象。4 月份又采用这种水泥混凝土浇筑了地下连续墙，在这次浇筑过程中亦取消了内外柔性防水材料，经雨季考验，未发生任何渗漏现象。

图 10-27 正在施工中的菲菲乐园地下混凝土工程

图 10-28 建成投入使用的菲菲乐园

（4）沈阳金马房地产公司综合楼

该楼总建筑面积12900m²，主楼高12层，地下为多功能娱乐厅。1994年3～4月进行施工。地下筏形基础及地下连续墙均采用微膨胀硫铝酸盐水泥一次连续浇筑，混凝土抗渗压力大于1.2MPa，超过了设计等级S8的要求。沈阳金马房地产公司综合楼外貌示于图10-29。

图10-29　沈阳金马房地产公司综合楼

2. 自应力硫铝酸盐水泥性能与应用

1）水泥性能基本要求

GB 20472—2006国家标准对自应力硫铝酸盐水泥规定的技术要求。

（1）物理性能和碱含量要求指标如下：

比表面积/（m²/kg）　≥		370
凝结时间/min	初凝，≥	40
	终凝，≤	240
自由膨胀率/%　≤	7d	1.30
	28d	1.75
水泥中碱含量（NaO+0.658K₂O）/%　<		0.50
28d自应力增进率/（MPa/d）　≤		0.010

（2）自应力硫铝酸盐水泥所有自应力等级的水泥抗压强度7d不小于32.5MPa，28d不小于42.5MPa。

（3）自应力硫铝酸盐水泥各级别龄期自应力值应符合下列要求：

级别	7d	28d	
	MPa $\geqslant$	MPa $\geqslant$	MPa $\leqslant$
3.0	2.0	3.0	4.0
3.5	2.5	3.5	4.5
4.0	3.0	4.0	5.0
4.5	3.5	4.5	5.5

（4）用于制造自应力硫铝酸盐水泥的熟料，其三氧化二铝（Al_2O_3）与二氧化硅（SiO_2）的质量分数比（Al_2O_3/SiO_2）应不大于6.0。

2）性能比较

自应力硫铝酸盐水泥发明前，我国已有自应力硅酸盐水泥和自应力铝酸盐水泥。这三种自应力水泥的性能比较列于表10-22。

表 10-22　三种自应力水泥的性能比较

品　　种	自应力值/MPa	28d 自由膨胀率/%	抗压强度/MPa	膨胀稳定期/d
自应力硅酸盐水泥	2.0～3.5	1～3	35～45	7～14
自应力铝酸盐水泥	4.0～6.0	1～2	40～50	120～180
自应力硫铝酸盐水泥	3.0～5.0	0.5～1.5	45～60	28～60

从表10-22可以看到，自应力硫铝酸盐水泥性能有自己的特点。与自应力铝酸盐水泥比，自应力值较低，而膨胀稳定期大大缩短；与自应力硅酸盐水泥比，自应力值较高，膨胀稳定期较长，但28d自由膨胀率较低，而且波动范围较小。这些性能对提高制管成品率十分有利。

3）后期膨胀稳定性

包括硫铝酸盐水泥在内的各种自应力水泥混凝土的后期膨胀稳定性是人们普遍关注的重要问题。为研究这个问题，需要确立后期（或延迟）钙矾石的概念，以区别二次钙矾石。前面已经叙述过，二次钙矾石是由于升高温度而引起水化硫铝酸钙由高硫型向低硫型转变，在常温下再由低硫型向高硫型转变而成的钙矾石。后期钙矾石则是另一个概念：水泥混凝土达到设计强度后，其变形能力很小，在此情况下，水泥中剩余的未水化矿物遇到适宜外界条件而继续水化，此时形成的钙矾石称之为后期钙矾石。

自应力混凝土后期膨胀稳定性与后期钙矾石密切相关。如果混凝土中形成的后期钙矾石数量较少，仅起填充孔隙的作用，那就不会构成胀裂的危险，反而会使结构致密，促进强度增长；如果后期钙矾石形成数量较多或集中在水泥浆体与骨料的界面区，那就会产生体积膨胀，由于混凝土在硬化后期承受体积变形的能力很弱，这种体积膨胀即使在一个较小的范围内也会导致开裂。所以后期钙矾石是自应力混凝土后期膨胀稳定的决定性因素。为获得良好的后期膨胀稳定性，最关键的就是严格控制水泥中 SO_3 和 $C_4A_3\bar{S}$ 的质量分数不能过高，使自应力混凝土中不能形成过量的后期钙矾石。自应力混凝土的膨胀稳定期也就是从开始水化至达到设计需要的自应力值、强度和自由膨胀率后不再产生过量后期钙矾石的时间。

从表 10-22 中已经清楚地看到，各种自应力水泥具有不同的膨胀稳定期。综合有关资料后还会发现，膨胀稳定期的长短与水泥液相的 pH 值有关。从表 10-23 可以看出，水泥液相 pH 值愈高，膨胀稳定期愈短；反之，水泥液相 pH 值愈低，膨胀稳定期也就愈长。这是因为液相 pH 值愈高，钙矾石形成速度愈快，膨胀稳定期随之缩短；液相 pH 值低，钙矾石形成速度愈慢，膨胀稳定期也就随之延长。这些数据说明，各种自应力水泥的稳定期是由本身的水化机理所决定的。

可见，为提高自应力混凝土制品后期膨胀稳定性，要从选择水化液相 pH 值适度的水泥和控制水泥中膨胀源不能过量等两方面着手。因此，在自应力硫铝酸盐水泥国家标准 GB 20472—2006 中规定，所用熟料的质量分数比 Al_2O_3/SiO_2 应不大于 6.0。

表 10-23　水泥水化液相 pH 值与自应力水泥混凝土（1：2）膨胀稳定期的关系

水泥品种	液相 pH 值	自应力值/MPa	膨胀稳定期/d
自应力铝酸盐水泥	10.5～11.0	4.0～6.0	120～180
自应力硫铝酸盐水泥	11.0～11.5	3.0～5.0	28～60
自应力硅酸盐水泥	13.0～13.5	2.0～3.5	7～14

4）应用

20 世纪 80 年代到 90 年代，我国曾是世界上生产自应力水泥压力管最多的国家，年产 5000 多千米。当时有 80% 的水泥压力管厂使用自应力硫铝酸盐水泥进行生产。自应力硫铝酸盐水泥曾在我国得到过广泛应用。图 10-30 为工厂生产的自应力硫铝酸盐水泥压力管。

图 10-30 自应力硫铝酸盐水泥压力管

第八节 低碱度硫铝酸盐水泥（GRC 水泥）

低碱度硫铝酸盐水泥是由普通硫铝酸盐水泥熟料、硬石膏和15%～35%的石灰石共同磨制而成，专用于玻璃纤维增强水泥制品，简称 GRC 水泥。

1. 水泥基本性能要求

1997 年曾制定发布了低碱硫铝酸盐水泥行业标准 JC/T 659—1997，2003 年修订发布了行业标准 JC/T 659—2003，2006 年在行业标准基础上又制定发布了国家标准 GB 20472—2006。JC/T 659—2003 行业标准与 GB 20472—2006 国家标准，在强度等级和技术要求指标等规定都相同，与 JC/T 659—1997 行业标准比较则有少许差别。新标准由两个强度等级改为三个等级，强度检验方法由 GB 法改为 ISO 法，而某些技术要求放宽了，粉磨细度的比表面积由不小于 430m²/kg 放宽到不小于 400m²/kg；自由膨胀率由 28d 的 0%～0.10% 放宽到 0%～0.15%。

由于本节所用强度数据是按 GB 检验法进行试验而得出，为了与标准规定要求能相互对比，所以选用了行业标准 JC/T 659—1997 规范的性能指标。

低碱度硫铝酸盐水泥在 JC/T 659—1997 行业标准中规定有如下

性能指示：

（1）比表面积：不低于 430m²/kg；

（2）凝结时间：初凝不早于 25min，终凝不迟于 3h；

（3）碱度：水灰比为 1∶10 的水泥浆液 1h 的 pH 值不大于 10.5；

（4）自由膨胀率：1∶0.5 灰砂 28d 自由膨胀率在 0%～0.10%之间；

（5）强度指标：以 7d 抗压强度表示，分 425 和 525 两个标号，具体数值不低于下列指标：

标　号	抗压强度/MPa		抗折强度/MPa	
	1d	7d	1d	7d
425	32.0	42.5	4.5	6.0
525	39.0	52.5	5.0	6.5

2. 早期强度

实践证明，水泥早期强度对 GRC 制品生产非常重要，它直接影响到某些生产技术的成败和企业劳动生产率的高低。工厂大批量生产的 425 号和 525 号低碱度硫铝酸盐水泥按标准方法进行物理检验后所得抗压强度和抗折强度值，以及相应的强度与 7d 强度的比值列于表 10-24。

表 10-24　低碱度硫铝酸盐水泥强度及其增进率

425 号低碱度硫铝酸盐水泥		龄　期		
		1d	3d	7d
抗压强度	绝对值/MPa	37.2	44.1	49.5
	增进率/%	75.2	89.1	100
抗折强度	绝对值/MPa	5.3	5.9	6.5
	增进率/%	81.5	90.8	100
525 号低碱度硫铝酸盐水泥		龄　期		
		1d	3d	7d
抗压强度	绝对值/MPa	43.9	52.7	59.0
	增进率/%	74.4	89.3	100
抗折强度	绝对值/MPa	5.9	6.7	7.1
	增进率/%	83.1	94.4	100

从表 10-24 可以看到，低碱度硫铝酸盐水泥抗压强度 1d 已达
37～44MPa，为 7d 抗压强度的 74％～75％，抗折强度 1d 已达 5～
6MPa，为 7d 抗折强度的 81％~83％。这些数据说明，该水泥强度
在龄期 1d 内已大部分发挥出来，并达到较高的数值，基本保持了快
硬硫铝酸盐水泥的强度特征。由此不难得出结论：低碱度硫铝酸盐
水泥具有较好的早强性能，这对 GRC 制品生产十分有利。

3. 自由膨胀性能

用于生产 GRC 制品的水泥，其体积膨胀与制品质量密切有关。
过大的膨胀量会导致产品变形和开裂，从而降低合格率和耐久性。
低碱度硫铝酸盐水泥的自由膨胀率示于表 10-25。测试自由膨胀率的
主要条件为：灰砂比＝1：0.5，6h 脱模，20℃±3℃水中养护。

表 10-25　低碱度硫铝酸盐水泥自由膨胀率

编　号	自由膨胀率/％						
	3d	7d	14d	21d	28d	35d	42d
1	0.023	0.041	0.047	0.050	0.051	0.051	0.051
2	0.004	0.014	0.015	0.019	0.019	0.019	0.019
3	0.018	0.025	0.026	0.022	0.022	0.022	
4	0.004	0.010	0.011	0.011	0.011	0.011	0.011

我国 GRC 制品生产中，通常都采用 1：0.5 的灰砂比。一般认
为，在此条件下 GRC 混凝土自由膨胀率不超过 0.15％是安全的。从
表 10-25 可以看到，低碱度硫铝酸盐水泥在灰砂比 1：0.5 条件下
28d 自由膨胀率为 0.011％～0.051％，远比 0.15％低。从表 10-25 还
可看到，低碱度硫铝酸盐水泥自由膨胀率到 28d 就已稳定，以后不
再继续增长。这些实验数据表明，低碱度硫铝酸盐水泥自由膨胀率
较小，完全在允许的范围之内，而且膨胀稳定性较好，能在较短时
间内停止膨胀，不存在后期膨胀的危险性。

4. 胀缩性能

从技术资料中可看到，采用通用硅酸盐水泥制造的 GRC 外墙
板，由于其胀缩率大，在使用中往往容易发生翘曲、开裂以及贴于
板面的瓷片脱落等问题。为了降低胀缩率，有些研究者提出降低水

灰比和增高灰砂比等技术措施。显然，胀缩率是考察纤维水泥制品耐久性的重要参数之一。低碱度硫铝酸盐水泥砂浆的胀缩率示于表 10-26。获得表中所列数据的主要测试条件是：灰砂比取 1：2.5 和 1：0.5两种；在温度为 20℃±3℃、相对湿度为 60%±5% 的干空中养护；先在水中养护 3d，然后进入干空养护。按国家标准 GB 751—81 水泥胶砂胀缩试验方法进行检测。为简便起见，不按标准规定以 "—" 号表示，而是将 "—" 号省略。

表 10-26　低碱度硫铝酸盐水泥砂浆胀缩率

水泥品种	灰砂比	胀缩率/%							
		1d	3d	7d	14d	21d	28d	42d	56d
低碱度硫铝酸盐水泥	1：2.5	0.02	0.03	0.03	0.04	0.04	0.04	0.05	0.05
快硬硫铝酸盐水泥		0.03	0.05	0.06	0.06	0.07	0.07	0.07	0.08
低碱度硫铝酸盐水泥	1：0.5	0.03	0.04	0.05	0.05	0.06	0.06	0.06	0.07
快硬硫铝酸盐水泥		0.04	0.05	0.06	0.06	0.07	0.07	0.08	0.08

从表 10-26 可以得出以下几点：

（1）低碱度硫铝酸盐水泥砂浆的胀缩率比快硬硫铝酸盐水泥低；

（2）低碱度硫铝酸盐水泥 1：2.5 灰砂比的试件，其胀缩率比 1：0.5灰砂比的试件要低；

（3）两种灰砂比的低碱度硫铝酸盐水泥试件，其 56d 胀缩率分别为 0.05% 和 0.07%，这说明该水泥胀缩率很低。

低碱度硫铝酸盐水泥胀缩率低的特性是由其组成所决定的。低碱度硫铝酸盐水泥中含有 20% 左右的硬石膏，已属于膨胀硫铝酸盐水泥的组成范围。在本章第七节中已阐述，微膨胀硫铝酸盐水泥的胀缩率比快硬硫铝酸盐水泥要小，比普通硅酸盐水泥更小。另外，低碱度硫铝酸盐水泥中还含有 30% 左右的石灰石，这对降低胀缩率也起着重要作用。

根据自由膨胀率和胀缩率数据可以比较有把握地说，低碱度硫铝酸盐水泥用于 GRC 制品生产时不会由于本身体积变形而使产品产生耐久性问题。

5. 制品耐久性

水泥性能对 GRC 制品耐久性的影响主要表现在两个方面：一是水泥的体积变形，包括膨胀和胀缩；二是水泥对玻璃纤维的侵蚀性。抗碱玻璃纤维在低碱度硫铝酸盐水泥砂浆中的抗拉强度保留率示于图 10-31。德国海德堡（Heidelberger）水泥公司进行的低碱度硫铝酸盐水泥匹配 Cem-Fil-2 抗碱玻璃纤维的 GRC 试件老化加速试验结果列于表 10-27。

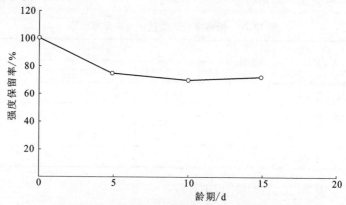

图 10-31 80℃热水条件下抗碱玻璃纤维在低碱度
硫铝酸盐水泥水化液中的强度保留率变化

表 10-27 中国低碱度硫铝酸盐水泥匹配 Cem-Fil-2
纤维的 GRC 试件老化加速试验结果

试件养护条件	抗折初裂强度		抗折极限强度		断裂延伸率	
	绝对值/MPa	相对值/%	绝对值/MPa	相对值/%	绝对值/MPa	相对值/%
热水养护前	9.96	100	35.24	100	10.27	100
80℃水中 3d	9.79	98.3	31.04	88.1	9.73	94.7
80℃水中 7d	8.33	83.6	29.43	83.5	9.52	92.7
80℃水中 14d	9.65	96.9	29.93	84.9	9.28	90.4

从图 10-31 可以看出，低碱度硫铝酸盐水泥匹配抗碱玻璃纤维的试件在 80℃ 热水养护条件下，纤维强度保留率在养护初期稍有下降，但到 5d 后即趋稳定，不再进一步下降。

表 10-27 说明，GRC 试件在 80℃ 水中养护 3d 抗折极限强度下降较快，以后趋于平稳，到 7d 已基本不降；在 80℃ 水中养护 14d 后断裂延伸率仍保持 90.4%，仅损失不到 10%。

我国的试验结果与德国 Heidelberger 公司的试验结果基本一致，都证实了用我国低碱度硫铝酸盐水泥匹配抗碱玻璃纤维后制作的 GRC 制品具有很好的耐久性。

6. GRC 水泥的应用

低碱度硫铝酸盐水泥用于制作玻璃纤维增强水泥制品。在中国，GRC 制品已获得广泛应用，目前主要有以下几个方面的产品。

（1）外墙板

外墙板有异型板和平板两种。GRC 制作异型板较其他板有着独特的优势，在这方面 GRC 现已获得广泛应用。图 10-32 为用 GRC 制作的北京亚运村五洲大酒店弧形外墙。

图 10-32　用 GRC 制作的北京亚运村五洲大酒店弧形外墙

（2）内墙板

GRC 内墙空心条板比内墙石膏板和泰柏板有较大优势，目前在我国北京、上海、大连和深圳等大城市已广泛推广使用。

（3）建筑制品

用 GRC 制作的建筑制品主要有通风道、垃圾道、盒子卫生间、电缆导管、永久性模板和管状芯模等。

（4）农用制品

GRC 农用制品现已有水渠、粮仓、沼气池、太阳能灶壳和太阳能热水器外壳、牲畜洗涤槽及饲料槽等。图 10-33 为 GRC 粮仓。

图 10-33　GRC 粮仓

（5）建筑小品

采用 GRC 制作的建筑小品现已有亭、建筑雕塑和壁画等。

第十一章　高铁硫铝酸盐水泥
（铁铝酸盐水泥）

第一节　概　　述

高铁硫铝酸盐水泥又称铁铝酸盐水泥。20 世纪 70 年代，中国建筑材料科学研究总院发明普通硫铝酸盐水泥后，水泥物化室在王燕谋的指导和支持下，进一步研究开发铁铝酸盐水泥。在研究中发现，铁铝酸盐水泥生产可利用含铝更低、含铁更高的矾土，对扩大利用低品位资源十分有利。此外，铁铝酸盐水泥性能有很多特点，如抗海水腐蚀、对钢筋的锈蚀和后期膨胀等性能方面，比普通硫铝酸盐水泥具有优势。铁铝酸盐水泥的研究开发成功是我国水泥科研工作者继普通硫铝酸盐水泥之后，取得的又一个突出创新成果，是硫铝酸盐水泥的重大发展。该项成果于 1985 年通过技术鉴定，1987 年获国家发明二等奖。

铁铝酸盐水泥的生产企业有：唐山北极熊特种水泥公司，湖南冷水滩中大特种水泥公司，山东淄博市博山联营特种水泥厂，山东曲阜中联水泥有限公司，河北邯郸市峰峰联营特种水泥厂，云南昆明市高翔特种水泥公司和广西云燕特种水泥建材公司等。在生产统计中，铁铝酸盐水泥年产量包括在硫铝酸盐水泥的总年产量中。

企业生产的铁铝酸盐水泥有四个品种，它们的标准制定情况分别为：

（1）快硬铁铝酸盐水泥，代号 R・FAC，有行业标准 JC 435—1996；

（2）膨胀铁铝酸盐水泥，代号 E・FAC，有行业标准 JC 436—91；

（3）自应力铁铝酸盐水泥，代号 S・FAC，有行业标准 JC/T 437—2010；

（4）高强铁铝酸盐水泥，代号 H・FAC，未制定行业标准，有企业规范。

硫铝酸盐水泥现行国家标准 GB 20472—2006 对熟料成分未规定铁含量，因此可解释为铁铝酸盐水泥包括在硫铝酸盐水泥之中。事实上，目前有些企业生产的硫铝酸盐水泥熟料成分属铁铝酸盐水泥熟料成分范围。

与普通硫铝酸盐水泥一样，不同品种水泥都由设定的一种铁铝酸盐水泥熟料制成。铁铝酸盐水泥与普通硫铝酸盐水泥同属一类水泥，在熟料化学、熟料生产、水泥制成、水泥化学、水泥性能和使用等方面有一定相同之处，但也存在许多不同点，为此另立本章进行叙述。

第二节　熟　料　化　学

铁铝酸盐水泥熟料化学，在石膏作用、煅烧气氛影响、矿物共存关系和矿物固熔等方面与普通硫铝酸盐水泥熟料基本一致，在熟料形成过程方面则有一定差别。

铁铝酸盐水泥熟料低于 $800\,^{\circ}\!C$ 的加热变化过程类似于普通硫铝酸盐水泥熟料，高于 $800\,^{\circ}\!C$ 的变化过程如下：

$800\sim850\,^{\circ}\!C$	$CaCO_3$ 分解形成 CaO 和 CO_2，CO_2 从废气中逸出；
$850\sim900\,^{\circ}\!C$	游离 CaO 量迅速增加，C_2AS 矿物开始形成；
$900\sim950\,^{\circ}\!C$	$C_4A_3\bar{S}$ 矿物开始形成；
$950\sim1000\,^{\circ}\!C$	$C_4A_3\bar{S}$ 和 C_2AS 矿物含量增加，游离 CaO 吸收率达 $1/2$；
$1000\sim1100\,^{\circ}\!C$	$C_4A_3\bar{S}$ 和 C_2AS 矿物明显增加，出现 $\beta\text{-}C_2S$，开始生成 C_2F，游离 CaO 吸收率达 $2/3$；
$1100\sim1150\,^{\circ}\!C$	C_2AS 矿物量开始下降，C_2S 量增加；
$1150\sim1200\,^{\circ}\!C$	C_2AS 矿物和游离 CaO 消失，出现 $C_4S_2 \cdot CaSO_4$ 矿物，$C_4A_3\bar{S}$ 矿物量接近最大值，有大量 C_6AF_2 固熔体存在；
$1200\sim1250\,^{\circ}\!C$	$C_4S_2 \cdot CaSO_4$ 已消失，分解成 $\alpha'\text{-}C_2S$ 和游离 $CaSO_4$，此时熟料矿物主要是 $C_4A_3\bar{S}$、C_2S 和 C_6AF_2，还有少量的游离 $CaSO_4$ 和 CT；
$1250\sim1350\,^{\circ}\!C$	熟料矿物基本没什么变化；

1350℃以上　　　熟料液相量增加，$C_4A_3\overline{S}$ 和 $\gamma\text{-}CaSO_4$ 开始分解，出现 $C_{12}A_7$ 等急凝矿物。

观察和分析铁铝酸盐水泥生料的加热变化过程，可以得出如下几点结论：

（1）采用工业原料制造的铁铝酸盐水泥熟料，在其形成过程中主要发生下列化学反应：

$$2CaO + Al_2O_3 + SiO_2 \xrightarrow{850 \sim 900℃} C_2AS$$

$$3CaO + 3Al_2O_3 + CaSO_4 \xrightarrow{900 \sim 950℃} C_4A_3\overline{S}$$

$$3CaO + 3C_2AS + CaSO_4 \xrightarrow{1000 \sim 1100℃} 3C_4A_3\overline{S} + 3C_2S$$

$$2CaO + SiO_2 \xrightarrow{1000 \sim 1100℃} C_2S$$

$$2CaO + Fe_2O_3 \xrightarrow{1000 \sim 1100℃} C_2F$$

$$2C_2S + CaSO_4 \xrightarrow{1150 \sim 1200℃} C_4S_2 \cdot CaSO_4$$

$$2C_2F + 2CaO + Al_2O_3 \xrightarrow{1150 \sim 1200℃} C_6AF_2$$

$$C_4S_2 \cdot CaSO_4 \xrightarrow{1200 \sim 1250℃} 2C_2S + CaSO_4$$

（2）正常条件下生产的铁铝酸盐水泥熟料，其最终矿物组分主要是 $C_4A_3\overline{S}$、C_6AF_2 和 C_2S，还有少量 $CaSO_4$，有时还有一些 MgO 和 CT。

（3）铁铝酸盐水泥熟料中各矿物的形成与普通硫铝酸盐水泥熟料的各矿物一样，也都是固相反应的结果，即使是铁相也是通过固相反应产生的。在生料加热过程中出现的少量液相，对铁相形成有一定加速作用，但大量铁相矿物都是由固相直接接触反应而成。

（4）铁铝酸盐水泥熟料中的铁相是含钙、含铁较高的 C_6AF_2，普通硫铝酸盐水泥熟料中的铁相则是 C_4AF。

（5）铁铝酸盐水泥熟料中过渡相 $C_4S_2 \cdot CaSO_4$ 在 1200～1250℃分解，生成 C_2S 和 $CaSO_4$；主要矿物 $C_4A_3\overline{S}$ 在 1350℃分解，生成 $C_{12}A_7$ 等速凝矿物。因此铁铝酸盐水泥熟料烧成温度为 1250～1350℃，比硫铝酸盐水泥熟料低 100℃。

第三节　熟料生产

铁铝酸盐水泥熟料生产与普通硫铝酸盐水泥相比有着自己的特点。

1. 熟料组成

铁铝酸盐水泥熟料的化学成分和矿物组成分别列于表 11-1 和表 11-2。

表 11-1　铁铝酸盐水泥熟料的化学成分

水泥名称	熟料化学成分/w %				
	SiO_2	Al_2O_3	Fe_2O_3	CaO	SO_3
铁铝酸盐水泥熟料	5~13	25~35	5~13	43~50	7~12
普通硫铝酸盐水泥熟料	3~13	30~38	1~3	38~45	8~15

表 11-2　铁铝酸盐水泥熟料的矿物组成

水泥名称	熟料矿物组成/w%		
铁铝酸盐水泥熟料	$C_4A_3\bar{S}$	C_2S	C_6AF_2
	33~63	14~37	15~35
普通硫铝酸盐水泥熟料	$C_4A_3\bar{S}$	C_2S	C_4AF
	55~75	8~37	3~10

从表 11-1 看出，普通硫铝酸盐水泥熟料中的 w（Fe_2O_3）限制在 1%~3%；铁铝酸盐水泥熟料中的 w（Fe_2O_3）可放宽到 5%~13%，含铁量大幅增加。

从表 11-2 看到，铁铝酸盐水泥与普通硫铝酸盐水泥熟料相比，其铁相平均含量要高出 19 个百分点，无水硫铝酸钙平均含量要低 17 个百分点。

铁铝酸盐水泥的开发成功，打破了普通硫铝酸盐水泥熟料中 w（Fe_2O_3）必须控制在 1%~3% 的束缚，为企业更大范围选择熟料组成提供了科学依据。为利用铁矾土低品位原料，现在许多企业将熟料中 w（Fe_2O_3）提高到 3% 以上，达到铁铝酸盐水泥熟料矿物组成范围。

山东某厂 2008 年生产的硫铝酸盐水泥熟料化学成分和矿物组成分别列于表 11-3 和表 11-4[21]。

表 11-3　山东某厂硫铝酸盐水泥熟料化学成分（$w\%$）

烧失量	SiO_2	Al_2O_3	Fe_2O_3	CaO	MgO	SO_3
0	8.9	26.1	9.0	43.8	0.7	9.4

表 11-4　山东某厂硫铝酸盐水泥熟料矿物组成（$w\%$）

$C_4A_3\bar{S}$	C_2S	C_6AF_2
40.5	25.6	27.3

从表 11-3 和表 11-4 可以看出，山东某厂生产的硫铝酸盐水泥熟料中 w（Fe_2O_3）达 9.0％，铁相为 27.3％，实际上属铁铝酸盐水泥熟料。

现行国家标准 GB 20472—2006 在硫铝酸盐水泥熟料技术要求中规定："硫铝酸盐水泥熟料中三氧化二铝（Al_2O_3）含量（质量分数）应不小于 30.0％，二氧化硅（SiO_2）含量（质量分数）应不大于 10.5％"。规定中并未对三氧化二铁（Fe_2O_3）含量提出要求。这说明国家标准对普通硫铝酸盐水泥与铁铝酸盐水泥的区别未作明确规定。然而，铁铝酸盐水泥与普通硫铝酸盐水泥，特别是在性能上，存在着显著差异。铁铝酸盐水泥是不同于普通硫铝酸盐水泥的一个水泥品种，现在企业生产的硫铝酸盐水泥应当区别普通硫铝酸盐水泥与铁铝酸盐水泥，做到物尽其用。

2. 原料品质要求

铁铝酸盐水泥生产对矾土原料品质的要求与普通硫铝酸盐水泥有所不同。其要求指标列于表 11-5。

表 11-5　铁铝酸盐水泥各品种对矾土品质要求指标

水泥品种	矾土成分/$w\%$			
	Al_2O_3	SiO_2	$Al_2O_3 + Fe_2O_3$	$0.658K_2O + Na_2O$
42.5 快硬铁铝酸盐水泥	＞60	＜15	＞65	
32.5 快硬铁铝酸盐水泥	＞55	＜20	＞65	＜0.5
膨胀铁铝酸盐水泥	＞55	＜20	＞65	
自应力铁铝酸盐水泥	＞55	＜20	＞65	

从表 11-5 看到，铁铝酸盐水泥生产可用二级铁矾土，进一步扩大了低品位矾土的利用范围。与普通硫铝酸盐水泥一样，矾土原料

中 w ($0.658K_2O+Na_2O$) 必须控制在小于 0.5%，以确保水泥熟料中的碱含量小于 0.7%。铁铝酸盐水泥凝结时间不易控制，降低熟料中碱含量尤为重要。

3. 配料计算

配制铁铝酸盐水泥生料采用的原料有铁矾土、石灰石和石膏等三种，也可采用矾土、铁粉、石灰石和石膏等四种。铁铝酸盐水泥生料配料计算方法通常是参照普通硫铝酸盐水泥生料配比，采用尝试误差法。普通硫铝酸盐水泥生料配比，一般波动在以下范围：矾土 $30\%\sim40\%$，石灰石 $45\%\sim50\%$，石膏 $15\%\sim20\%$。参照这个配比，先设定铁矾土、石灰石和石膏的配比，或矾土、铁粉、石灰石和石膏的配比，然后考虑到煤灰掺入因素，根据各种原料的化学成分计算出熟料的成分。如果计算出的成分与设立的成分不同，则调整配比，再行计算。如此反复调配和计算，直到计算成分与设定成分相符为止。在生产过程中，原料配比根据生料各种条件变化和水泥性能需要，尚需进一步调整。原料配比的确定要靠生产企业本身不断的技术积累。

4. 生料制备

铁铝酸盐水泥生产方法与普通硫铝酸盐水泥一样，可采用湿法和新型干法。除在特殊条件下采用湿法外，一般情况下宜采用新型干法。生料制备应采用新型干法技术，包括破碎、粉磨、预均化、均化和自动配料技术等。

铁铝酸盐水泥生料制备在破碎过程中的特点是原料铁矾土的硬度高。矾土主要矿物水硬铝石（$Al_2O_3 \cdot H_2O$）的布氏硬度为 $6.0\sim7.0$，是方解石（$CaCO_3$）和硬石膏（$CaSO_4$）的 2 倍。在矾土中，水硬铝石被胶状的含水氧化铁和硅酸盐所胶结，形成硬度很高的矿石，含铁、硅愈高，矿石硬度愈高。在生产实践中看到，铁矾土的硬度比矾土要高得多，破碎时设备部件的磨损非常快，须采取相应的技术措施。

铁铝酸盐水泥生料制备在粉磨过程中的特点是主要原料铁矾土的易磨性差。如果将硅酸盐水泥熟料的耐磨性定为 1.0，矾土的易磨性为 $0.7\sim0.8$，铁矾土则为 $0.6\sim0.7$。与普通硫铝酸盐生料比较，铁铝酸盐生料中三种原料间的易磨性相差更大。为适应原料易磨性特征，生料粉磨仍宜采用中卸磨兼烘干的闭路粉磨系统。磨机产量，与硅酸盐水泥生料相比，采用铁矾土生产铁铝酸盐水泥生料要下降25％～30％，下降幅度比普通硫铝酸盐水泥生料更大。

铁铝酸盐水泥生料制备中采用铁矿粉配料时，由三种原料扩大到四种原料，并且铁矿粉掺入量较低，因此在原料计量、喂料装置和生料均化等工序都要采取相应技术措施，以达到生料质量要求。

铁铝酸盐水泥生料质量要求：$CaCO_3$ 滴定值和 SO_3 的质量分数波动范围是±0.25，入窑生料合格率为100％。

5. 熟料烧成

铁铝酸盐水泥熟料烧成宜选择预分解窑新型干法烧成系统。烧成的特点是，烧成温度较低，为1250～1350℃，生料中含铁量提高，容易烧溶。因此，对烧成温度的控制，要非常严格，不能过低，更不能过高。

在熟料质量控制方面，铁铝酸盐水泥熟料的堆积密度是750～900g/L；熟料颜色应呈深灰色或黑色，如果呈红褐色，说明窑内呈还原气氛，要尽快调整操作参数。其他质量控制指标相同于普通硫铝酸盐水泥熟料的指标。

在铁铝酸盐水泥熟料生产线上应设置熟料均化库。出冷却机的熟料进入熟料均化库，在此均化和冷却，为水泥制成创造有利条件。

第四节 水 泥 制 成

1. 水泥组分

铁铝酸盐水泥各品种的组分列于表11-6。

表 11-6 铁铝酸盐水泥各品种的组分

快硬铁铝酸盐水泥	1. 铁铝酸盐水泥熟料 2. 石膏或硬石膏 3. 石灰石或其他混合材	膨胀铁铝酸盐水泥	1. 铁铝酸盐水泥熟料 2. 石膏
高强铁铝酸盐水泥	1. 铁铝酸盐水泥熟料 2. 石膏或硬石膏 3. 石灰石	自应力铁铝酸盐水泥	1. 铁铝酸盐水泥熟料 2. 石膏

从表 11-6 可看到，铁铝酸盐水泥各品种可采用同一种铁铝酸盐水泥熟料，但采用不同种类的石膏。膨胀铁铝酸盐水泥和自应力铁铝酸盐水泥都采用石膏（即二水石膏），快硬铁铝酸盐水泥和高强铁铝酸盐水泥采用石膏或硬石膏。在快硬铁铝酸盐水泥中可掺入一定量石灰石或其他混合材。

2. 配料计算

铁铝酸盐水泥性能主要由其熟料与石膏的化学反应所决定，调整石膏掺量可以制得不同品种的水泥。石膏掺量按如下公式计算：

$$C_G = 0.13 \times M \times \frac{A_C}{\bar{S}}$$

式中，C_G 为石膏与熟料的比值，设熟料为 1，可算出石膏掺入的质量分数；A_C 为熟料中 $C_4A_3\bar{S}$ 的质量分数；$\bar{S}$ 为石膏中 SO_3 的质量分数；M 为石膏系数，不同品种的水泥有不同的石膏系数。

为制得所需品种，必须确定相应的 M 值。实际生产的各种铁铝酸盐水泥的 M 值范围列于表 11-7。

表 11-7 配制铁铝酸盐水泥的 M 值

水泥品种	M 值	石膏种类
早强高强铁铝酸盐水泥	0～1	石膏或硬石膏
膨胀铁铝酸盐水泥	1～2	石膏
自应力铁铝酸盐水泥	2～4	石膏

按表 11-7 所列 M 值计算出的石膏配比，还须根据工厂具体条件和产品性能要求进行调整。

混合材的掺量主要通过凝结时间、强度和抗渗等试验而进行调整并确定。

3. 水泥粉磨和均化

虽然铁铝酸盐水泥熟料的易磨性较普通硫铝酸盐水泥熟料差些，但水泥粉磨都可采用辊压磨预粉磨系统或辊压磨半终粉磨系统。生产实践表明，这种粉磨系统既省电又能保证铁铝酸盐水泥和普通硫铝酸盐水泥的质量。

在铁铝酸盐水泥生产中，水泥均化也非常重要，必须设立水泥均化工序。通常采用间歇式气力均化库，对水泥进行均化，以达到水泥均化要求。

4. 水泥质量控制

铁铝酸盐水泥质量控制有以下几个方面：

（1）水泥温度。为防止石膏脱水而影响水泥质量，水泥磨内温度要控制在 80℃以下。

（2）水泥细度。铁铝酸盐水泥的比表面积，按水泥标准的要求，其数值列于表 11-8。各企业应在表 11-8 所示的指标基础上，根据自己的具体条件确定出磨水泥细度控制指标。

表 11-8　铁铝酸盐水泥比表面积要求指标

水泥品种	比表面积/（m^2/kg）
快硬高强铁铝酸盐水泥	＞350
膨胀铁铝酸盐水泥	＞400
自应力铁铝酸盐水泥	＞370

（3）水泥组分。铁铝酸盐水泥组分有熟料、石膏和混合材三种，混合材通常是石灰石。在配料时主要控制石膏和石灰石。测定水泥中的 SO_3 含量，以调整石膏的掺量；测定水泥中的 $CaCO_3$ 含量，以调整石灰石的掺量。出磨水泥 SO_3 和 $CaCO_3$ 的波动范围应控制在 $\pm 0.5\%$，合格率为 100%。

（4）出磨水泥的物理性能。取出磨水泥的平均样，测定稠度、凝结时间、抗压和抗折强度，根据试验结果调整水泥配比。

（5）均化水泥的物理性能。经均化后的水泥按标准规定以不超过 180t 为一个编号进行出厂例行检验。检验结果必须全部符合标准各项品质指标要求和富余标号要求。物理性能检验的试样要封存保留 3 个月，以便复验。

（6）包装水泥的检验。

第五节　水泥水化理论

1. 水化化学

铁铝酸盐水泥各品种都是由含 $C_4A_3\bar{S}$、铁相（$C_4AF-C_6AF_2$）和 C_2S 矿物的熟料与不同掺量的石膏混合粉磨而成，快硬和高强铁铝酸盐水泥另掺少量石灰石。所以铁铝酸盐水泥遇水后主要发生的化学反应，除普通硫铝酸盐水泥水化中发生的一系列反应外，还有如下一些反应：

$$C_6AF_2+3(CaSO_4 \cdot 2H_2O)+35H_2O \longrightarrow$$
$$C_3[xA \cdot (1-x)F] \cdot 3CaSO_4 \cdot 32H_2O+3Ca(OH)_2+$$
$$(2+2x)Fe(OH)_3(gel)+(2-2x)Al(OH)_3(gel)$$

$$C_4AF+3(CaSO_4 \cdot 2H_2O)+30H_2O \longrightarrow$$
$$C_3[xA \cdot (1-x)F] \cdot 3CaSO_4 \cdot 32H_2O+Ca(OH)_2+$$
$$2xFe(OH)_3(gel)+(2-2x)Al(OH)_3(gel)$$

$$C_4AF+CaCO_3+15H_2O \longrightarrow$$
$$C_3[xA \cdot (1-x)F] \cdot CaCO_3 \cdot 11H_2O+Ca(OH)_2+$$
$$2xFe(OH)_3(gel)+(2-2x)Al(OH)_3(gel)$$

$$C_2S+2H_2O \longrightarrow C\text{-}S\text{-}H(\text{II})+Ca(OH)_2$$

从上述反应可以看出，铁铝酸盐水泥与普通硫铝酸盐水泥相比，其水化产物有以下四个特点：

（1）铁铝酸盐水泥水化产物中的水化硅酸钙是在饱和 $Ca(OH)_2$ 条件下形成的高钙型水化硅酸钙 C-S-H（II），不同于普通硫铝酸盐水泥水化产物中的低钙型水化硅酸钙 C-S-H（I）。

（2）铁铝酸盐水泥水化物中除 $C_3(A \cdot F) \cdot 3CaSO_4 \cdot 32H_2O$、$C_3(A \cdot F) \cdot CaSO_4 \cdot 12H_2O$、C-S-H（II）和 $Al_2O_3 \cdot 3H_2O(gel)$ 外，还有一定数量的 $Fe(OH)_3(gel)$。

（3）铁铝酸盐水泥水化物中有相当数量的 $Ca(OH)_2$ 存在。水化液相测定结果表明，快硬硫铝酸盐水泥水化液相的 pH 值为11.5～12.0，而快硬铁铝酸盐水泥水化液相的 pH 值为 12.0～12.5。可见铁铝酸盐水泥水化液相碱度要比普通硫铝酸盐水泥高。

（4）铁铝酸盐水泥水化物中大量的高硫型水化硫铝酸钙 $C_3(A \cdot F) \cdot 3CaSO_4 \cdot 32H_2O$ 呈细针状，这是由于该化合物是在 CaO 的质量分数较高的液相中形成所致。

铁铝酸盐水泥水化产物的特征必然导致其性能与普通硫铝酸盐水泥有某些不同。

2.膨胀机理

铁铝酸盐水泥的膨胀源与普通硫铝酸盐水泥一样，都是高硫型水化硫铝酸钙 $C_3A \cdot 3CaSO_4 \cdot 32H_2O$。但是，这两种水泥水化时，高硫型水化硫铝酸钙的形成条件有很大区别。普通硫铝酸盐水泥熟料的主要矿物是 $C_4A_3\bar{S}$ 和 C_2S，遇水后水化产物中不存在$Ca(OH)_2$，高硫型水化硫铝酸钙是在未饱和的 $Ca(OH)_2$ 液相条件中形成。铁铝酸盐水泥熟料的主要矿物除 $C_4A_3\bar{S}$ 和 C_2S 外，还有 C_6AF_2，矿物遇水后的水化产物中存在大量 $Ca(OH)_2$，这说明高硫型水化硫铝酸钙是在饱和的 $Ca(OH)_2$ 液相中生成。研究表明，形成条件对高硫型水化硫铝酸钙的晶体形态和形成速度有很大影响。在饱和 $Ca(OH)_2$ 液相条件下，$C_4A_3\bar{S}$ 水化快，高硫型水化硫铝酸钙加速形成，晶体形态呈细针状；在不饱和 $Ca(OH)_2$ 液相条件下，高硫型水化硫铝酸钙形成慢，晶体多呈长柱状。高硫型水化硫铝酸钙晶体形态和形成速度的差别必然造成铁铝酸盐水泥和普通硫铝酸盐水泥的膨胀性能有所不同，例如，自应力铁铝酸盐水泥后期膨胀稳定期与普通硫铝酸盐水泥相比大大缩短。

铁铝酸盐水泥水化过程的另一特点是水化产物中存在大量 $Fe(OH)_3$ 凝胶。$Fe(OH)_3$ 的产生改变了水泥石孔结构和水泥石与骨料的界面状况，以及水泥石的膨胀过程。研究表明，在水泥石膨胀过程中，$Fe(OH)_3$ 凝胶发挥着衬垫作用，影响着水泥石的膨胀量和膨胀速度，可增大水泥石的密实度和抑制后期膨胀所造成的破坏。

第六节　快硬铁铝酸盐水泥（海洋水泥）
和高强铁铝酸盐水泥

在水泥生产和水化理论之后，第六节将叙述铁铝酸盐水泥各品种的性能和应用。本节先叙述快硬铁铝酸盐水泥和高强铁铝酸盐水泥，然后是其他品种的铁铝酸盐水泥。

快硬铁铝酸盐水泥具有耐海水腐蚀的突出性能，在各种水泥中最适合用于海洋工程，所以称它为海洋水泥。

1. 水泥强度

通过各种水泥的比较，观察快硬铁铝酸盐水泥和高强铁铝酸盐水泥的强度特征。为便于比较，列出同一时期的各种标准中的水泥强度指标。快硬硅酸盐水泥国家标准 GB 199—90 中所列强度指标示于表 11-9，快硬高强铝酸盐水泥行业标准 JC/T 416—91 中所列强度指标示于表 11-10，快硬铁铝酸盐水泥行业标准 JC 435—1996 中所列强度指标示于表 11-11，高强铁铝酸盐水泥企业生产规范中所列强度指标示于表 11-12。

表 11-9　快硬硅酸盐水泥强度指标

标号	抗压强度/MPa			抗折强度/MPa		
	1d	3d	28d	1d	3d	28d
325	15.0	32.5	52.5	3.5	5.0	7.2
375	17.0	37.5	57.5	4.0	6.0	7.6
425	19.0	42.5	62.5	4.5	6.4	8.0

表 11-10　快硬高强铝酸盐水泥强度指标

标号	抗压强度/MPa		抗折强度/MPa	
	1d	28d	1d	28d
625	35.0	62.5	5.5	7.8
725	40.0	72.5	6.0	8.6
825	45.0	82.5	6.5	9.4
925	47.5	92.5	6.7	10.2

表 11-11　快硬铁铝酸盐水泥强度指标

标号	抗压强度/MPa			抗折强度/MPa		
	1d	3d	28d	1d	3d	28d
425	34.5	42.5	48.0	6.5	7.0	7.5
525	44.0	52.5	58.0	7.0	7.5	8.0
625	52.5	62.5	68.0	7.5	8.0	8.5
725	59.0	72.5	78.0	8.0	8.5	9.0

表 11-12　高强铁铝酸盐水泥强度指标

标号	抗压强度/MPa			抗折强度/MPa		
	1d	3d	28d	1d	3d	28d
825	60.0	75.0	82.5	8.5	9.0	9.5
925	65.0	80.0	92.5	9.0	9.5	10.0

对比表 11-11 与表 11-9，可以看出，快硬铁铝酸盐水泥的最高标号是 725，而快硬硅酸盐水泥最高标号为 425，这说明目前企业生产的各种快硬水泥中，铁铝酸盐水泥的强度性能要比硅酸盐水泥高出三个标号。就同一标号的快硬水泥来比较，425 号快硬硅酸盐水泥 1d 抗压强度为 19.0MPa。而 425 号快硬铁铝酸盐水泥的 1d 抗压强度为 34.5MPa，比快硬硅酸盐水泥要高出 15.5MPa，即高出 81.6%。上述情况说明快硬型铁铝酸盐水泥，无论在 1d 强度还是 3d 强度方面，都要比快硬硅酸盐水泥高很多。

对比表 11-11 与表 11-10 可得出，625 号快硬铁铝酸盐水泥的 1d 标准强度比同标号的快硬高强铝酸盐水泥要高出 17.5MPa，即高出 49.5%，比最高标号 925 号快硬高强铝酸盐水泥还要高出 5.0MPa。这表明，快硬铁铝酸盐水泥的早强性能不仅大大优于快硬硅酸盐水泥，即使与快硬高强铝酸盐水泥相比也要好得多。

从表 11-11 与表 11-9 的对比中还可看到，快硬铁铝酸盐水泥的后期强度比同标号的快硬硅酸盐水泥低，这说明其后期强度发展较慢。

从表 11-12 可以看到，高强铁铝酸盐水泥生产规范中有 825 和 925 标号的产品，这说明高强铁铝酸盐水泥后期强度完全可以达到比硅酸盐水泥更高的水平。对比表 11-12 与表 11-10 可以看出，高强铁铝酸盐水泥的 1d 强度比同标号快硬高强铝酸盐水泥高。

通过与硅酸盐和铝酸盐水泥的比较，可以得出结论：目前世界上能大批量生产的各类水泥中，快硬铁铝酸盐水泥具有非常突出的早强特性，高强铁铝酸盐水泥具有很高的后期强度，其指标明显优于我国标准中所列的各种硅酸盐水泥，从生产规范所列指标看，则接近快硬高强铝酸盐水泥。

2. 影响强度的因素

（1）矿物组成的影响

铁铝酸盐水泥熟料矿物组成对强度的影响示于表 11-13。从表 11-13 所列数值可看到，C_6AF_2 的存在对提高早强有利，$C_4A_3\bar{S}$ 对提高早强和后期强度都有好处，增加 C_2S 可提高后期强度。所以，为使水泥具有理想的强度指标，必须选择合理的矿物组成。

表 11-13　铁铝酸盐水泥熟料矿物组成对强度的影响

编号	熟料矿物组成/$w\%$			抗压强度/MPa	
	C_6AF_2	$C_4A_3\bar{S}$	C_2S	1d	28d
F-14	8	63	27	53.8	61.8
F-15	16	57	25	68.2	74.9
F-16	24	52	23	59.8	67.5
F-17	32	43	23	61.3	67.7
F-18	39	37	21	47.6	57.4

注：试样为 1:1 砂浆，3cm×3cm×3cm 立方体试块。

(2) 烧成温度的影响

铁铝酸盐水泥熟料烧成温度是 1250～1350℃，在此范围内温度对强度的影响示于表 11-14。从该表可以明显看出，于 1250℃ 烧成的熟料具有较高的 6h 强度，但后期强度较低；在 1350℃ 烧成的熟料，其强度特征则相反，6h 强度很低，后期强度较高。并且，不同矿物组成的熟料都具有相同的规律性。所以，为得到 6～12h 高强度的水泥，熟料烧成温度须以 1250℃ 为下限温度控制；为制得 1d 和 1d 以后的高强度水泥，熟料烧成温度要以 1350℃ 为上限温度控制。

表 11-14　铁铝酸盐水泥熟料烧成温度对强度的影响

编号	熟料矿物组成/$w\%$			烧成温度/℃	抗压强度/MPa		
	C_6AF_2	$C_4A_3\bar{S}$	C_2S		6h	1d	28d
F-15	16	57	25	1250	6.9	52.2	57.9
				1350	0.3	68.2	74.9
F-18	39	37	21	1250	16.7	37.3	43.5
				1300	11.0	38.8	45.4
				1350	3.2	47.6	57.4

注：试样为 1:1 砂浆，3cm×3cm×3cm 立方体试块。

（3）石膏的影响

不同石膏掺量对铁铝酸盐水泥强度的影响曲线示于图 11-1。从图 11-1 可看到，不掺石膏的纯熟料水泥强度在 12h 龄期时接近于零，几乎没有强度；到 1d 龄期时强度发展依旧较慢，继续保持在一个很低的数值；然而，在 1d 以后，强度便迅速增高，到 3d 龄期时竟达到 80MPa 以上；此后强度便缓慢上升，到 28d 仍保持一定的增长。掺入石膏后，水泥强度曲线便发生显著变化，正如图 11-1 所示，掺质量分数为 5％的石膏使 12h 水泥强度达到 40MPa 左右；不过，1d 以后的强度发展较慢；到 28d 龄期时接近 60MPa，与不掺石膏的水泥强度相比则低得多。掺质量分数为 10％石膏的水泥强度发展曲线与掺质量分数为 5％的基本重叠，说明在这段石膏掺量范围内，水泥强度不发生新的变化。从图 11-1 上还可有趣地看到，随着石膏掺量的提高，12h 的强度逐步下降，掺质量分数为 15％～20％时仅为 20～30MPa。12h 以后强度以较快的速度上升，到 28d 时接近石膏掺量质量分数为 5％～10％的水泥强度。

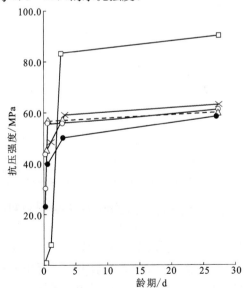

图 11-1　不同石膏掺量（质量分数）对高铁硫铝酸盐水泥强度的影响
□—石膏掺量 0％；△—石膏掺量 5％；○—石膏掺量 10％；
×—石膏掺量 15％；●—石膏掺量 20％

不同石膏掺量的水泥强度发展曲线表明，以 AFm 和铝胶为主要水化产物的纯熟料水泥，比以 AFt 和铝胶为主要水化产物的快硬型硫铝酸盐水泥，具有更好的强度性能。因此，为制得快硬铁铝酸盐水泥或高强铁铝酸盐水泥，除选择合理的矿物组成和适当的烧成温度外，还必须控制好相应的石膏掺量。图 11-1 表明，快硬型的石膏掺量质量分数范围为 5％～15％；高强型的石膏掺量质量分数范围为 0％～5％。

在不同石膏掺量对强度影响方面，普通硫铝酸盐水泥与铁铝酸盐水泥相似，高强型的要少掺石膏，快硬型的要多掺石膏。

（4）比表面积的影响

铁铝酸盐水泥比表面积对强度的影响示于表 11-15。

表 11-15　铁铝酸盐水泥比表面积对水泥强度的影响

编号	石膏掺量 /w%	比表面积 / （m^2/kg）	抗压强度* /MPa			抗折强度* /MPa		
			1d	3d	28d	1d	3d	28d
LF-17-9	15	294.8	40.9	44.2	49.3	6.7	6.1	6.7
LF-17-10	15	377.6	45.0	48.9	54.3	7.1	6.3	6.7
LF-17-11	15	507.7	53.3	55.9	59.7	8.4	7.9	7.4
LF-17-12	15	571.3	57.5	58.9	61.7	9.3	8.1	7.3

* 抗压强度、抗折强度测定采用 GB 177—77 水泥胶砂强度检验方法。

从表 11-15 可看到，水泥抗压强度随比表面积的增加而提高，无论是 1d 强度还是 28d 强度都呈这样的规律性。在这里特别要指出，在比表面积为 294.8m^2/kg 时，1d 到 3d 抗折强度倒缩，28d 时恢复；在 377.6m^2/kg 时 1d 到 3d 抗折强度倒缩，到 28d 有所恢复，但还没有恢复到 1d 强度；比表面积在 500m^2/kg 以上时，28d 抗折强度还在继续下降，尚未开始恢复，而且比表面积愈大，下降的幅度愈大。

（5）解决水泥抗折强度倒缩问题的措施

抗折强度倒缩问题是开发铁铝酸盐水泥过程中出现的重大难题之一。在水泥中掺石灰石代替部分石膏的技术措施，可以克服抗折强度倒缩的难题。

用石灰石全部取代石膏的铁铝酸盐水泥强度示于表 11-16。从该表可看出，石灰石取代石膏后，抗折强度不再倒缩；不同石灰石掺量的试体也都不倒缩；不仅早期不倒缩，而且 540d 长龄期的试体也不倒缩。这些情况说明，石灰石取代石膏是解决水泥抗折强度倒缩的有效措施。然而，从表 11-16 还可看到，石灰石全部取代石膏后，抗折强度虽然不倒缩，但早期强度下降了。

表 11-16　掺石灰石的铁铝酸盐水泥强度变化

编号	抗压强度/MPa				抗折强度/MPa			
	1d	3d	28d	540d	1d	3d	28d	540d
LF-Cα_1	8.8	61.9	68.6	71.2	2.1	7.6	7.9	8.8
LF-Cα_2	11.6	60.6	67.4	69.8	2.3	7.2	8.1	8.4
LF-Cα_3	17.3	50.0	55.7	60.0	3.2	6.2	6.3	7.7

注：表中 α_1、α_2、α_3 表示不同的石灰石掺量；强度测定采用 GB 177—77 水泥胶砂强度检验方法。

用石灰石部分取代石膏的高铁硫铝酸盐水泥强度示于表 11-17。从表 11-17 可看到，石灰石取代部分石膏的水泥，其早期强度仍保持在一个很高的水平，同时抗折强度不再倒缩。在石灰石合理掺量的条件下，水泥既快硬又高强，而且抗折强度不倒缩。

表 11-17　掺石灰石和石膏的高铁硫铝酸盐水泥强度变化

编号	抗压强度/MPa				抗折强度/MPa			
	1d	3d	28d	180d	1d	3d	28d	180d
LF-Cβ_1	58.0	77.7	85.5	87.0	7.2	8.1	9.6	9.7
LF-Cβ_2	57.9	73.0	81.7	83.0	7.6	8.3	9.0	9.5
LF-Cβ_3	49.4	65.0	75.1	77.4	6.6	8.0	8.8	

注：表中 β_1、β_2、β_3 表示不同的石灰石和石膏掺量；强度测定采用 GB 177—77 水泥胶砂强度检验方法。

现在，在快硬铁铝酸盐水泥的正常生产中，熟料内除掺石膏外，还掺有部分石灰石。

3.混凝土的力学性能

1）抗压强度

525 号快硬铁铝酸盐水泥和冀东水泥厂生产的 525 号 R 型纯硅

酸盐水泥的混凝土强度试验结果示于表 11-18，并用图 11-2 表示。从该图可明显看出，525 号快硬铁铝酸盐水泥混凝土与 525 号 R 型硅酸盐水泥混凝土相比，具有较高的早强，前者 12h 强度约为后者 12h 强度的 3.4 倍，1d 强度则为后者的 1.9 倍。此外，从图 11-2 还能看到，525 号快硬铁铝酸盐水泥混凝土强度 3d 龄期以后仍然缓慢增长，保持着比 525 号 R 型硅酸盐水泥混凝土较高的后期强度。从图 11-2 还可看到，525 号快硬铁铝酸盐水泥混凝土 1d 抗压强度可达 28d 的 60%，3d 可达 28d 的 86%，长期强度持续增长，180d 龄期的试体强度比 28d 增长 14%；而冀东水泥厂生产的 525 号 R 型硅酸盐水泥混凝土 1d 抗压强度仅为 28d 的 33%，3d 抗压强度仅为 28d 的 64%，180d 龄期强度比 28d 强度增长了 6%。分析上述两种水泥混凝土的强度发展规律可以得出，铁铝酸盐水泥混凝土不但具有高的早强性能，而且其后期强度仍然稳步增长，具有良好的强度储备，对钢筋混凝土结构非常有利。

表 11-18　快硬铁铝酸盐水泥和硅酸盐水泥的混凝土抗压强度

龄期	525 号快硬铁铝酸盐水泥/MPa			525 号 R 型硅酸盐水泥/MPa		
	实测值	平均值	与 28d 强度比	实测值	平均值	与 28d 强度比
0.5d	20.0	20.0	0.33	5.8	5.8	0.10
1d	35.2 35.7 38.2 34.7	36.0	0.60	19.8 18.7 18.2 20.1	19.2	0.33
3d	52.0 53.0 51.0 50.5	51.6	0.86	36.5 38.7 39.0 37.0	37.8	0.64
28d	60.8 59.7 60.5 60.1	60.3	1	59.7 58.0 57.0 60.1	58.7	1
180d	68.0 69.0	68.5	1.14	64.0 61.0	62.5	1.06

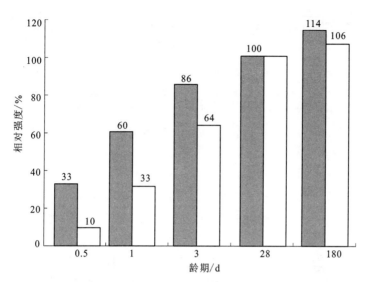

图 11-2 快硬铁铝酸盐水泥混凝土与硅酸盐水泥混凝土相对强度变化示意图
■—525 号快硬铁铝酸盐水泥混凝土；□—525 号 R 型硅酸盐水泥混凝土

2）劈拉强度和抗折强度

水泥用量为 480kg/m³、使用 1.2% 的 ZB—1 专用外加剂、水灰比为 0.335 的 525 号快硬铁铝酸盐水泥混凝土，其坍落度为 9.0cm，含气量为 1.1%，堆积密度为 2474kg/m³，初凝时间为 155min，终凝时间为 183min，其抗压强度、劈拉强度和抗折强度数值列于表11-19。从该表看到，劈拉强度和抗折强度与抗压强度一样，随龄期的延长而增长，而且强度发展规律类似，也是早期增长较快，后期增长缓慢。特别要指出的是，在这里还可看到，劈拉强度和抗折强度都没有倒缩的现象，到 1a 龄期，仍在缓慢增长。

表 11-19 快硬铁铝酸盐水泥混凝土的抗压强度、劈拉强度和抗折强度

项 目	龄 期			
	1d	3d	28d	1a
抗压强度/MPa	44.6	61.9	69.2	81.0
劈拉强度/MPa	2.85	4.24	5.38	5.74
抗折强度/MPa		7.23	8.70	8.81

3）立方体抗压强度与轴心抗压强度、劈拉强度、抗折强度之间的关系

北京市政工程研究院测定了快硬铁铝酸盐水泥混凝土的立方体抗压强度、轴心抗压强度、劈拉强度和抗折强度。根据测定结果可得出它们之间的关系。轴心抗压强度（f_c）和立方体抗压强度（f_{cu}）之比在 0.74 左右，对 10 组数据进行线性回归得到如下回归方程：

$$f_c = 0.399 + 0.729 f_{cu}$$

相关系数为 0.96。劈拉强度（f_{ts}）和立方体抗压强度（f_{cu}）之比在 0.065 左右。对 13 组数据进行线性回归得到如下回归方程：

$$f_{ts} = 0.282 + 0.060 f_{cu}$$

相关系数为 0.98。抗折强度（f_b）和立方体抗压强度（f_{cu}）之比在 0.102 左右。对 12 组数据进行线性回归得到如下回归方程：

$$f_b = 2.181 + 0.063 f_{cu}$$

相关系数为 0.953。上述方程可以作为铁铝酸盐水泥混凝土立方体抗压强度与轴心抗压强度、劈拉强度、抗折强度之间的关系式进行参考。由于进行线性回归的实验数据组数较少，所以在实践中尚需不断积累数据，对上述回归方程加以验证和修正。

4）高强度性能

近一个时期以来，国内外建筑市场上愈来愈多地提出对高性能混凝土的需求。目前，制备高性能混凝土最常用的方法是在硅酸盐水泥中掺加高效减水剂和活性超细矿物材料。为制得 C80 及其以上的高强混凝土，掺硅灰几乎成了唯一的技术手段。鉴于硅灰在我国来源稀少、价格昂贵，于是提出了用快硬铁铝酸盐水泥配制高强混凝土的课题。采用市场上能大量采购到的 525 号、625 号快硬铁铝酸盐水泥，用量范围为 460～650kg/m³，粗骨料为市场供应的一般洗净碎石，采用专用外加剂，在建筑工地条件下成功制得 C60、C70 和 C80 级高强混凝土，在实验室条件下制得 C90 和 C100 级混凝土。用 525 号快硬铁铝酸盐水泥制作高强混凝土的部分数据列于表 11-20。

表 11-20 快硬铁铝酸盐水泥高强混凝土强度

编号	水灰比	坍落度/cm	抗压强度/MPa					
			1d	3d	7d	28d	90d	360d
ZF-10	0.30			66.6		78.0		92.3
ZF-40	0.35	11.8	54.6	59.3	62.2	69.5	76.2	
ZF-41	0.31	13.5		59.1	65.9	76.4	81.0	
ZF-92	0.22	23.0		80.6	94.0	98.1		
ZF-93	0.22	20.0		75.2	89.1	101.6		
HP-4	0.25	23.7		70.9			97.0	
HP-24	0.21	23.5		73.6	81.4	98.0		
HP-25	0.22	13.0		69.5	80.1	95.6		

注：试件尺寸为 10cm×10cm×10cm。尺寸换算系数：C80 级以下取 0.92，C80 级以上取 0.91。

5）长期强度

掺外加剂的快硬铁铝酸盐水泥混凝土长期强度列于表 11-21。从该表看出，快硬铁铝酸盐水泥混凝土具有良好的长期强度，3.5a 龄期的强度仍保持较高增长率。长期实测结果同样表明，用快硬铁铝酸盐水泥混凝土施工的大型建筑物结构强度是很稳定可靠的。

表 11-21 快硬铁铝酸盐水泥高强混凝土长期强度

编号	水灰比	坍落度/cm	抗压强度/MPa			
			3d	7d	28d	3.5a
HS-15	0.25	4		82.9		122.6
HS-18	0.28	6	72.2		80.5	111.9

6）弹性模量

快硬硫铝酸盐水泥和快硬铁铝酸盐水泥混凝土的弹性模量示于表 11-22。为验证这些数据，表 11-23 中列出了北京市政工程研究院和水电科学研究院相应的测试结果。两表所列数据都比较接近。大连理工大学对快硬铁铝酸盐水泥混凝土测定的结果为：抗压强度为 80～90MPa，混凝土的弹性模量在 45GPa 左右；抗压强度为 100MPa，混凝土的弹性模量为 50GPa。广东番禺水泥制品厂现场实测快硬铁铝酸盐水泥 C80 混凝土的弹性模量在 45～57GPa 之间。从表 11-22 和表 11-23 所列数据可看出，快硬铁铝酸盐水泥混凝土弹性模量与强度同步增长，随着早期强度迅速增长，混凝土抗折变形能力也相应提高。这对预应力混凝土而言就意味着可以将开始施加预应力的时间大大提前，从而可加快模具周转、缩短工期。

表 11-22　快硬铁铝酸盐水泥混凝土弹性模量

水泥品种	水泥用量/(kg/m³)	外加剂	水灰比	轴心抗压强度/MPa			弹性模量/GPa		
				1d	3d	28d	1d	3d	28d
唐山铁铝*	450	1.2%ZB—1	0.38		417	568		31.9	35.1
唐山硫铝**	450	0.8%ZB—1	0.41		447	589		30.3	34.6
冷水滩铁铝***	480	1.0%ZB—3	0.37	430	460	526	34.2	35.6	37.8

* 唐山铁铝指唐山市联营特种水泥厂生产的快硬铁铝酸盐水泥；
** 唐山硫铝指唐山市联营特种水泥厂生产的快硬硫铝酸盐水泥；
*** 冷水滩铁铝指湖南冷水滩联营特种水泥厂生产的快硬铁铝酸盐水泥。

表 11-23　快硬铁铝酸盐水泥混凝土弹性模量

水泥品种	水泥用量/(kg/m³)	外加剂	水灰比	轴心抗压强度/MPa			弹性模量/GPa			数据来源
				1d	3d	28d	1d	3d	28d	
唐山铁铝	500	1.0%ZB—1	0.34	416	570	650	32.2	35.6	37.8	北京市政研究院
唐山硫铝	480	1.2%ZB—1	0.40		541			32.1		水电科学研究院
冷水滩铁铝	480	1.5%ZB—1	0.30		770	836		35.7	37.6	

7）钢筋粘结力

快硬铁铝酸盐水泥混凝土与钢筋的 3d 粘结强度可达到 7.12MPa。这说明混凝土对钢筋的握裹力比较强，在养护早期就具备比较高的粘结强度。

8）应力与应变

北京市政工程研究院使用目前较先进的闭环电液伺服试验机对快硬铁铝酸盐水泥混凝土应力与应变的关系进行了检测，所得不同龄期试件的 4 条应力-应变全曲线示于图 11-3。

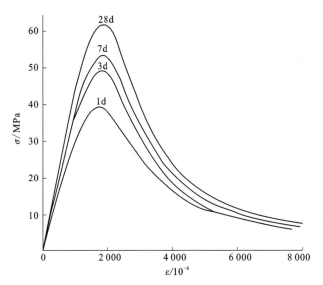

图 11-3　快硬铁铝酸盐水泥混凝土应力-应变全曲线

从图 11-3 可看出以下规律：随着龄期延长，曲线上升段和下降段均越来越陡，并且线性化愈加明显；混凝土应变峰值随龄期的发展而提高。全部实测数据列于表 11-24 中。

表 11-24　快硬铁铝酸盐水泥混凝土应力-应变全曲线实测数据

龄期 /d	试件 编号	立方 体抗 压强 度 f_{cu}/ MPa	最大 应力 σ_p/MPa	峰值 应变 ε_p/10^{-6}	弹性 模量 E/GPa	最大下 降模量 /GPa	反弯点		应变 速度/ (10^{-6}· s^{-1})	破坏 面斜 角	破坏 形态
							$\varepsilon/\varepsilon_p$	σ/σ_p			
1	LT10101	60.4	39.6	1812	30.8	12.8	1.57	0.67	≤3.3	71.5	劈裂
	LT10102	56.5	40.5	1805	32.4	13.1	1.59	0.687	≤3.3	67.5	劈裂
	LT10103	57.0	36.0	1721	32.3	11.5	1.61	0.68	≤3.3	65.0	劈裂
	平均	58.0	38.7	1779	31.8	12.5	1.59	0.679			
3	LT10301	65.2	47.2	1919	34.0	16.4	1.45	0.75	≤3.3	71.5	劈裂
	LT10302	62.3	45.6	1862	38.2	16.2	1.47	0.74	≤3.3	67.5	劈裂
	LT10303	65.8	49.9	1945	34.6	17.2	1.50	0.709	≤3.3	65.0	劈裂
	平均	64.4	47.6	1909	35.6	16.6	1.47	0.733			
7	LT10701	70.6	53.6	2022	38.3	21.2	1.43	0.68	≤3.3	71.5	劈裂
	LT10702	68.0	47.0	1890	39.8	18.0	1.45	0.72	≤3.3	67.5	劈裂
	LT10703	72.1	55.8	2005	38.2	23.3	1.42	0.74	≤3.3	65.0	劈裂
	平均	70.2	52.1	1972	38.8	20.8	1.43	0.71			

续表

龄期/d	试件编号	立方体抗压强度 f_{cu}/MPa	最大应力 σ_p/MPa	峰值应变 ε_p/10^{-6}	弹性模量 E/GPa	最大下降模量/GPa	反弯点 $\varepsilon/\varepsilon_p$	反弯点 σ/σ_p	应变速度/($10^{-6} \cdot s^{-1}$)	破坏面斜角	破坏形态
28	LT12801	79.0	54.0	2033	39.8	24.8	1.316	0.782	≤3.3	71.5	劈裂
	LT12802	85.0	61.8	2010	38.6	25.2	1.415	0.72	≤3.3	67.5	劈裂
	LT12803	80.0	59.6	1990	41.6	24.0	1.43	0.735	≤3.3	65.0	劈裂
	平均	81.3	58.5	2011	40.0	24.7	1.387	0.746			

9）徐变与干缩

水利水电科学研究院结构材料所对 C50 和 C80 两种强度级别的快硬铁铝酸盐水泥混凝土在不密封条件下进行了徐变和干缩性能测试。

测试徐变和干缩的一些条件列于表 11-25，测试的结果列于表 11-26，并用图 11-4 表示。为进行比较，表 11-26 中还列出了美国 Luther 等人测得的分别掺粉煤灰与硅灰的硅酸盐水泥混凝土的徐变和干缩的数据。

表 11-25　测试徐变和干缩的混凝土强度和加荷应力

编号	混凝土强度等级	试件龄期/d	轴心抗压强度 f_c/MPa	加荷应力 σ/MPa	σ/f_c
ZF-12	C50	3	38.0	12	0.3
ZF-11	C80	3	56.5	18	0.3
ZF-11	C80	28	85.7	27	0.3

表 11-26　不同品种水泥混凝土的徐变和干缩

品　　种	水灰比	轴心抗压强度/MPa 3d	轴心抗压强度/MPa 28d	ε_s/10^{-6}	$C_{t,\tau}$/10^{-6}
快硬铁铝酸盐水泥混凝土	0.4	38.0		510	28.4
	0.3	69.6		368	23.7
	0.3		91.1	368	17.8
粉煤灰硅酸盐水泥混凝土*	0.39		57.0	588	72.0
	0.29		71.7	454	25.0
硅灰硅酸盐水泥混凝土*	0.47		55.0	510	64.0
	0.38		68.3	489	34.5
	0.25		103.1	419	15.5

＊ 所示数据由 Luther 等人测得。

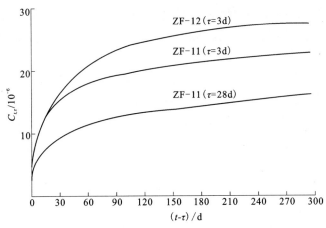

图 11-4　快硬铁铝酸盐水泥混凝土的徐变曲线

试件尺寸：$10cm \times 10cm \times 10cm$

根据实测数据用指数形式回归得混凝土的徐变表达式如下：

（1）C50 级混凝土，$t = 3d$。

$$C_{t,\tau} = 28.42 \times 10^{-6} \left[1 - e^{-0.14(t-\tau)^{0.55}} \right]$$

相关系数为 0.9993，测点数为 15。

（2）C80 级混凝土，$t = 3d$。

$$C_{t,\tau} = 23.70 \times 10^{-6} \left[1 - e^{-0.25(t-\tau)^{0.42}} \right]$$

相关系数为 0.9700，测点数为 15。

（3）C80 级混凝土，$t = 28d$。

$$C_{t,\tau} = 17.84 \times 10^{-6} \left[1 - e^{-0.18(t-\tau)^{0.42}} \right]$$

相关系数为 0.9920，测点数为 15。

根据实测数据用指数形式回归得混凝土的干缩表达式如下：

（1）C50 级混凝土

$$\varepsilon_s = 510.1 \times 10^{-6} (1 - e^{-0.16\tau^{0.52}})$$

相关系数为 0.989，测点数为 15。

（2）C80 级混凝土

$$\varepsilon_s = 367.5 \times 10^{-6} (1 - e^{-0.14\tau^{0.52}})$$

相关系数为 0.971，测点数为 15。

按图 11-4 所示，就同一品种水泥的快硬铁铝酸盐水泥混凝土的徐变曲线进行分析，可以得出，等级高的试件的徐变值比等级低的要小，龄期长的试件的徐变值比龄期短的要低，不同等级和不同龄期的试件的徐变值都是随加荷时间的延长而增大，并且逐渐趋向稳定。

以不同品种水泥混凝土进行比较，如表 11-26 所示。在水灰比相近的情况下，快硬铁铝酸盐水泥混凝土 $C_{t,\tau}$ 为 28.4×10^{-6}（水灰比为 0.40），粉煤灰硅酸盐水泥混凝土 $C_{t,\tau}$ 为 72.0×10^{-6}（水灰比为 0.39），硅灰硅酸盐水泥混凝土 $C_{t,\tau}$ 为 34.5×10^{-6}（水灰比为 0.38），这说明快硬铁铝酸盐水泥混凝土具有最小的徐变值。此外，快硬铁铝酸盐水泥混凝土的干缩值与掺粉煤灰硅酸盐水泥混凝土或掺硅灰硅酸盐水泥混凝土相比也是较低的。

分析表 11-26 还可看到，同一等级的快硬铁铝酸盐水泥混凝土 3d 龄期的试件的徐变值为 28d 龄期的 1.3 倍。众所周知，硅酸盐水泥混凝土 3d 龄期的徐变值为 28d 龄期的 1.6～2.3 倍。这些数据说明，用快硬铁铝酸盐水泥制作预应力混凝土时可减少由于徐变等引起的预应力损失，施加预应力的时间可以提前，从而缩短工期，提高效率。

4. 水化热

按国家标准 GB 2022—80 方法测定的快硬铁铝酸盐水泥水化放热速率曲线示于图 10-17。从该图可以看出，快硬铁铝酸盐水泥放热曲线所占面积不仅比两种硅酸盐水泥都小，而且比快硬硫铝酸盐水泥更小。另外还可看到，快硬铁铝酸盐水泥放热曲线放热峰值位置都处在 1d 龄期内，最高峰在 10h 内，说明快硬铁铝酸盐水泥放热都集中在 1d 龄期，最高放热量则在 10h 左右，比快硬硫铝酸盐水泥放热更早更集中。这是因为快硬铁铝酸盐水泥熟料主要矿物 C_6AF_2 水化速度比 $C_4A_3\bar{S}$ 更快。

快硬铁铝酸盐水泥水化放热特征与快硬硫铝酸盐水泥相比更有利于在冬季施工中应用。

5. 热稳定性

快硬铁铝酸盐水泥和快硬硫铝酸盐水泥在水化早期集中放热的状况自然会引起人们对该类水泥提出热稳定性问题。

硫铝酸盐水泥主要水化产物之一是钙矾石，即高硫型水化硫铝酸钙（在第八章中已介绍），该化合物在 CaO 溶液中的稳定温度是

90℃，超过此温度就转变为低硫型水化硫铝酸钙（$C_3A \cdot CaSO_4 \cdot 12H_2O$）。在剩余石膏存在的常温条件下，$C_3A \cdot CaSO_4 \cdot 12H_2O$ 又会转变成 $C_3A \cdot 3CaSO_4 \cdot 32H_2O$，此时再次形成的高硫型水化硫铝酸钙，人们普遍称之为二次钙矾石。

二次钙矾石在形成过程中伴随着固相体积变化，其变化量可用下式计算：

$$C_3A \cdot CaSO_4 \cdot 12H_2O + 2(CaSO_4 \cdot 2H_2O) + 16H_2O \longrightarrow$$

摩尔质量/(g/mol)　　　　623　　　　　　　2×172

密度/(g/cm³)　　　　　1.99　　　　　　　2.32

摩尔体积/(cm³/mol)　313　　　　　　148

$$C_3A \cdot 3CaSO_4 \cdot 32H_2O$$

摩尔质量/(g/mol)　　　　　　　　1255

密度/(g/cm³)　　　　　　　　　　1.73

摩尔体积/(cm³/mol)　　　　　　　725

$$\Delta V_{AFm \to AFt} = \frac{725 - (313 + 148)}{313 + 148} \times 100\% = 57.27\%$$

通过计算得出，二次钙矾石形成时固相体积增大了 57.27%。在水泥硬化过程中，如果存在过量低硫型水化硫铝酸钙转化为二次钙矾石时，晶体膨胀与强度增长不能协调发展，就会造成水泥石强度下降，甚至膨胀开裂。

低硫型水化硫铝酸钙的产生主要有两个条件：一个是溶液中石膏量不足，另一个是介质温度超出 AFt 的稳定范围。前节已介绍，硫铝酸盐水泥具有早期集中放热的特点，于是，人们自然会提出问题：硫铝酸盐水泥混凝土早期水化温度是否会超出钙矾石的稳定范围，是否会形成过多的二次钙矾石。

德国学者 Heinz 和 Ludwig 研究波特兰水泥混凝土轨枕出现大量裂缝的机理后提出，水泥混凝土制品在高温蒸养条件下，会形成低硫型水化硫铝酸钙。在常温下它与富余的石膏发生反应转化成二次钙矾石，此过程伴随着膨胀，引起混凝土结构的开裂破坏。这一理论的提出在国际学术界引起很大反响，在最近一个时期，它已成为混凝土耐久性方面颇多争论的议题。面对国际学术界的这一形势，硫铝酸盐类水泥在推广中必须回答在早期集中放热情况下钙矾石是否稳定的问题及是否存在二次钙矾石造成混凝土强度下降与开裂的问题。

高温蒸养对快硬硫铝酸盐水泥强度发展影响的研究结果示于图 11-5。所取实验条件是：1∶1 的水泥砂浆试样，先在 90℃ 蒸养80min，然后在常温水中养护。从该图可以看到，经 90℃ 短期蒸养的试体，在常温下继续养护时，其强度发展是平稳上升，甚至养护达 1a 时强度仍保持一定增长。这从宏观性能上有力说明了，在 90℃ 短期水热条件下，钙矾石是稳定的，不存在产生二次钙矾石所造成的破坏作用。

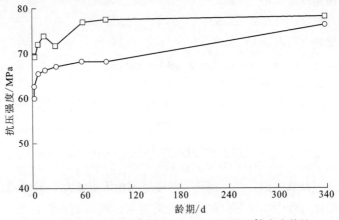

图 11-5　1∶1 砂浆 90℃ 蒸养 80min 后回到 20℃ 水中养护
不同龄期的快硬硫铝酸盐水泥的强度发展规律
○—石膏系数为 1 的样品；□—石膏系数为 0.5 的样品

对形成二次钙矾石而引起的不良影响要作具体分析，在硫铝酸盐类水泥混凝土中所引发的后果与在硅酸盐水泥混凝土中的相比是不同的。二次钙矾石形成过程中所产生的物理力学性能变化与本身的数量和膨胀的时间有关，关键是膨胀进程与强度发展是否能互相适应。常温养护硫铝酸盐类水泥的水泥石，由于水化反应局部不平衡的情况在所难免，经常会存在少量低硫型水化硫铝酸钙。这些少量水化物在晶形转变中产生的膨胀行为可与强度协调发展，不发生破坏作用，这已被 20 多年的研究与生产实践所证明。在自应力管的生产中，自应力硅酸盐水泥在水化过程中，其强度对膨胀的适应性较弱，所以自应力值较小，容易开裂，成品率低。硫铝酸盐类水泥则不同，其强度对膨胀的适应性较强，所以能获得较高自应力值，制作过程中的开裂现象极少，成品率高。硫铝酸盐类水泥石中存在较多量的凝胶体，它起着"衬垫"作用，使强度与膨胀之间的适应性大大增强。所以，硫铝酸盐类水泥石中形成少量二次钙矾石并不可怕，只有当其数量超过一定范围，强度发展不能适应膨胀进程时，才会发生破坏作用。

硫铝酸盐类水泥水化过程中水化产物热稳定性问题的研究尚需深入。根据目前研究结果可以断定，硫铝酸盐类水泥混凝土内部最高温度不超过90℃时，不会发生形成二次钙矾石所引发的强度下降和开裂。

按图11-6所示测点而测出的快硬铁铝酸盐水泥混凝土预应力梁内部温度-时间曲线示于图11-7。测定时间是1994年6月，测定地点是北京，当时当地外界环境温度是20～30℃。从图中可看出，梁内最高温度达82℃，特别需要指出的是，在82℃停留的时间仅数分钟，维持在80℃以上的时间仅2h。调整外加剂使水泥凝结时间适当延长以后，测定的快硬铁铝酸盐水泥混凝土预应力梁内部温度-时间曲线示于图11-8。

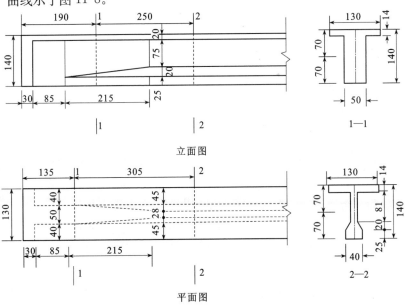

图 11-6　预应力梁测点图

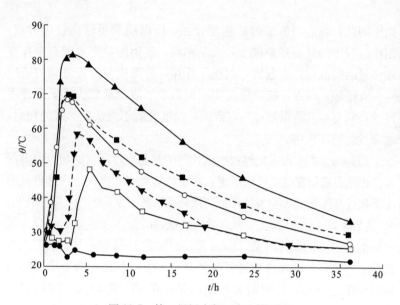

图 11-7　第一根梁内部温度-时间曲线

○—梁底面温度；▲—梁中间温度；▼—梁上表面温度；■—梁腹表面温度；
□—同条件试块温度；●—大气环境温度

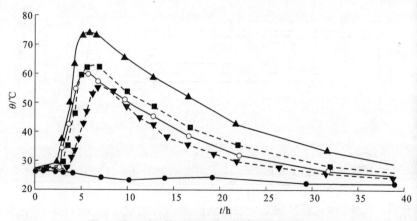

图 11-8　第二根梁内部温度-时间曲线

○—梁底面温度；▲—梁中间温度；▼—梁上表面温度；
◆—梁腹表面温度；●—大气环境温度

　　该图表明，梁内最高温度为 74℃，在此温度下维持的时间极短，在 70℃ 以上停留的时间约 3h，梁内最高温度由 82℃ 下降到 74℃，显然是由于调整了外加剂。正确选择外加剂可在一定程度上降低混凝土内部温度。像图 11-6 所示那样尺寸较大的构件，在外界环境温度为 20～30℃条件下，完全可以通过选择外加剂将其内部温度控制在 70～80℃范围内。

影响混凝土内部温度的因素，除外加剂和水泥品种外，混凝土体积大小也是一个极为重要的因素。一般的认识是，混凝土体积愈大，愈不易散热，内部所达的温度也就愈高。通过大体积混凝土实验可以测出其内部所达到的温度。该实验条件是：试件尺寸为 1.0m×1.0m×1.0m，外界温度为 5～12℃，采用快硬铁铝酸盐水泥，未掺外加剂，草袋喷水养护。测得中心最高温度为 62℃。经半年观察，未发现裂缝和强度下降的迹象。

混凝土内部温度与外界环境温度密切相关。在外界温度低的条件下，混凝土入模温度低，这就可大大降低由于水化热而造成的内部最高温度。在沈阳一次冬季施工中所得数据完全可证实上述结论。1994 年 1 月在该地采用快硬硫铝酸盐水泥混凝土施工地基底板，其厚度为 1m，连续浇 1700m³，当时外界温度为 -16～-5℃，用塑料薄膜和草袋养护。测得底板中心最高温度为 42℃，中心与表面温度之差小于 20℃。经观察，至今未发现裂缝，不透水性很好。

混凝土内部温度差以及混凝土与外界温差而引起的应力破坏是工程界普遍关心的问题。只要采取合理的养护措施，可以防止这两种温差应力所造成的破坏。在上述工程的基础底板施工中，采取塑料薄膜和草袋养护措施，使混凝土与外界冷空气隔断，就像在混凝土周围建立一个"保温大棚"一样，从而防止形成外界温度所造成的应力破坏。混凝土在隔断条件下内部同时升温，不产生很大温差，实测温差小于 20℃，尚不致于发生应力破坏。

无论从热稳定性方面还是从温度应力方面来考察，只要采取合理的施工方法，硫铝酸盐类水泥是安全的。该水泥虽然水化放热集中，但在通常情况下不会超过 90℃，因此可广泛应用于一般体积的各种建筑工程。硫铝酸盐类水泥非常适用于冬季施工的大体积混凝土，在其他季节用于大体积混凝土时要控制其中心最高温度不超过 90℃。为降低混凝土温度，可采取降低入模温度、调整外加剂、选择水泥品种和掺超细磨活性混合材等措施。

6. 耐腐蚀性

快硬铁铝酸盐水泥等三种水泥砂浆在 Cl^- 和 SO_4^{2-} 溶液中的 K_6 值列于表 11-27。快硬铁铝酸盐水泥和快硬硫铝酸盐水泥在钠盐、镁盐及其复盐溶液中的 K_6 值示于表 11-28。

表 11-27　快硬铁铝酸盐水泥等三种水泥的 K_6 值

水泥品种	腐蚀液	
	$w(Na_2SO_4)=30\%$	$w(NaCl)=10\%$
快硬铁铝酸盐水泥	1.05	1.00
矾土水泥	0.86	0.91
抗硫酸盐硅酸盐水泥	0.99	0.81

表 11-28　快硬铁铝酸盐水泥和快硬硫铝酸盐水泥的 K_6 值

腐　蚀　液	水泥品种	
	快硬铁铝酸盐水泥	快硬硫铝酸盐水泥
$NaCl\ [\rho(Cl^-)=60664mg/L]$	1.10	1.10
$MgCl_2\ [\rho(Cl^-)=60664mg/L]$	0.76	0.48
$Na_2SO_4\ [\rho(SO_4^{2-})=20250mg/L]$	1.20	1.10
$MgSO_4\ [\rho(SO_4^{2-})=20250mg/L]$	1.20	1.10
$Na_2SO_4+MgCl_2\ [m(Na_2SO_4)/m(MgCl_2)=1:1]$	1.30	1.10
$Na_2SO_4+MgSO_4\ [m(Na_2SO_4)/m(MgSO_4)=1:1]$	1.30	1.10

表 11-27 说明，快硬铁铝酸盐水泥在含 SO_4^{2-} 和 Cl^- 的溶液中都具有比矾土水泥和抗硫酸盐硅酸盐水泥更为优越的耐腐蚀性能。表 11-28 表明，快硬铁铝酸盐水泥虽然在 $NaCl$ 溶液中的耐腐蚀系数与快硬硫铝酸盐水泥相同，但在 $MgCl_2$ 溶液中前者则要高出后者近 60%。在所有硫酸盐溶液及硫酸盐与氯盐的复合溶液中，快硬铁铝酸盐水泥的耐腐蚀性能均较好。

快硬铁铝酸盐水泥混凝土在氯化物溶液中的耐压强度变化示于图 11-9 和图 11-10，在硫酸盐溶液中的强度变化曲线示于图 11-11 和图 11-12。

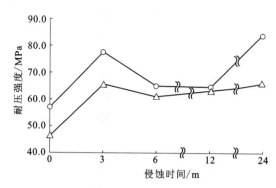

图 11-9　快硬铁铝酸盐水泥混凝土在 NaCl 溶液中的耐压强度变化
○—525 号快硬铁铝酸盐水泥；△—525 号普通硅酸盐水泥

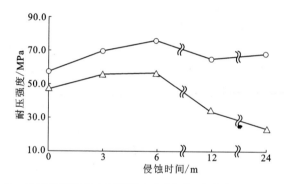

图 11-10　快硬铁铝酸盐水泥混凝土在 $MgCl_2$ 溶液中的耐压强度变化
○—525 号快硬铁铝酸盐水泥；△—525 号普通硅酸盐水泥

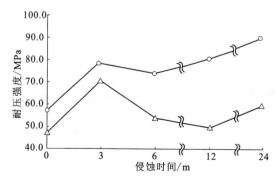

图 11-11　快硬铁铝酸盐水泥混凝土在 Na_2SO_4 溶液中的耐压强度变化
○—525 号快硬铁铝酸盐水泥；△—525 号普通硅酸盐水泥

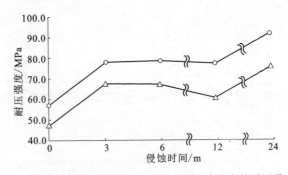

图 11-12 快硬铁铝酸盐水泥混凝土在 $MgSO_4$ 溶液中的耐压强度变化
○—525 号快硬铁铝酸盐水泥；△—525 号普通硅酸盐水泥

从图 11-9 可看到，在 NaCl 溶液中，快硬铁铝酸盐水泥混凝土浸泡 24 个月后，其耐压强度增长 20MPa 以上；普通硅酸盐水泥混凝土浸泡相同时间后，耐压强度也有所增加，不过其增长幅度比快硬铁铝酸盐水泥要小得多。图 11-10 表明，在 $MgCl_2$ 溶液中，快硬铁铝酸盐水泥混凝土浸泡 24 个月后，耐压强度不降，并略有增长；普通硅酸盐水泥混凝土强度在相同条件下则要降低约 50%。综合分析图 11-9、图 11-10 和表 11-27、表 11-28 所列数据不难得出结论：快硬铁铝酸盐水泥具有良好的耐氯盐腐蚀性能。这一性能特点说明，快硬铁铝酸盐水泥混凝土可用于要求耐氯盐腐蚀的工程，其耐久性将优于快硬硫铝酸盐水泥，更优于其他品种水泥。

从图 11-11 和图 11-12 可看出，快硬铁铝酸盐水泥混凝土在 Na_2SO_4 和 $MgSO_4$ 溶液中的强度随浸泡期的延长都有所增长；普通硅酸盐水泥混凝土在相同条件下的强度也略有提高，不过其提高的幅度要比快硬铁铝酸盐水泥混凝土的小。综合分析上述数据后可以断定：快硬铁铝酸盐水泥具有良好的耐硫酸盐腐蚀性能，可用于要求耐硫酸盐腐蚀的各项工程。

快硬铁铝酸盐水泥不仅具有良好的耐氯盐和耐硫酸盐性能，并且还有优异的耐铵盐腐蚀性能，如图 11-13 和图 11-14 所示。

图 11-13 表明了快硬铁铝酸盐水泥混凝土和普通硅酸盐水泥混凝土经 NH_4Cl 溶液浸泡后的强度发展规律。从该图可看出，525 号快硬铁铝酸盐水泥混凝土经 24 个月浸泡后，其耐压强度保持稳定，

没有下降；425 号快硬铁铝酸盐水泥混凝土在相同条件下耐压强度略有下降；普通硅酸盐水泥混凝土在 NH_4Cl 溶液中浸泡 24 个月后耐压强度则大幅度降低，残留强度不到 19.6MPa。图 11-14 表示快硬铁铝酸盐水泥混凝土和普通硅酸盐水泥混凝土在 $(NH_4)_2SO_4$ 溶液中的耐压强度变化情况。该图十分清楚地表明，425 号快硬铁铝酸盐水泥混凝土在 $(NH_4)_2SO_4$ 溶液中耐压强度随龄期延长略有下降，不过降幅很小；525 号快硬铁铝酸盐水泥混凝土经 $(NH_4)_2SO_4$ 溶液 24 个月的浸泡后，耐压强度基本稳定，略有增长，但增幅较小；普通硅酸盐水泥混凝土在 $(NH_4)_2SO_4$ 溶液中浸泡不到 3 个月，试件完全溃裂，强度全部损失。图 11-13 和图 11-14 所示数据充分说明 525 号快硬铁铝酸盐水泥具有极佳的耐铵盐侵蚀能力。这是快硬铁铝酸盐水泥比较突出的一个特性，该特性使快硬铁铝酸盐水泥可在化学肥料工程中推广应用。

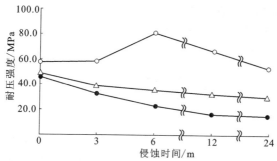

图 11-13　快硬铁铝酸盐水泥混凝土在 NH_4Cl 溶液中的耐压强度变化
○—525 号快硬铁铝酸盐水泥；△—425 号快硬铁铝酸盐水泥；●—525 号普通硅酸盐水泥

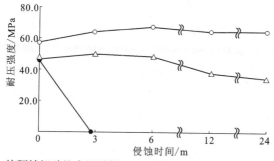

图 11-14　快硬铁铝酸盐水泥混凝土在 $(NH_4)_2SO_4$ 溶液中的耐压强度变化
○—525 号快硬铁铝酸盐水泥；△—425 号快硬铁铝酸盐水泥；●—525 号普通硅酸盐水泥

快硬铁铝酸盐水泥混凝土在氯盐、硫酸盐、氯盐和硫酸盐复合的溶液中都具有良好的耐腐蚀性能。这得益于水泥水化时析出的 $Fe(OH)_3$ 凝胶，它大大提高了混凝土对氯盐、硫酸盐、氯盐和硫酸盐复合溶液的抗渗透能力。快硬铁铝酸盐水泥的这个性能特点，使其用于海洋工程具有强大的优势。大量使用结果证实，快硬铁铝酸盐水泥在海水中具有最好的耐久性。因此，有人称它为海洋水泥。

7. 碱-骨料反应

快硬硫铝酸盐水泥和快硬铁铝酸盐水泥与传统的硅酸盐水泥相比，其主要水化产物钙矾石 $C_3A \cdot 3CaSO_4 \cdot 32H_2O$、铝胶 $Al(OH)_3$ 和铁胶 $Fe(OH)_3$ 与硅酸盐水泥主要水化产物水化硅酸钙凝胶 C-S-H (Ⅱ)和氢氧化钙 $Ca(OH)_2$ 相比，含有大量结晶水，因此在相同水灰比条件下，钙矾石不仅使硫铝酸盐水泥石总孔隙率大大降低，而且为骨料与硬化水泥浆体之间的界面区造成相对干燥的环境，且其水化液相的 pH 值较低，因此从理论上推测，前者应具有较好的抵抗碱-骨料反应性能。为此，南京工业大学研究了硫铝酸盐水泥与活性骨料发生膨胀反应的性能。实验条件如下：选择的碱-硅酸反应高活性骨料是石英玻璃，碱-碳酸盐反应高活性骨料为加拿大白云石灰岩；采用混凝土棒快速实验方法；除室温养护外，碱-硅酸反应选择 60℃、碱-碳酸盐反应选择 75℃ 的养护条件；采用含碱量为 0.58% 和 1.0% 的硅酸盐水泥作对比样品。碱-硅酸反应实验结果示于图 11-15 和图 11-16；碱-碳酸盐反应实验结果示于图 11-17 和图 11-18。

从图 11-15 可以看到，在 60℃ 养护条件下，即使采用含碱量 0.58% 的低碱度硅酸盐水泥，它也会与高活性的石英玻璃骨料发生碱-硅酸反应，水泥石 6d 开始产生明显的膨胀，15d 以后膨胀率接近 0.3%。而同样条件下的快硬硫铝酸盐水泥和快硬铁铝酸盐水泥，膨胀率均在小于 0.1% 的安全范围内。图 11-16 表明，即使在室温条件下，硅酸盐水泥与高活性骨料石英玻璃也发生碱-硅酸反应，但速度比 60℃ 时慢得多，100d 膨胀率才超过 0.2%，但是到 800d 膨胀率仍呈上升趋势。而同样条件下快硬硫铝酸盐水泥和快硬铁铝酸盐水泥膨胀率均小于 0.1%，而且很快达到稳定。

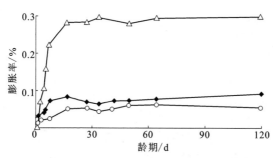

图 11-15　10mm×10mm×40mm 砂浆试体中碱-硅酸反应膨胀的发展规律
活性骨料：石英玻璃；养护温度：60℃；硅酸盐水泥中的含碱量为 0.58%
△—普通硅酸盐水泥；○—快硬硫铝酸盐水泥；◆—快硬铁铝酸盐水泥

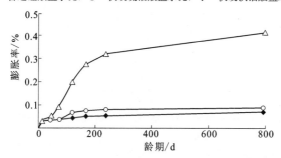

图 11-16　10mm×10mm×40mm 砂浆试体中碱-硅酸反应膨胀的长龄期发展规律
活性骨料：石英玻璃；养护温度：20℃；硅酸盐水泥中含碱量为 1.0%
△—普通硅酸盐水泥；○—快硬硫铝酸盐水泥；◆—快硬铁铝酸盐水泥

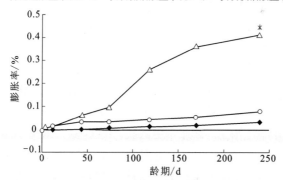

图 11-17　20mm×20mm×60mm 混凝土试体中碱-碳酸盐反应膨胀与
时间的关系
活性骨料：加拿大白云石灰岩；养护制度：20℃和100%相对湿度；
硅酸盐水泥的含碱量为 1.0%
△—普通硅酸盐水泥；○—快硬硫铝酸盐水泥；◆—快硬铁铝酸盐水泥；＊—破裂

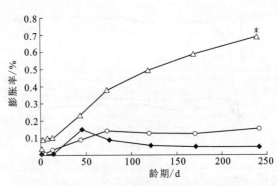

图 11-18 20mm×20mm×60mm 混凝土试体中碱-碳酸盐反应膨胀与
时间的关系

活性骨料：加拿大白云石灰岩；养护工艺：75℃（80d），然后 60℃（160d）；
硅酸盐水泥中含碱量为 1.0％

△—普通硅酸盐水泥；○—快硬硫铝酸盐水泥；◆—快硬铁铝酸盐水泥；＊—破裂

根据图 11-15 和图 11-16 所表明的实验结果可作出如下结论：快硬硫铝酸盐水泥和快硬铁铝酸盐水泥与高活性石英玻璃骨料的反应甚微，由其引起的膨胀率极低，有时甚至没任何反应，所以，在推广应用中即使遇到高活性骨料，也不会像硅酸盐水泥那样产生碱-硅酸反应膨胀破坏问题。硫铝酸盐水泥具有抑制碱-硅酸反应的能力，这是一个十分突出的优良性能。

图 11-17 表明，硅酸盐水泥与碳酸盐活性骨料的反应膨胀规律类似于与石英玻璃活性骨料的反应膨胀规律，即在室温养护早期膨胀较小，养护 75d 后便很快增长，接近 250d 养护龄期时试体出现许多裂缝。快硬硫铝酸盐水泥与碳酸盐活性骨料的反应膨胀同样很小，随龄期延长其发展保持平稳，接近 250d 时，膨胀率仍在 0.1％以下，而快硬铁铝酸盐水泥的膨胀率更低些。图 11-18 表明，提高养护温度同样会加速硅酸盐水泥与碳酸盐活性骨料的反应，不仅提高了反应速率，而且增加了膨胀率数值，接近 250d 的数值比室温条件下相应的数值增大了 1 倍左右，试体发生开裂。快硬硫铝酸盐水泥和快硬铁铝酸盐水泥与碳酸盐活性骨料的反应膨胀率在 75℃条件下略有提高，但在整个养护龄期仍保持在很低的数值范围内，并且发展平稳，接近 250d 时为 0.1％左右。快硬铁铝酸盐水泥的反应膨胀率低于

0.1%，而快硬硫铝酸盐水泥则略高于 0.1%，两种试体都毫无开裂现象。

分析图 11-17 和图 11-18 所给的数据可以断定，快硬硫铝酸盐水泥和快硬铁铝酸盐水泥与碳酸盐活性骨料的反应膨胀率很低，在推广使用中不会产生像硅酸盐水泥碱-碳酸盐反应那样的破坏问题。

一般公认的较广泛存在的碱-骨料反应有两种类型：碱-硅酸反应和碱-碳酸盐反应。为抑制硅酸盐水泥的碱-硅酸骨料反应，通常采用掺粉煤灰或硅灰等混合材和降低水泥碱含量等措施，可取得较好的效果。但对碱-碳酸盐反应，上述措施不能奏效，目前世界上尚无有效的解决办法。因此，硫铝酸盐水泥具有抗碱-碳酸盐反应的性能是十分可贵的。

8. 其他性能

对应普通硫铝酸盐水泥在推广过程中出现的问题，进一步试验研究了铁铝酸盐水泥的某些性能。

（1）混凝土表面状况

铁铝酸盐水泥配制的砂浆和混凝土，其硬化后的表面没有"起砂、掉砂"、"掉粉"现象，像高强硅酸盐水泥硬化体表面那样洁净、坚硬。铁铝酸盐水泥液相的 pH 值较高，水化产物中的水化硅酸钙是与硅酸盐水泥水化产物同类的高钙型水化硅酸钙 C-S-H（Ⅱ）。这类水化硅酸钙遇空气中 CO_2 后形成具有粘结力的 $CaCO_3$，和硅酸盐水泥硬化体表面一样，不会"起砂"、"掉粉"。

（2）钢筋锈蚀

钢筋在铁铝酸盐水泥混凝土内，不论在早期还是在长期硬化过程中，都不发生锈蚀现象。铁铝酸盐水泥水化体中的 pH 值较高，在钢筋表面能形成钝化膜，防止了钢筋锈蚀。在试验中测定的铁铝酸盐水泥硬化砂浆阳极极化曲线示于图 11-19。从该图可看出，钢筋在铁铝酸盐水泥硬化砂浆中已呈钝化状态。

在海水中浸泡了 12 年（1983～1995 年）的自应力铁铝酸盐水泥压力管，经砸开管壁观察，外露钢筋无任何锈蚀迹象，示于图 11-20。

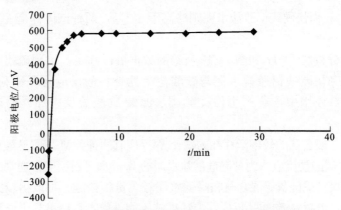

图 11-19　快硬铁铝酸盐水泥硬化砂浆的阳极曲线

图 11-20　自应力铁铝酸盐水泥压力管内钢筋

阳极极化曲线测定和实际应用结果都表明，铁铝酸盐水泥不会引起钢筋锈蚀。

（3）抗碳化性

快硬铁铝酸盐水泥混凝土在标准条件下碳化 28d 的试验结果列于表 11-29。从该表看出，快硬铁铝酸盐水泥碳化深度都低于 1.30mm，并且与水灰比有关。水灰比愈低，碳化深度愈浅。快硬铁铝酸盐水泥 28d 的碳化系数都大于 0.93。实验表明，快硬铁铝酸盐水泥混凝土具有良好抗碳化性能。

表 11-29　快硬铁铝酸盐水泥混凝土抗碳化性能

品种	外加剂	水灰比	坍落度/cm	碳化深度/mm	碳化前强度/MPa	碳化后强度/MPa	碳化系数
铁铝 1*		0.52	7	1.29	51.4	49.3	0.96
铁铝 1	ZB-1	0.40	18	0.98	69.4	64.5	0.94
铁铝 2**	ZB-1	0.30	5	0.26	73.6	71.8	0.98

＊ 铁铝 1 即唐山市联营特种水泥厂生产的快硬铁铝酸盐水泥；
＊＊ 铁铝 2 即湖南冷水滩联营特种水泥厂生产的快硬铁铝酸盐水泥。

（4）凝结时间

快硬铁铝酸盐水泥的凝结时间与硅酸盐水泥相比较短，在有些情况下能满足工程施工要求，但对某些工程则必须延长时间。为满足某些工程须延长凝结时间的要求，须采用掺缓凝剂的技术措施。

实验结果表明，硼酸是快硬铁铝酸盐水泥最有效的缓凝剂，既能缓凝又不会降低后期强度。在不同温度的条件下，不同掺量硼酸对快硬铁铝酸盐水泥凝结时间的影响示于表 11-30。

表 11-30　不同温度下硼酸掺量对凝结时间的影响（min）

温度/℃	凝结	掺量/w%									
		0	0.10	0.15	0.20	0.25	0.30	0.40	0.50	0.80	1.00
60	初凝	15	22	38	47	65	78	155	265	1250	2280
	终凝	20	32	54	62	95	115	202	360	1440	2590
45	初凝	18	30	44	58	93	155	300	1020	3370	4020
	终凝	25	40	65	93	135	195	375	1275	3690	4960
30	初凝	22	40	60	120	215	490	914	1650	5730	7380
	终凝	40	60	90	170	285	605	1140	3400	9240	10890
20	初凝	27	40	100	150	345	730	2570	4300	6930	8460
	终凝	56	80	150	215	450	890	2850	5420	11640	19860

从表 11-30 可看到，在常温下硼酸掺量从 0％到 0.5％，初凝时间可由 27min 延长到 4300min，增加掺入量可进一步延长时间。通常掺入量 0.1％到 0.5％即可满足施工要求。

硼酸的缓凝机理是延缓了快硬铁铝酸盐水泥水化体中 $Al(OH)_3$

和 $Fe(OH)_3$ 凝胶的聚沉速度。

快硬铁铝酸盐水泥缓凝剂除硼酸外还有酒石酸和柠檬酸等有机酸类化合物。其他有些化合物虽能缓凝但要降低水泥后期强度。在工程施工中，大都采用硼酸作缓凝剂。

9. 海洋工程的应用

快硬铁铝酸盐水泥和高强铁铝酸盐水泥主要用于海洋工程、冬季施工和快速施工工程。

1981 年福建东山岛南门海堤被强台风带来的海啸冲毁 50 余米，1981 年底至 1982 年初进行抢修。开始时用水玻璃和普通硅酸盐水泥砂浆砌筑修复，但由于海水每天涨落两次，水泥尚未凝固就被潮水冲击松动，下一次再冲时即开始崩塌，因此修复多次都未获成功。1983 年初中国建筑材料科学研究总院与当地施工单位合作，采用快硬铁铝酸盐水泥配制混凝土砌筑堤身的护坡条石及防浪墙。由于这种水泥强度增长快，在下一次潮汐之前即具备了抵抗海水冲刷的能力，因此抢修获得成功。在 1985 年和 1995 年两次实地考察中看到，南门海堤虽然经历了 10 多年的风吹浪打，依然十分牢固，且混凝土表面光滑，耐海水侵蚀的性能非常好。采用快硬铁铝酸盐水泥修筑的福建东山岛南门海堤示于图 11-21。

图 11-21 采用快硬铁铝酸盐水泥修建 12 年后的
福建东山岛南门海堤

2003 年 8 月中国建筑材料科学研究总院对东山岛海堤进行了第三次考察。经 20 年海水冲刷和侵蚀，用快硬铁铝酸盐水泥砌筑的海堤依然良好，如图 11-22 所示[22]。大堤上的石料与水泥浆体结合密实，如同一体，示于图 11-23[22]。

图 11-22　采用快硬铁铝酸盐水泥修建 20 年后的
福建东山岛南门海堤

图 11-23　修建 20 年后大堤上快硬铁铝酸盐
水泥与石料的结合状况

快硬铁铝酸盐水泥海洋工程应用一览表列于表 11-31。大量实践结果证明，快硬铁铝酸盐水泥具有良好的耐海水腐蚀性能，是名符其实的海洋水泥。

表 11-31　快硬铁铝酸盐水泥海洋工程应用一览表

工程名称	工程部位	工程地点	施工时间
海堤修复工程	砌筑护坡条石及防浪墙	福建东山岛南门	1983 年初
预制护坡板	衬砌土质海堤	福建东山岛	1983 年初
海水闸门	闸板	福建东山岛	1983 年初
海水暂养池、海盐淹鱼池	浇筑池内衬	福建东山岛	1983 年初
驳船码头	桩帽	天津新港	1983 年 7 月
防沙堤	海堤	青岛防沙堤	1983～1984 年
临海观测站	平台基础	青岛港观测站	1983～1984 年
扭工字体	海堤护坡	青岛港黄岛	1983～1984 年

10. 冬季施工工程的应用

快硬铁铝酸盐水泥于 1993 年 11 月用于主体建筑为 28 层的沈阳太平洋广场冬季施工。浇筑地下室，混凝土梁、板、柱和剪力墙等。所用混凝土强度等级为 C40，3d 即达到设计要求，施工质量良好。

1994 年 10 月到 1995 年 4 月，快硬铁铝酸盐水泥又用于建设辽宁物产大厦的冬季施工。大厦 28 层，高 100 多米，为钢筋混凝土框架-剪力墙结构。框架梁、柱、板、剪力墙和电梯井都用快硬铁铝酸盐水泥混凝土浇筑，施工质量优良。图 11-24 为采用快硬铁铝酸盐水泥混凝土浇筑的辽宁物产大厦主体工程。辽宁物产大厦位于沈阳市南湖高科技开发区，至今仍安全使用。

11. 快速施工工程的应用

快硬铁铝酸盐水泥在快速施工工程的应用实例主要有以下几个方面：

（1）加快桥梁建设

1993 年 5 月到 1994 年 10 月，为加速建设进度，北京东三环和西北三环公路改造、京石高速公路和北京西客站等工程中，采用快硬铁铝酸盐水泥预制梁建造了 10 多座立交桥。图 11-25 为用快硬铁铝酸盐水泥预制梁建造的北京东三环燕莎桥。北京西北三环航天桥的建造中还采用快硬铁铝酸盐水泥混凝土现场浇筑了预应力混凝土梁和 Y 型桥墩，示于图 11-26。北京东三环路、西北三环路自通车至今已有 10 多年历史，日夜运行，状况良好。

快硬铁铝酸盐水泥在桥梁建设中经受住了考验。

图 11-24　采用快硬铁铝酸盐水泥的辽宁物产大厦主体工程

图 11-25　北京东三环燕莎桥

（2）抢修道路

1993 年夏，河北唐山迁安县首钢矿业公司采用快硬铁铝酸盐水泥混凝土浇筑了长 10 多公里的路面，混凝土浇筑后 1～2d 即通车放行，大大缩短了道路堵塞时间，增加了运力，保证了生产。

（3）矿井喷锚支护

1984 年，河北峰峰矿务局采用快硬铁铝酸盐水泥进行了矿井管道喷锚支护，改善了作业安全条件，加速了成巷速度。与硅酸盐水泥相比，在巷道支护中采用快硬铁铝酸盐水泥的优点是早期强度高、干燥收缩小、回弹量少，大大改善了喷锚质量。

图 11-26　西三环航天桥的 32m 跨预应力梁和现浇 Y 型桥墩

（4）加速非蒸养水泥制品生产周转

快硬铁铝酸盐水泥用于水泥制品生产，可以取消蒸汽养护，不仅节约了能源，还加速了生产周转，提高了效率。广东番禺的某水泥制品厂采用快硬铁铝酸盐水泥生产高强桩，河北一些水泥制品厂用该水泥生产排水管，还有企业用它制作预应力混凝土梁和三阶段预应力水泥压力输水管等。

第七节　膨胀铁铝酸盐水泥和自应力铁铝酸盐水泥

1. 膨胀铁铝酸盐水泥性能与应用

（1）水泥性能基本要求

JC 436—91 行业标准规定的膨胀铁铝酸盐水泥主要性能指标列于表 11-32。该表说明，该类水泥分膨胀铁铝酸盐水泥和微膨胀铁铝酸盐水泥两种，主要区别是膨胀铁铝酸盐水泥 28d 自由膨胀率不大于 1.0%，而微膨胀铁铝酸盐水泥 28d 自由膨胀率不大于 0.50%。

表 11-32 膨胀铁铝酸盐水泥的主要性能指标

水泥品种	凝结时间/min	抗压强度/MPa			抗折强度/MPa			自由膨胀率/%	
		1d	3d	28d	1d	3d	28d	1d	28d
微膨胀铁铝酸盐水泥	初凝≥30, 终凝≤180	31.5	41.0	52.5	4.9	5.9	6.9	≥0.05	≤0.50
膨胀铁铝酸盐水泥	初凝≥30, 终凝≤180	27.5	39.0	52.5	4.4	5.4	6.4	≥0.10	≤1.00

（2）混凝土力学性能

不同养护条件下的混凝土强度试验结果示于表 11-33。水泥由湖南冷水滩联营特种水泥厂生产，混凝土配比是：水泥：砂：石：水的质量比为 1：1.78：2.63：0.4。

表 11-33 微膨胀铁铝酸盐水泥混凝土强度

养护条件	抗压强度/MPa			抗折强度/MPa		
	1d	3d	28d	1d	3d	28d
标准养护	39.9	62.9	66.6	5.1	8.2	10.2
自然养护	34.8	61.3	62.0	4.8	7.8	8.0
水中养护	34.1	63.2	68.1	4.6	8.5	11.4
水养14d转干空	34.1	63.2	67.8	4.6	8.5	10.5

分析表 11-33 所示结果可得出以下结论：微膨胀铁铝酸盐水泥混凝土早期强度增长较快，这对避免或减缓混凝土早期裂缝有一定好处；混凝土抗折强度较高，由此可推测其抗断裂韧性也比较好；不同养护条件下的强度数值相差不大，说明其强度发展受养护条件的影响较小，这对建筑工程施工十分有利。

微膨胀铁铝酸盐水泥混凝土的劈拉强度特征列于表 11-34。与其他水泥混凝土相比，它在所试验的各品种混凝土中具有最高的劈拉强度，比通用硅酸盐水泥混凝土高出近 30%。

表 11-34 各品种混凝土劈拉强度的比较

混凝土品种	28d 抗压强度/MPa	28d 劈拉强度/MPa	劈拉强度比/%
微膨胀铁铝酸盐水泥混凝土	57.3	4.91	100.0
通用硅酸盐水泥混凝土	57.3	3.42	69.7
掺 U 型膨胀剂的通用硅酸盐水泥混凝土	54.1	4.78	97.4
掺有机硅防水剂的通用硅酸盐水泥混凝土	49.2	3.34	68.0

图 11-27 是通用硅酸盐水泥混凝土和微膨胀铁铝酸盐水泥混凝土在自由变形条件下的抗折强度-挠度曲线。从该图可看到，微膨胀铁铝酸盐水泥混凝土的抗折强度比通用硅酸盐水泥混凝土的抗折强度要高出 3.0MPa；其挠度曲线的斜率较小，挠度曲线与挠度轴线围成的面积也要比通用硅酸盐水泥的大得多。该面积表示混凝土断裂所需做的功，面积越大说明所需的功越大，面积越小说明所需的功越小。分析抗折强度-挠度曲线特征可以作出判断，微膨胀铁铝酸盐水泥混凝土的抗裂韧性显著优于通用硅酸盐水泥混凝土。

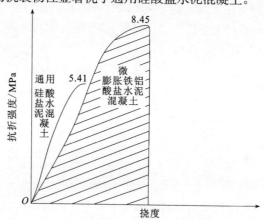

图 11-27　两种水泥混凝土试件的抗折强度-挠度曲线
自由膨胀试件；龄期 28d；
混凝土配合比：水泥∶砂∶石∶水的质量比为 1∶2.51∶4.10∶0.58

（3）胀缩性能

图 11-28 是 28d 龄期、不同品种混凝土的胀缩曲线。取得这些曲线的试验条件是：混凝土试件成型后先放入水中，7d 后放入相对湿度为 60% 的干空室。

从图 11-28 看到，通用硅酸盐水泥混凝土在早期的水中养护龄期内，有少量湿胀，放入干空室后随即发生干缩，并迅速进入负增长阶段。掺明矾石膨胀剂的硅酸盐水泥混凝土的膨胀情况与通用硅酸盐水泥混凝土的类似，不同的是它要到 20d 以后才开始负增长。微膨胀铁铝酸盐水泥混凝土、掺 U 型膨胀剂的硅酸盐水泥混凝土和掺 EA 膨胀剂的硅酸盐水泥混凝土的胀缩曲线基本相似，都是在 7d

水中养护龄期内体积膨胀，进入干空后，即慢慢干缩，在28d龄期内都是正变形。在这里特别要指出的是，微膨胀铁铝酸盐水泥混凝土保留的正变形在所试验的各品种混凝土中为最大，说明它是一种性能优良的补偿收缩混凝土。

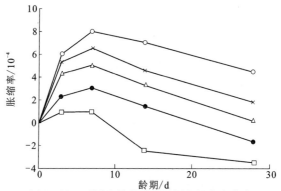

图 11-28 不同品种微膨胀混凝土的胀缩曲线

〇—微膨胀铁铝酸盐水泥混凝土；×—掺U型膨胀剂的硅酸盐水泥混凝土；
△—掺EA膨胀剂的硅酸盐水泥混凝土；●—掺明矾石膨胀剂的硅酸盐水泥混凝土；
□—冀东水泥厂产硅酸盐水泥混凝土

图 11-29 是不同养护条件下微膨胀铁铝酸盐水泥混凝土的变形曲线。该图表明，与其他养护条件比较，水中养护的胀缩率最大，在开始7d其值迅速增长，以后便逐渐平缓。在自然养护条件下，开始7d胀缩率增长较快，以后较慢并最终保持在一定水平上，不发生收缩。在干湿交替养护的情况下，湿养时膨胀，干养时收缩，然而28d保留的胀缩率数值仍然比自然养护的大。

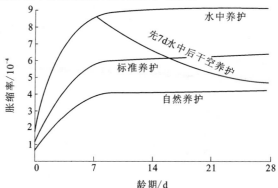

图 11-29 不同养护条件下微膨胀铁铝酸盐水泥混凝土的变形曲线

图 11-30 是水中养护 1 个月后在相对湿度为 60％干空中的微膨胀铁铝酸盐水泥混凝土的胀缩曲线；图 11-31 是水中养护 1 年后在相对湿度为 60％的微膨胀铁铝酸盐水泥混凝土的胀缩曲线；图 11-32 是水中养护 1 个月后干湿交替养护的微膨胀铁铝酸盐水泥混凝土的胀缩曲线。

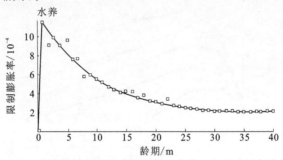

图 11-30 微膨胀铁铝酸盐水泥混凝土水养 1 个月后的胀缩曲线

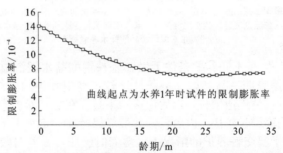

图 11-31 微膨胀铁铝酸盐水泥混凝土水养 1 年后的胀缩曲线

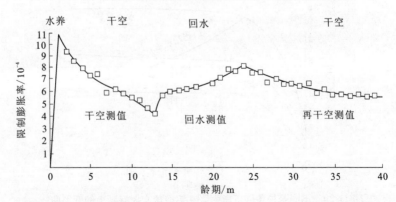

图 11-32 微膨胀铁铝酸盐水泥混凝土水养 1 个月后干湿交替的胀缩曲线

图 11-30 表明，水中养护 1 个月的微膨胀铁铝酸盐水泥混凝土经 2 年多干空养护后胀缩率仍保持正值，说明混凝土仍处于正应变状态。图 11-31 则表明，水中养护 1 年的试件与养护 1 个月的试样相比，干燥收缩的速率较平缓，不但仍处于正应变状态，而且胀缩率残留值也比 1 个月养护的要大得多。上述性能表明，用微膨胀铁铝酸盐水泥制作的补偿混凝土经一定条件养护后在干空条件下使用是安全和耐久的。

从图 11-32 可以看到，经 1 个月水养的试件置于干空后便收缩；再进行水养时，又产生膨胀，然而水中再次养护 1 年后的膨胀率并未能恢复到起始养护 1 个月的数值；再进行干空养护时，又重复产生收缩。十分有趣的是，此时的收缩速率放慢了，1 年后基本保持在一个相同的数值上，说明不再发生明显的收缩。这些性能说明微膨胀铁铝酸盐水泥混凝土还适用于干湿交替环境下的建筑结构。

（4）抗渗性能

抗渗性是防水混凝土最基本的指标，也是混凝土耐久性的代表指标之一。微膨胀铁铝酸盐水泥混凝土和其他类型防水混凝土抗渗性试验结果列于表 11-35。

表 11-35 不同类型混凝土的抗渗性能

混凝土品种	恒压时间/h				渗透高度 /cm
	1.5MPa	2MPa	2.5MPa	3MPa	
微膨胀铁铝酸盐水泥混凝土	8	8	8	8	5～6
通用硅酸盐水泥混凝土	8	0	0	0	12～14
掺 U 型膨胀剂的硅酸盐水泥混凝土	8	8	8	8	6～8
掺 EA 膨胀剂的硅酸盐水泥混凝土	8	8	8	8	6～8
掺有机硅防水剂的硅酸盐水泥混凝土	8	8	8	0	15

从表 11-35 可以看到，微膨胀铁铝酸盐水泥混凝土确实具有较好的抗渗性能，加压到 3MPa 时试件渗水平均高度仅 5～6cm。这样的抗渗指标说明微膨胀铁铝酸盐水泥混凝土用作刚性防水材料具备很大的优势。

（5）应用

微膨胀铁铝酸盐水泥具有优良的抗裂韧性、胀缩性能和抗渗性能，可用于制作补偿收缩混凝土、防水混凝土和混凝土修补材料。

　　例如：河北唐山新区污水处理厂 1992 年用微膨胀铁铝酸盐水泥混凝土浇筑污水处理池，混凝土强度为 20MPa，抗渗等级大于 S10，效果良好，使用至今未发现渗漏现象。

　　北京天然气公司采用微膨胀铁铝酸盐水泥修补北京亚运村天然气阀门井，成功地解决了漏水问题。

　　2. 自应力铁铝酸盐水泥性能与应用

　　1）水泥性能基本要求

　　JC 437—2010 行业标准对自应力铁铝酸盐水泥规定的技术要求：

　　(1) 比表面积、凝结时间、自由膨胀率应符合表 11-36 的规定。

表 11-36　自应力铁铝酸盐水泥物理性能要求指标

比表面积/（m²/kg）$\geqslant$		370
凝结时间/min	初凝，$\geqslant$	40
	终凝，$\leqslant$	240
自由膨胀率/%	7d，$\leqslant$	1.30
	28d，$\leqslant$	1.75

　　(2) 各级别各龄期自应力值应符合表 11-37 的要求。

表 11-37　自应力铁铝酸盐水泥自应力值要求指标

级别	7d/MPa	28d/MPa	
	$\geqslant$	$\geqslant$	$\leqslant$
3.0	2.3	3.0	4.0
3.5	2.5	3.5	4.5
4.0	3.1	4.0	5.0
5.0	3.7	5.0	6.0

　　(3) 抗压强度：7d 不小于 32.5MPa；28d 不小于 42.5MPa。

　　(4) 28d 自应力增进率不大于 0.010MPa/d。

　　(5) 水泥中的碱含量按 $Na_2O + 0.658K_2O$ 计小于 0.50%。

　　2）性能比较

　　各种自应力水泥主要性能比较列于表 11-38。

表 11-38　各品种自应力水泥的性能比较

品种	自应力值/MPa	28d 自由膨胀率/%	抗压强度/MPa	膨胀稳定期/d
自应力硅酸盐水泥	2.0～3.5	1～3	35～45	7～14
自应力铝酸盐水泥	4.0～6.0	1～2	40～50	120～180
自应力硫铝酸盐水泥	3.0～5.0	0.5～1.5	45～60	28～60
自应力铁铝酸盐水泥	3.0～5.0	0.5～1.5	45～60	14～28

从表11-38可以看到，四种自应力水泥性能都不相同。自应力硅酸盐水泥的主要特点是膨胀稳定期短，制品生产周期较短，使用安全性较高，但是其自应力值低，只能制造直径较小的压力管，尤其是它的自由膨胀率高，波动范围大，生产成品率较低。因此，当自应力硫铝酸盐水泥发明后，自应力硅酸盐水泥很快被取代。

自应力铝酸盐水泥的特点是自应力值很高，可制造直径较大的压力管，但其膨胀稳定期很长，竟达120～180d，生产周期很长，工厂无法接受。由于水泥膨胀稳定得很慢，水泥管在使用中易发生爆裂，安全性较差。由于这些原因，自应力铝酸盐水泥虽然做过大量研究试验，但未能推广。

自应力硫铝酸盐水泥与自应力硅酸盐水泥相比，自应力值较高，自由膨胀率较低且波动范围较小，可制作 $\phi800mm$ 及以下的水泥压力管，生产稳定，成品率较高；与自应力铝酸盐水泥相比，膨胀稳定期较短，生产周期较短，工厂能接受。因此，自应力硫铝酸盐水泥经研究试验成功后，很快就被推广。然而，在推广使用中发现，自应力硫铝酸盐水泥的水化膨胀稳定速度仍显较慢，在膨胀源过多的情况下，有时会导致管道破裂。自应力硫铝酸盐水泥用于水泥压力管生产时存在着安全隐患。

自应力铁铝酸盐水泥与自应力硫铝酸盐水泥相比，两者自应力值、自由膨胀率和抗压强度指标基本相同，但膨胀稳定期有很大差别。自应力铁铝酸盐水泥膨胀稳定期仅为自应力硫铝酸盐水泥稳定期的1/2，水化膨胀稳定速度较快，制成压力管后的使用安全性较高。

3）后期膨胀稳定性

自应力水泥的后期膨胀稳定性非常重要，决定着一个水泥品种的成败。在自应力铁铝酸盐水泥研究开发过程中，必须探明其后期膨胀的规律，必须提出调控这种规律的措施，为此，研究了影响后期膨胀稳定性的因素。研究中发现，影响自应力铁铝酸盐水泥后期膨胀稳定性的主要因素有以下几个方面：

（1）水泥水化液相的 pH 值

水泥水化液相 pH 值与自应力水泥混凝土膨胀稳定期的关系列于表 11-39。

表 11-39 水泥水化液相 pH 值与自应力水泥混凝土（1∶2）膨胀稳定期的关系

水泥品种	液相 pH 值	自应力值/MPa	膨胀稳定期/d
自应力铝酸盐水泥	10.5～11.0	4.0～6.0	120～180
自应力硫铝酸盐水泥	11.0～11.5	3.0～5.0	28～60
自应力铁铝酸盐水泥	11.5～12.0	3.0～5.0	14～28
自应力硅酸盐水泥	13.0～13.5	2.0～3.5	7～14

从表 11-39 可看出，自应力水泥各品种的膨胀稳定期与水泥水化液相的 pH 值密切有关。随 pH 值的提高，膨胀稳定期缩短；pH 值愈低，膨胀稳定期愈长。特别要指出的是，自应力铁铝酸盐水泥水化液相 pH 值比自应力硫铝酸盐水泥高出 0.5，而其膨胀稳定期则缩短了一半。这说明自应力铁铝酸盐水泥膨胀稳定期较短的原因是由于水泥水化液相的 pH 值较高。

自应力铁铝酸盐水泥与自应力硫铝酸盐水泥的不同点是：在熟料矿物组成方面，主要矿物组成除了 $C_4A_3\bar{S}$ 和 C_2S 外还有高钙铁相（C_6AF_2）；在水化产物方面，主要产物除了 $C_3A \cdot 3CaSO_4 \cdot 32H_2O$ 外还存在 $Ca(OH)_2$ 和高钙水化硅酸钙 C-S-H（Ⅱ）。自应力铁铝酸盐水泥独特的矿物组成和相应的水化过程使水泥水化液相具有较高的 pH 值。在此 pH 值的液相中，钙矾石加速形成，后期钙矾石不会过量，于是膨胀稳定期缩短。

（2）熟料的铝硅比（N）

熟料的铝硅比（N）是硫铝酸盐水泥熟料生产中非常重要的控制参数，它标志着熟料中 $C_4A_3\bar{S}$ 与 C_2S 两种矿物的比例。N 愈大，熟料中 $C_4A_3\bar{S}$ 矿物的相对含量愈高；N 愈小，熟料中 $C_4A_3\bar{S}$ 的相对含量愈低。由于 $C_4A_3\bar{S}$ 遇水后便形成膨胀源——钙矾石（$C_3A \cdot 3CaSO_4 \cdot 32H_2O$），所以水泥中 $C_4A_3\bar{S}$ 的含量与混凝土膨胀性能有着密切关系。N 值对水泥膨胀稳定性的实验结果说明，熟料的 N 值愈大，自应力值愈高，自由膨胀率也愈大，而膨胀稳定期则随之延长。这是因为熟料中含有的大量 $C_4A_3\bar{S}$ 矿物需要在一个较长的时间内才能基本完成水化过程。在科学研究中还观察到，熟料 N 值过高会形成过量的后期钙矾石，过量的后期钙矾石会导致混凝土制品发生开裂。根据实践经验得出，自应力铁铝酸盐水泥熟料和自应力硫铝酸盐水泥熟料的 N 值都应控制在 3～5。为控制 N 值不超过这个范围，最重要的是把握好矾土质量，并不是质量愈高愈好，应采用 SiO_2 质量分数大于 9% 的低品位矾土。在实际生产中，铁铝酸盐水泥熟料的 N 值为 3.0～3.5，普通硫铝酸盐水泥熟料的 N 值为 4.0～4.5，所以自应力铁铝酸盐水泥的膨胀稳定期较短。

（3）石膏掺量

研究表明，在一定范围内增加石膏掺量会使自应力铁铝酸盐水泥和自应力硫铝酸盐水泥的自由膨胀率大幅提高，而且膨胀稳定期也明显延长。这是因为水泥中的大量石膏在水化初期不能完全被消耗，剩余部分延迟到水化后期与未水化的 $C_4A_3\bar{S}$ 矿物继续水化，形成后期钙矾石，使水泥试件无法在短期内稳定，如果形成过量的后期钙矾石，水泥试件可能开裂。所以过大的石膏掺量会严重影响后期稳定性。根据实践经验得出，自应力铁铝酸盐水泥和自应力硫铝酸盐水泥的石膏掺量 M 值应是在 2～4 之间，在这范围内前者要偏低控制，后者则应偏高控制。

（4）粉磨细度

在实际生产中观察到，水泥细度过低，会在水泥石中形成后期钙矾石，后期膨胀稳定期延长，甚至会导致制品膨胀开裂。大量试验证明，自应力铁铝酸盐水泥和自应力硫铝酸盐水泥的细度比表面积应控制在 370～450m^2/kg。

（5）养护温度和时间

我国自应力水泥一般都用于制作水泥压力管。压力管成型后即进行带模预养护，然后脱模养护。预养的目的一方面是使混凝土尽快具有足够的脱模强度，提高模具周转率；另一方面是为了加速水泥水化，使压力管在养护期内结束膨胀稳定期。自应力铁铝酸盐水泥和自应力硫铝酸盐水泥在预养温度和预养时间的确定过程中必须考虑钙矾石的稳定性。如果预养温度过高（大于90℃）就有可能产生二次钙矾石，使混凝土强度下降，严重时甚至引起开裂；如果预养温度过低，除达不到加快模具周转的目的外，会使预养期内$C_4A_3\bar{S}$水化程度过低，导致制品中形成后期钙矾石，使后期膨胀稳定期延长。实践经验表明，自应力铁铝酸盐和自应力硫铝酸盐水泥压力管的预养温度应在45～60℃，预养时间应为1～1.5h。

自应力铁铝酸盐水泥和自应力硫铝酸盐水泥压力管经养护和脱模后便进行室温水中养护，直到后期膨胀稳定期结束后才出水存放。在水中养护时，务必使水温维持在20℃左右，不能过低。在低温下，$C_4A_3\bar{S}$水化慢，在既定养护期内自应力值不能充分发挥出来，此外，未水化的$C_4A_3\bar{S}$在后期水化形成后期钙矾石，会引起压力管后期膨胀和开裂。所以，在冬季生产时，要设法使水温维持在既定要求范围内。

4）耐腐蚀性

前文叙述快硬铁铝酸盐水泥具有优良的耐腐蚀性，在这基础上试验了自应力铁铝酸盐水泥的耐腐蚀性。1983年福建南平水泥制管厂采用自应力铁铝酸盐水泥生产的自应力水泥压力管，在东山岛西埔湾外海滩进行了海水浸泡和海水干湿循环试验。1985年考察时发现自应力硅酸盐水泥承插口已被腐蚀露石和变薄，而自应力铁铝酸盐承插口则棱角分明，表面光亮，没有任何腐蚀迹象。1995年考察时看到自应力硅酸盐水泥管已经整体腐蚀，自应力铁铝酸盐水泥管则依旧完好无损。试验结果表明，自应力铁铝酸盐水泥与快硬铁铝酸盐水泥一样，具有非常好的耐海水腐蚀性能。

5）应用

自应力铁铝酸盐水泥的用途主要是制作自应力水泥压力管，用于输水工程。山东、河北和福建等省的一些水泥管厂都生产过自应力铁铝酸盐水泥压力管。这种压力管的后期膨胀稳定性好，耐腐蚀性能优良，输水时不会污染水质，具有特定的市场和发展前景。

第八节　铁铝酸盐水泥与普通硫铝酸盐水泥的区别

在国家标准中没有区分铁铝酸盐水泥和普通硫铝酸盐水泥。目前企业生产中也没有对铁铝酸盐水泥和普通硫铝酸盐水泥进行区别。然而，在上述章节中已经看到，这两种水泥在熟料组成、水泥水化体成分、水泥性能和工程应用等方面都具有明显区别。本节集中归纳一下铁铝酸盐水泥和普通硫铝酸盐水泥的主要区别，将有利于企业和用户对这两种水泥的选择。

铁铝酸盐水泥与普通硫铝酸盐水泥的主要区别如下：

1. 熟料矿物组成

两种熟料矿物组成的主要区别示于表 11-40。

表 11-40　两种水泥的熟料矿物组成

铁铝酸盐水泥		普通硫铝酸盐水泥	
熟料矿物	数量/$w\%$	熟料矿物	数量/$w\%$
$C_4A_3\bar{S}$	$33\sim63$	$C_4A_3\bar{S}$	$55\sim75$
C_2S	$14\sim37$	C_2S	$8\sim37$
C_6AF_2	$15\sim35$	C_4AF	$3\sim10$

从表 11-40 可看到，铁铝酸盐水泥熟料和普通硫铝酸盐水泥熟料都含有 $C_4A_3\bar{S}$ 和 C_2S 矿物，但前者所含的 $C_4A_3\bar{S}$ 的数量较低，C_2S 的数量较高。该两种水泥熟料组分最大的不同是：铁铝酸盐水泥的熟料中铁相不仅数量多，而且是高钙的 C_6AF_2；普通硫铝酸盐水泥熟料的铁相含量较低，而且是低钙的 C_4AF。两种水泥熟料矿物组成的差别造成水化体组成的不同。

2. 水泥水化体组成

两种水泥水化体组成的区别示于表 11-41。

表 11-41　两种水泥的水化体组成

铁铝酸盐水泥水化体	普通硫铝酸盐水泥水化体	比较
$C_3A \cdot 3CaSO_4 \cdot 32H_2O$	$C_3A \cdot 3CaSO_4 \cdot 32H_2O$	相同
$Al(OH)_3$	$Al(OH)_3$	相同

续表

铁铝酸盐水泥水化体	普通硫铝酸盐水泥水化体	比较
C-S-H（Ⅱ）	C-S-H（Ⅰ）	不同
大量 $Fe(OH)_3$	—	不同
大量 $Ca(OH)_2$	—	不同
pH=11.5～12.0	pH=11.0～11.5	不同

从表 11-41 可明显看出，铁铝酸盐水泥水化体与普通硫铝酸盐水泥水化体的区别有以下四点：

（1）铁铝酸盐水泥水化体中所含水化硅酸钙凝胶是高钙型的 C-S-H（Ⅱ）；

（2）水化体中含有大量的 $Fe(OH)_3$ 凝胶；

（3）水化体中含有大量的 $Ca(OH)_2$；

（4）水化体液相碱度 pH 值较高。

两种水泥水化体组成的不同，表现在性能上存在明显的差别。

3. 保护钢筋的性能

普通硫铝酸盐水泥在水化硬化早期会使钢筋产生锈斑，在硬化后期锈蚀情况不会发展。铁铝酸盐水泥在早期和后期都不会发生对钢筋的任何锈蚀现象。

4. 制品表面"起砂"

普通硫铝酸盐水泥制品表面有"起砂"和"掉粉"现象。铁铝酸盐水泥表面不发生这种现象，而且坚硬、光滑。

5. 耐腐蚀性能

铁铝酸盐水泥和普通硫铝酸盐水泥的耐腐蚀性能都优于其他品种的水泥。然而，铁铝酸盐水泥在氯盐、硫酸盐及两者的复合溶液中，其耐腐蚀系数 K_6 绝大部分都高于普通硫铝酸盐水泥，特别是在 $MgCl_2$ 溶液中的耐腐蚀系数高出 60%。铁铝酸盐水泥具有更好的耐海水腐蚀性能。

6. 水化热

铁铝酸盐水泥水化放热总量比普通硫铝酸盐水泥低，但前者的放热速率较快，最高放热峰出现在水化 8h 龄期，而普通硫铝酸盐水泥水化放热速率的最高峰出现在 12h 龄期，放热速率快的性能更有利于冬季施工。

7. 混凝土后期膨胀性能

铁铝酸盐水泥膨胀稳定期较短，仅为硫铝酸盐水泥膨胀期的一半，这就大大提高了制品的使用安全性。

8. 保护玻璃纤维侵蚀的性能

普通硫铝酸盐水泥匹配耐碱玻璃纤维具有很好的耐久性。铁铝酸盐水泥不具备这种性能，不能使用于制造 GRC 制品。

通过深入的开发和长期的实际应用，硫铝酸盐类水泥形成各具特色的普通硫铝酸盐水泥和铁铝酸盐水泥两大系列。这两大系列水泥在冬季施工工程、快速施工工程、抗渗防水工程、海洋工程、耐腐蚀工程、GRC 制品、非蒸养混凝土制品和自应力水泥制品等方面具有独特的优势，在众多水泥品种间有着很强的竞争力。

众所周知，新品种水泥的开发和推广存在两个难点，一个是在重大工程中的第一次使用，另一个是工程耐久性的实践证明。硫铝酸盐类水泥在这两方面都已有所突破，快硬铁铝酸盐水泥已成功用于高 100 多米、28 层、建筑面积为 4 万平方米的辽宁物产大厦工程，用快硬硫铝酸盐水泥建设的前国家海洋局大楼已有 30 多年的历史。硫铝酸盐类水泥在解决这两个难点上都取得了很大进展，这为自己进一步发展创造了极为有利的条件。

第十二章　硫铝酸盐水泥
其他品种和应用新领域

第一节　其他品种

1. 高硅硫铝酸盐水泥

中国建筑材料科学研究总院物化室苏慕珍和李德栋等为开发利用工业废渣生产硫铝酸盐水泥，研究出了高硅硫铝酸盐水泥。该水泥熟料矿物组成的区位示于图 12-1。从该图可以看出，高硅硫铝酸盐水泥熟料矿物组成与普通硫铝酸盐水泥熟料和高铁硫铝酸盐水泥熟料不同，它有自己的区位，主要特征是 C_2S 的质量分数高达40%～60%。

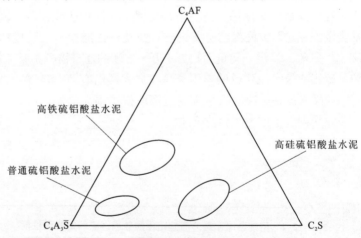

图 12-1　硫铝酸盐水泥熟料矿物区位示意图

按高硅硫铝酸盐水泥熟料矿物组成进行设计，可使许多工业废渣得到更好的利用。在铝渣（赤泥）利用的研究中，采用铝渣、石灰石、矾土和石膏作为原料，在小回转窑内烧成熟料，铝渣配比和熟料矿物组成列于表 12-1，熟料基本物理性能列于表 12-2。从表中所列数据可看出，利用质量分数为 47.3% 的铝渣可制得 525 号水泥熟料，用质量分数为 65.7% 的铝渣可制得 325 号水泥熟料。

表 12-1　用铝渣制造高硅硫铝酸盐水泥熟料的原料配比及相应的矿物组成

编号	铝渣配比	熟料矿物组成 /w%			
		C_2S	$C_4A_3\bar{S}$	铁相	其他
10	65.7	50.36	17.99	18.53	13.12
25	47.3	40.43	33.64	5.34	20.59
50	35.5	28.83	54.05	9.10	8.02

表 12-2　用铝渣制造的高硅硫铝酸盐水泥熟料的物理性能

编号	凝结时间/min		抗压强度/MPa		
	初凝	终凝	1d	3d	28d
10	37	50	25.0	25.9	34.4
25	32	45	39.6	45.8	60.3
50	29	35	48.6	59.5	84.0

在硫铁尾矿利用的研究中，曾采用四川江安硫铁尾矿进行过工业性试验。熟料矿物组成列于表 12-3，熟料主要物理性能列于表12-4。从表中数据可看出，与铝渣相比，用硫铁尾矿制造的高硅硫铝酸盐水泥具有较好的物理性能，它不但凝结时间适中，而且早强和后强都比较高。

表 12-3　用硫铁尾矿制造高硅硫铝酸盐水泥的相应熟料组成（w%）

编号	C_2S	$C_4A_3\bar{S}$	铁相	其他
83	50.43	24.60	9.33	15.64
84	54.72	26.08	10.47	8.73

表 12-4　用硫铁尾矿制造高硅硫铝酸盐水泥熟料的物理性能

编号	凝结时间/min		抗压强度/MPa		
	初凝	终凝	1d	3d	28d
83	110	150	37.9	42.0	56.7
84	121	147	79.3	88.5	95.6

2. 高钙硫铝酸盐水泥（阿里特硫铝酸盐水泥）

中国建筑材料科学研究总院物化室李秀英等研究出了阿里特硫铝酸盐水泥，并在苏慕珍的指导下成功完成了工业性试验。这种水泥的熟料矿物组成基本特征是，除 $C_4A_3\bar{S}$、C_2S 和 C_4AF 外，还存在 C_3S。各种矿物质量分数的范围为：

$C_4A_3\bar{S}$ 　　 5%～20%；

C_3S 　　 30%～50%；

C_2S 　　 30%～40%；

C_4AF 　　 3%～10%。

生产阿里特硫铝酸盐水泥与普通硫铝酸盐水泥的不同之处是：在生料中，除石灰石、矾土和石膏外，还要掺入少量萤石；烧成温度较低，为 1300℃。由于生料含铝量较低，因此可采用高铝粘土或含铝工业废渣取代矾土，扩大原料来源。

阿里特硫铝酸盐的性能是：凝结时类似硅酸盐水泥，初凝时间为 1～2h；早期强度类似普通硫铝酸盐水泥，后期强度有较大增进率。该水泥某一组试样的强度值示于表 12-5。

表 12-5　阿里特硫铝酸盐水泥强度值

抗压强度/MPa			抗折强度/MPa		
1d	3d	28d	1d	3d	28d
34	46	64	6	7	9

中国北方某水泥厂利用当地出产的高铝粉煤灰生产了阿里特硫铝酸盐水泥，这种水泥早期强度高，干燥收缩较小，得到用户好评。

阿里特硫铝酸盐水泥具有良好的开发前景。

3. 含钡硫铝酸盐水泥

山东济南大学程新等开发了含钡硫铝酸盐水泥。这一品种与普通硫铝酸盐水泥相比，其主要的不同点是：在矿物组成方面，$(3-x)CaO \cdot xBaO \cdot Al_2O_3 \cdot CaSO_4$ 取代了 $C_4A_3\bar{S}$；在生产方面，含钡工业废渣取代了铝矾土；在性能方面，早强性能较好。含钡硫铝酸盐水泥曾进行过小批量工业生产和工程应用。

4. 复合硫铝酸盐水泥和复合铁铝酸盐水泥

采用普通硫铝酸盐水泥熟料或铁铝酸盐水泥熟料，除石膏外，掺加石灰石和粒化高炉矿渣等混合材磨制而成。混合材掺量一般不超过 20%。这两种水泥实质上就是多掺了一些混合材的快硬硫铝酸盐水泥或快硬铁铝酸盐水泥，目前主要用于生产钢筋混凝土排水管，以降低水泥成本。

第二节　应用新领域

近期中国有关科研单位和生产企业开发出了硫铝酸盐水泥应用新领域，诞生了一批硫铝酸盐水泥的衍生产品。

1. 硫铝酸钙（CSA）膨胀剂

CSA 膨胀剂有两种生产方法：一种是采用现有的普通硫铝酸盐水泥熟料、石膏和石灰等混合磨制而成；另一种是采用特别烧制的含有一定量游离石灰的普通硫铝酸盐水泥熟料，与石膏等外加剂混合磨制而成。此种膨胀剂膨胀性能良好，质量稳定，但售价较高。

CSA 膨胀剂的用途是掺入通用硅酸盐水泥制作防水、抗渗、抗裂和不收缩混凝土，像地铁隧道、高层建筑地下室和建筑物后浇带等都应用这种混凝土。

CSA 膨胀剂与其他膨胀剂比较，其突出优点是：碱含量极低，无碱害；膨胀稳定期短，无后期膨胀问题；掺入量低，一般仅 6%～8%。

2. 硫铝酸钙（CSA）高效防水剂

CSA 高效防水剂是由硫铝酸盐类水泥配以多种外加剂调制而成。中国建筑材料科学研究总院物化室开发出的 CSA 高效防水剂称"防水宝"。这种防水剂是用快硬铁铝酸盐水泥配制而成，具有很好的防水抗渗性能。

CSA 高效防水剂用于建筑物的表面防水处理，用于防水、抗渗、防潮和防漏，也可用于粘贴瓷砖和马赛克等。

3. 硫铝酸钙（CSA）快速堵漏剂

CSA 快速堵漏剂是用快硬硫铝酸盐水泥加多种外加剂配制而成，用于建筑发生水患时进行快速堵漏止水，可在 5min 内堵住具一定水压的渗漏。

上述三种产品都采用硫铝酸盐类水泥制成，以不同方法治理建筑的水害。CSA 膨胀剂掺入硅酸盐水泥制成防水混凝土进行防水；CSA 高效防水剂用于建筑物的表面处理，进行防水；CSA 快速堵漏剂是对建筑物水患处进行快速堵漏，以制止水害。这三种产品形成一个配套的 CSA 刚性防水材料系列，以不同的方法治理不同形式的水患。

硫铝酸盐水泥的衍生产品还有：采用硫铝酸盐水泥或熟料制成的灌浆材料、地面自流平干混砂浆、外墙保温用粘结砂浆和抹面砂浆、早强型陶瓷墙地砖胶粘剂、修补砂浆（混凝土）、保温隔热防火用泡沫水泥，等等。

当今中国正在展开举世瞩目的大规模建设，工程技术日新月异，需要由新型工程材料支撑。在这方面，硫铝酸盐类水泥大有用武之地。

第四篇
其他类水泥

第十三章 特种水泥其他品种

其他类水泥是指除通用硅酸盐水泥、特种硅酸盐水泥、铝酸盐水泥和硫铝酸盐水泥以外的水泥品种。特种水泥其他品种是指按水泥主要矿物组成分类中，除特种硅酸盐水泥、铝酸盐水泥和硫铝酸盐水泥以外的其他矿物组成的特种水泥。这些水泥都是对其进行过大量研究开发工作，有些曾一度推广应用，另一些则未能推广，现在基本上都没有生产或少量生产。然而，这些研究开发工作所积累的技术资料，对水泥化学和品种发展具有重要参考价值。为此，本书特辟一章进行简要介绍。

第一节 氟铝酸盐水泥

20世纪50年代到70年代，国际水泥化学界曾一度风行研究开发两个水泥复合矿物：硫铝酸钙（$C_4A_3\bar{S}$）和氟铝酸钙（$C_{11}A_7 \cdot CaF_2$）。在硫铝酸钙的研究方面，西方国家的研究者开发出水泥混凝土膨胀剂——CSA膨胀剂；中国建筑材料科学研究总院开发出硫铝酸盐水泥，在世界水泥知识产权宝库中从此有了中国人的贡献。在氟铝酸钙的研究方面，美国波特兰水泥协会在硅酸盐水泥熟料中引入$C_{11}A_7 \cdot CaF_2$，发明了调凝水泥，后来日本购买了美国调凝水泥专利技术，实现了工业化生产，并将该水泥命名为超速硬水泥。1972年中国建筑材料科学研究总院开始研究氟铝酸钙复合矿物，沈梅菲、卢文谟、邓中言、袁明栋、唐金树、刘克忠等研究开发出型砂水泥、快凝快硬硅酸盐水泥和快凝快硬氟铝酸盐水泥等氟铝酸盐水泥系列。

氟铝酸盐水泥是指含有 $C_{11}A_7 \cdot CaF_2$ 矿物的水泥品种。$C_{11}A_7 \cdot CaF_2$ 是由 $C_{12}A_7$ 晶格中的一个空穴被氟元素所置换而形成的复合矿物，它呈四面体三维结构。用含质量分数为51.6%的Al_2O_3、质量分数为43.5%的CaO和质量分数为4.9%的F的化学试剂在1300℃可合成 $C_{11}A_7 \cdot CaF_2$。在水泥熟料中实际存在的氟铝酸钙还固熔微量Fe_2O_3、MgO、SO_3，以及K_2O和Na_2O；同时C_3S中通常固熔质量分数不大于 1.5% 的 CaF_2。

氟铝酸钙矿物有速凝特性,在石膏存在的条件下水化时具有强度增长以小时计的早强特征。调节水泥中 $C_{11}A_7 \cdot CaF_2$ 矿物含量,可使水泥具有不同的快凝早强特征,形成不同品种的氟铝酸盐水泥,如表 13-1 所示。

表 13-1 含氟铝酸钙矿物的三种水泥的矿物组成 $(w\%)$

水泥名称	$C_{11}A_7 \cdot CaF_2$	C_3S	C_2S
型砂水泥	21～27	45～58	6～10
快凝快硬硅酸盐水泥	31～36	36～44	6～11
快凝快硬氟铝酸盐水泥	71～74		14～21

1. 型砂水泥

在氟铝酸盐水泥系列中型砂水泥的组成特点是 $C_{11}A_7 \cdot CaF_2$ 较低,但 C_3S 较高。由于其主要用途是铸造型砂的胶结,因此称为型砂水泥。1991 年制定并实施型砂水泥行业标准 JC 419—91,规定的技术要求是:

(1) 水泥中三氧化硫的含量不得超过 9.0%;

(2) 水泥比表面积不得小于 450m^2/kg;

(3) 水泥凝结时间,初凝不得早于 50s,终凝不得迟于 12min;

(4) 水泥各龄期抗压强度均不得低于下列数值:

抗压强度/MPa		
1h	2h	24h
0.30	0.40	0.90

按沈梅菲等[6]提供的资料,这里介绍我国企业生产的型砂水泥的基本生产技术和主要性能特征。

我国型砂水泥生产是先用石灰石、粘土、矾土、少量萤石和石膏等原料配制成生料;然后在中空干法回转窑内烧成熟料,烧成温度为 1350～1400℃,烧成时控制游离 CaO 小于 1.0%,过量 CaF_2 为 0.5%～1.0%;最后用 87%～93% 熟料和 7%～13% 硬石膏共同粉磨成水泥。水泥比表面积控制在 550m^2/kg 左右,SO_3 含量控制在 6%～7.5%。为提高水泥磨机效率,外掺 1% 木炭作为助磨剂。

熟料化学组成示于表 13-2，主要矿物组成示于表 13-3。

表 13-2 型砂水泥熟料化学组成

熟料编号	化学组成/$w\%$						
	SiO_2	Al_2O_3	Fe_2O_3	CaO	SO_3	F	f-CaO
1	16.80	14.19	1.51	62.62	2.48	1.68	0.50
2	16.11	13.61	2.60	61.72	1.80	1.92	0.37

表 13-3 型砂水泥熟料主要矿物组成

熟料编号	矿物组成/$w\%$			
	$C_{11}A_7 \cdot CaF_2$	C_3S	C_2S	C_4AF
1	26.0	52.8	8.8	4.6
2	23.5	53.7	6.2	7.7

从表 13-3 看到，我国生产的型砂水泥熟料的矿物组成主要是 $C_{11}A_7 \cdot CaF_2$、C_3S 和少量 C_2S；从表 13-2 可看出，熟料化学成分中还含有少量 Fe_2O_3 和 SO_3。这说明熟料矿物除 $C_{11}A_7 \cdot CaF_2$、C_3S 和 C_2S 外还含有少量 C_4AF 和硫铝酸钙（$C_4A_3\bar{S}$）。C_4AF 是由原料带入的 Fe_2O_3 而形成，$C_4A_3\bar{S}$ 是为了改善使用适应性在原料中掺入少量石膏而配置的。按物化理论，由于生料中存在 CaF_2，熟料中 $C_4A_3\bar{S}$ 与 C_3S 能够共存，同时熟料烧成温度下降 $50\sim100℃$。

型砂水泥主要性能指标列于表 13-4，水化热指标列于表 13-5。

表 13-4 型砂水泥主要性能指标

水泥编号	比表面积/(m^2/kg)	凝结时间/min:s		型砂配比/%			抗压强度/MPa			备注
		初凝	终凝	砂	水泥	水	1h	2h	24h	
1	624	1:30	2:26	100	8	6.5	0.26	0.38	>0.9	型砂
2	640	2:00	3:00	100	8	6.5	0.52	0.65	>0.9	标准砂

表 13-5 型砂水泥水化热指标

水泥种类	水化热/（kJ/kg）				
	4h	12h	1d	3d	7d
型砂水泥	196	232	250	301	352
硅酸盐水泥	16	129	172	218	261

从表 13-4 可看到，型砂水泥凝结时间短，型砂强度发展快，采用标准砂的试样强度完全达到专业标准所规定的要求。

从表 13-5 看出，型砂水泥放热速率较高，4h 的水化热为 7d 的 56％，12h 的为 7d 的 66％，比硅酸盐水泥要高得多。放热速率的高低在一定程度上反应了水化速度的快慢。型砂水泥放热速率高说明其水化速度快。可见，型砂水泥强度增长迅速的原因是其水化速度快。

水泥水化速度是由熟料矿物的性能所决定，氟铝酸盐水泥的水化特征与熟料中氟铝酸钙矿物的水化过程密切有关，而氟铝酸盐矿物水化过程又与其水化条件有着很大关系。氟铝酸盐水泥系列不同品种的水化条件有明显差别。型砂水泥熟料矿物的主要成分是 C_3S 矿物，水泥粉磨制成时掺入了少量硬石膏，因此型砂水泥中 $C_{11}A_7 \cdot CaF_2$ 矿物是在 $Ca(OH)_2$ 饱和溶液和存在一定量 $CaSO_4$ 的条件下进行水化。主要水化反应过程可用下式表示：

$$C_{11}A_7 \cdot CaF_2 + 6Ca(OH)_2 + 6CaSO_4 + 69H_2O \longrightarrow$$
$$6(C_3A \cdot CaSO_4 \cdot 12H_2O) + 2Al(OH)_3 \cdot \overline{F}$$
$$C_3A \cdot CaSO_4 \cdot 12H_2O + 2CaSO_4 + 20H_2O \longrightarrow C_3A \cdot 3CaSO_4 \cdot 32H_2O$$

从上列反应式可看出，氟铝酸钙水化先形成低硫型水化硫铝酸钙，在石膏存在条件下进一步形成高硫型水化硫铝酸钙。在型砂水泥中石膏量有限，所以水泥硬化体中高硫型水化硫铝酸钙与低硫型水化硫铝酸钙共存。不过，型砂水泥与建筑上使用的水泥不同，没有耐久性要求，因此水化产物中可以允许低硫型水化硫铝酸钙的存在。

2. 快凝快硬硅酸盐水泥

快凝快硬硅酸盐水泥简称双快硅酸盐水泥。它的矿物组成与型砂水泥类似，只是 $C_{11}A_7 \cdot CaF_2$ 含量更高，而 C_3S 较低。双快硅酸盐水泥熟料中硅酸钙矿物 C_3S 和 C_2S 的总量高于氟铝酸钙的含量，但其基本性能已脱离硅酸盐水泥的性能特征，所以将它归属于氟铝酸钙水泥品种系列。曾制定快凝快硬硅酸盐水泥行业标准 JC 314—82。该标准对水泥的定义是："凡以适当成分的生料，烧至部分熔融，所得以硅酸三钙、氟铝酸钙为主的熟料，加入适量的硬石膏、粒化高炉矿渣、无水硫酸钠，经过磨细制成的一种凝结快、小时强度增长快的水硬性胶凝材料，称为快硬快凝硅酸盐水泥。"标准中规定，快硬快凝硅酸盐水泥的标号按 4h 强度分为双快-150、双快-200 两个标号；适用于机场道面、桥梁、隧道和涵洞等紧急抢修工程，以及冬季施工、堵漏等工程。标准规定的品质指标为：

(1) 熟料中氧化镁含量不得超过 5.0%；

(2) 水泥中三氧化硫含量不得超过 9.5%；

(3) 水泥比表面积不得低于 4500cm^2/kg；

(4) 安定性沸煮法检验必须合格；

(5) 按 4h 强度分双快-150、双快-200 两个标号，各龄期强度均不得低于下列指标：

水泥标号	抗压强度/（kg/cm^2）			抗折强度/（kg/cm^2）		
	4h	1d	28d	4h	1d	28d
双快-150	150	190	325	28	35	55
双快-200	200	250	425	34	46	64

强度试验方法是 GB 177—77《水泥胶砂强度检验方法》，并补充规定，成型时加入占水泥重量 0.5% 的酒石酸。

采用唐金树[6]提供的资料，介绍我国企业生产双快硅酸盐水泥的生产技术和主要性能特征。

与型砂水泥一样，双快硅酸盐水泥生产也是采用石灰石、粘土、萤石和石膏作为原料，在中空干法回转窑内烧成熟料。由于熟料中矿物组成不同，氟铝酸钙含量较高，双快硅酸盐水泥熟料烧成温度较低，为 1300～1360℃。烧成时，游离 CaO 控制在小于 1.0%，过量 CaF_2 为 0.5%～1.0%。水泥粉磨时掺入硬石膏 12%～16%，有时还掺入少量高炉矿渣，以提高质量稳定性。一般都采用二级粉磨并外掺 1.0% 的木炭助磨剂，水泥比表面积要求大于 500m^2/kg。为延缓凝结时间，使用时掺加 0.1%～0.3% 工业柠檬酸或酒石酸作缓凝剂。

双快硅酸盐水泥熟料化学组成示于表 13-6，主要矿物组成示于表 13-7。

表 13-6 双快硅酸盐水泥熟料化学组成

水泥品种	化学组成/$w\%$					
	SiO_2	Al_2O_3	Fe_2O_3	CaO	SO_3	F
双快硅酸盐水泥	13.8	19.7	1.9	57.6	1.3	1.8
型砂水泥	16.2	13.8	2.8	60.2	2.4	1.6

表 13-7 双快硅酸盐水泥熟料矿物组成

水泥品种	矿物组成/$w\%$			
	$C_{11}A_7 \cdot CaF_2$	C_3S	C_2S	C_4AF
双快硅酸盐水泥	35.4	40.0	9.6	5.8
型砂水泥	23.7	47.0	11.4	8.5

从表 13-7 可看到,我国企业生产的双快硅酸盐水泥熟料主要矿物组成与型砂水泥熟料相比,$C_{11}A_7 \cdot CaF_2$ 含量要高出近 12%,C_3S 低 7%,此外都含有随原料带入的 Fe_2O_3 形成的 C_4AF。从表 13-6 可看到,熟料中含有少量 SO_3,这是为改善水泥使用适应性在原料中配入石膏的结果。SO_3 组分的存在说明双快硅酸盐水泥熟料和型砂水泥一样,也都含有少量 $C_4A_3\bar{S}$,以取代"定义"中所指的无水硫酸钠。

双快硅酸盐水泥的凝结时间和强度特性分别示于表 13-8 和表 13-9。

表 13-8 双快硅酸盐水泥凝结时间与砂浆强度特性

比表面积/（m^2/kg）	凝结时间/h：min		抗压强度/MPa			
	初凝	终凝	4h	6h	1d	28d
329	0：12	0：32	21.7	23.0	22.0	50.4

表 13-9 双快硅酸盐水泥混凝土强度性能

水泥:砂:石	水灰比	坍落度/mm	混凝土抗压强度/MPa			
			4h	6h	1d	28d
1:1.5:3.5	0.45	15	21.5	24.6	25.2	41.6

从这两个表可以看到，双快硅酸盐水泥具有快凝早强的特性，初凝为 12min，终凝为 32min，砂浆和混凝土 4h 强度都在 21MPa 以上。

双快硅酸盐水泥有微膨胀性能，4h 线膨胀率为 0.4%～0.5%，28d 为 0.5%～0.6%。快凝早强和微膨胀特性使双快硅酸盐水泥适用于抢修、堵漏和接缝等工程。从表 13-5 可看到，型砂水泥早期硬化体放热很高。双快硅酸盐水泥中氟铝酸钙含量较多，可以判断其早期水化放热更高。因此，双快硅酸盐水泥可用于冬季施工、进行抢修等作业。

3. 快凝快硬氟铝酸盐水泥

快凝快硬氟铝酸盐水泥又称双快氟铝酸盐水泥，其组成特征是熟料中的氟铝酸钙矿物含量大于硅酸钙矿物的含量，主要矿物是氟铝酸钙（$C_{11}A_7 \cdot CaF_2$）和硅酸二钙（C_2S），不存在硅酸三钙（C_3S）。

按刘克忠[6] 提供的资料，介绍我国企业生产双快氟铝酸盐水泥的生产技术和主要性能特征。

双快氟铝酸盐水泥采用石灰石、矾土和萤石作原料。与型砂水泥和双快硅酸盐水泥原料相比，双快氟铝酸盐水泥生产要求矾土原料中 Al_2O_3 含量较高，要大于 60%。采用中空干法回转窑进行煅烧，烧成温度为 1340～1400℃。水泥粉磨时必须掺加 15%～20% 硬石膏。为稳定质量，还要掺入少量高炉矿渣。比表面积控制在 550m^2/kg 左右。为提高粉磨效率可掺加适量助磨剂。

双快氟铝酸盐水泥熟料化学组成和矿物组成分别示于表 13-10 和表 13-11。

表 13-10　双快氟铝酸盐水泥熟料化学组成

生产厂	生产时间	化学组成/w%				
		SiO_2	Al_2O_3	Fe_2O_3	CaO	MgO
中国建筑材料科学研究总院水泥中间试验厂	1973 年	7.50	36.50	1.06	51.53	0.13
中国建筑材料科学研究总院水泥中间试验厂	1975 年	5.04	38.23	1.31	50.26	0.64
苏州光华水泥厂	1975 年	5.87	38.72	1.60	49.60	0.30

表 13-11　双快氟铝酸盐水泥熟料矿物组成

生产厂	生产时间	矿物组成/w%		
		$C_{11}A_7 \cdot CaF_2$	C_2S	C_4AF
中国建筑材料科学研究总院水泥中间试验厂	1973 年	71.40	21.5	1.8
中国建筑材料科学研究总院水泥中间试验厂	1975 年	73.40	14.4	2.5
苏州光华水泥厂	1975 年	74.80	16.90	2.7

从表 13-10 和表 13-11 看出，我国企业生产的双快氟铝酸盐水泥熟料矿物组成主要是 $C_{11}A_7 \cdot CaF_2$，含量高达 71%～75%，其次是 C_2S，含量为 14%～22%，还有少量 C_4AF，是由原料带入的。双快氟铝酸盐水泥与双快硅酸盐水泥在组成上的不同点是 $C_{11}A_7 \cdot CaF_2$ 含量高，不存在 C_3S 和 $C_4A_3\bar{S}$，因此在性能上必然也有所区别。

双快氟铝酸盐水泥的凝结时间和强度特性分别示于表 13-12 和表 13-13。

表 13-12　双快氟铝酸盐水泥凝结时间与砂浆强度特性

水泥名称	缓凝剂/%	凝结时间/min		抗压强度/MPa				
		初凝	终凝	1h	2h	4h	1d	28d
双快硅酸盐水泥	0.2	28	36			22.3	30.2	50.6
双快氟铝酸盐水泥	0	2	3	23.6	27.0	28.0	37.2	54.7
	0.3	11	12			31.4	40.9	53.7

表 13-13　双快氟铝酸盐水泥混凝土强度性能

编号	配合比 水泥：砂：石	缓凝剂/%	坍落度/cm	试验温度/℃	抗压强度/MPa						
					1h	2h	3h	4h	6h	1d	28d
1	1：1.8：2.7	0.5	2.0	20			25.3	27.5	30.3	36.5	46.2
2	1：2：3	0.5	1.7	17	4.0	9.7	22.6				49.7
3	1：2：3	0.5	1.5	15			18.3	27.1	29.4		
4	1：1.47：3.61	0.45	1.5	15			20.6	29.1	37.0	58.5	
5	1：1.47：3.61	0.45	2.0	4～6			13.2	15.5	35.3		

从表 13-12 可看到，双快氟铝酸盐水泥凝结时间很短，初凝仅 2min，终凝也只有 3min。掺入硼酸或酒石酸等缓凝剂可延长凝结时间。如表 13-12 所示，掺入 0.3% 缓凝剂可使水泥初凝延长到 11min，终凝延长到 12min。从表 13-12 还可看到，双快氟铝酸盐水泥早期强度发展很快，不掺缓凝剂的 1h 强度达 24MPa、2h 强度达 27MPa；掺缓凝剂 4h 强度达 31MPa、1d 强度可达 41MPa。与双快硅酸盐水泥相比，双快氟铝酸盐水泥的凝结时间较快，早期强度较高。

从表 13-13 看出，双快氟铝酸盐水泥混凝土的小时强度很高，以编号 2 的试样为例，1h 强度达 4MPa、2h 达 10MPa、3h 可达 23MPa。此外，早期强度发展很快，以 4 号试样为例，6h 强度为 1d 强度的 83%，1d 强度为 28d 的 63%。表 13-13 还表明，双快氟铝酸盐水泥也具有较好的低温性能，在 4~6℃ 低温条件下强度发展仍然很快，4h 强度达 13MPa、6h 达 16MPa、1d 可达 35MPa。

利用快硬特性，双快氟铝酸盐水泥在我国曾用于飞机场路面抢修、堵漏止水和矿井锚杆等工程，都取得良好效果。

第二节　氯铝硅酸盐水泥（阿里尼特水泥）

1. 概述

氯铝硅酸盐水泥又称阿里尼特水泥，因其熟料组成主要是氯铝硅酸钙（$21CaO \cdot 6SiO_2 \cdot Al_2O_3 \cdot CaCl_2$）即阿里尼特矿物而得名。20 世纪 60 年代，前苏联学者对氯铝硅酸钙矿物进行了大量研究。在这基础上，他们在硅酸盐水泥生料中引入 $CaCl_2$，在 1000~1100℃ 温度下烧制出阿里尼特矿物占 60%~80% 的熟料。在烧成时，窑产量增加 30%~40%，热耗下降 20%~30%，电耗减少 15kWh/t。用此熟料制成的水泥能配制出可工作性能正常的抗压强度达 60~70MPa 的混凝土。在前苏联，称这种水泥为阿里尼特水泥。研究结果表明，阿里尼特水泥具有良好的水硬特性，生产时还有较好的技术经济指标。前苏联曾将生产阿里尼特熟料作为水泥工业的一项新技术加以推广。然而，在推广中遇到两个主要问题：一个是生产时的设备腐蚀问题；另一个是使用时的钢筋腐蚀问题。由于这两个问题未能妥善解决，所以阿里尼特水泥至今未能获得推广。

20 世纪 70 年代中国建筑材料科学研究总院苏慕珍等[18]开始研究阿里尼特矿物。1988 年，他们与天津建材研究所周绍重等[6]合作，研究利用碱渣制造阿里尼特水泥，以便化害为利。研究结果表明，烧制阿里尼特水泥是碱渣利用的技术途径之一。

2. 物化理论

前苏联学者测定的阿里尼特矿物的分子式为：$21CaO \cdot 6SiO_2 \cdot Al_2O_3 \cdot CaCl_2$；存在 MgO 的条件下，其分子式为 $24CaO \cdot 8SiO_2 \cdot Al_2O_3 \cdot MgO \cdot CaCl_2$。两者都属斜方晶系，晶型呈片状。由于分子式和性能都接近阿里特矿物，即 C_3S，所以称该矿物为阿里尼特。它的形成温度为 1050～1300℃，超出此温度范围便分解为 C_3S、C_2S 和铝相。可见，阿里尼特形成温度比阿里特要低得多。由于 Al^{3+} 离子置换 Ca^{2+} 离子而造成晶格缺陷，因此阿里尼特的水化活性比阿里特要高。然而，阿里尼特的水硬特性又不同于氟铝酸钙，前者快硬而不快凝，初凝时间一般在 30min 以上，而 1d 抗压强度达 40MPa。

理论研究表明，在 $CaO-SiO_2-Al_2O_3-CaCl_2$ 系统中。SiO_2 除进入 $21CaO \cdot 6SiO_2 \cdot Al_2O_3 \cdot CaCl_2$ 外，还与 CaO 结合成 C_2S；Al_2O_3 除进入 $21CaO \cdot 6SiO_2 \cdot Al_2O_3 \cdot CaCl_2$ 外，还形成氯铝酸钙 $C_{11}A_7 \cdot CaCl_2$，C_2S 是通过过渡相贝利尼特 $C_2S \cdot CaCl_2$ 而形成的。贝利尼特因其组成与贝利特 C_2S 相似而得名。前者分低温贝利尼特 L-$C_2S \cdot CaCl_2$ 和高温贝利尼特 H-$C_2S \cdot CaCl_2$ 两种。L-$C_2S \cdot CaCl_2$ 在 800℃ 开始形成，在 975℃ 转变成 H-$C_2S \cdot CaCl_2$，在 1037℃ H-$C_2S \cdot CaCl_2$ 发生不一致融熔，分解成 C_2S 和 $CaCl_2$ 液相，导致在较低温度下形成 $21CaO \cdot 6SiO_2 \cdot Al_2O_3 \cdot CaCl_2$。$C_{11}A_7 \cdot CaCl_2$ 在 850℃ 条件下就开始形成，其晶体仍保持着 $C_{12}A_7$ 类型结构。由于氧被氯所取代，造成离子配位间距增大，从而使 $C_{11}A_7 \cdot CaCl_2$ 矿物较 $C_{12}A_7$ 具有更好的活性。

在阿里尼特水泥熟料烧成过程的研究中观察到，在 600～700℃ 开始出现贝利尼特和贝利特的雏晶，随着温度提高，这些雏晶不断长大，数量逐渐增多；在 800～850℃ 开始出现 $C_{11}A_7 \cdot CaCl_2$ 和铁相 C_6AF_2；在 950～1150℃，大量形成阿里尼特。其反应式如下：

$$52CaO + 36C_2S + 6(C_2S \cdot CaCl_2) + C_{11}A_7 \cdot CaCl_2 \longrightarrow$$
$$7(21CaO \cdot 6SiO_2 \cdot Al_2O_3 \cdot CaCl_2)$$

可见，阿里尼特熟料主要有三个矿物，即 $21CaO \cdot 6SiO_2 \cdot Al_2O_3 \cdot CaCl_2$、$C_{11}A_7 \cdot CaCl_2$ 和 C_2S。

3. 熟料组成

阿里尼特熟料矿物组成一般为：

$$21CaO \cdot 6SiO_2 \cdot Al_2O_3 \cdot CaCl_2 = 40\% \sim 60\%；$$
$$C_2S = 20\% \sim 30\%；$$
$$C_{11}A_7 \cdot CaCl_2 = 10\% \sim 15\%。$$

中国建筑材料科学研究总院和天津建材研究所合作利用碱渣生产的阿里尼特水泥熟料化学组成和矿物组成示于表 13-14 和表 13-15。

表 13-14　阿里尼特水泥熟料化学组成

编号	熟料化学组成/$w\%$								
	烧失量	SiO_2	Al_2O_3	Fe_2O_3	CaO	MgO	SO_3	Cl	K_2O	Na_2O
1	4.60	19.69	6.01	2.10	58.25	4.75	3.37	3.76	0.26	0.76
2	1.92	20.91	6.51	2.25	59.76	4.85	2.40	3.35	0.11	0.33

表 13-15　阿里尼特水泥熟料矿物组成

编号	熟料矿物组成/$w\%$							
	$21CaO \cdot 6SiO_2 \cdot Al_2O_3 \cdot CaCl_2$	C_2S	$C_{11}A_7 \cdot CaCl_2$	C_6AF_2	$CaCl_2$	$CaSO_4$	KCl	NaCl
1	42.32	31.21	5.81	4.98	1.22	5.73	0.46	1.63
2	39.86	35.34	6.69	7.13	4.08	1.90	0.71	

从表 13-15 可看到，用碱渣制造的阿里尼特水泥熟料中主要含阿里尼特和硅酸二钙，两者占总量的 $70\% \sim 80\%$，其次是含氯铝酸钙和铁相，两者占 $10\% \sim 14\%$。特别要指出的是，熟料中还含有一定量的氯盐，这对水泥应用受到很大限制。

4. 生产技术

生产阿里尼特水泥熟料的原料有三种：

（1）钙质原料，如石灰石、泥灰岩等；

（2）硅铝原料，如粘土、粉煤灰和煤矸石等；

（3）氯化钙原料，如碱渣和其他工业副产品 $CaCl_2$ 等。

中国建筑材料科学研究总院和天津建材研究所采用的原料主要

是碱渣，并配入适量的粘土和石灰石。碱渣是一种含水高达 $50\%\sim60\%$ 的白色胶泥，主要成分是 $Ca(OH)_2$、$CaSO_4$ 和大量氯盐，包括 $CaCl_2$、KCl、$NaCl$ 等。天津碱厂两个碱渣试样的化学成分示于表 13-16。用此碱渣配制的生料化学成分示于表 13-17。

表 13-16　碱渣的化学成分

编号	化学成分/$w\%$									
	烧失量	SiO_2	Al_2O_3	Fe_2O_3	CaO	MgO	SO_3	Cl	K_2O	Na_2O
1	21.76	10.17	2.89	0.54	36.68	6.35	3.27	12.75	0.23	4.29
2	21.25	9.64	2.68	0.53	37.24	6.32	3.06	13.67	0.19	4.10

表 13-17　阿里尼特水泥生料化学成分

编号	化学成分/$w\%$									
	烧失量	SiO_2	Al_2O_3	Fe_2O_3	CaO	MgO	SO_3	Cl	K_2O	Na_2O
1	35.98	11.53	3.81	0.87	35.14	2.90	1.24	4.51	0.68	1.85
2	35.74	12.39	3.90	1.39	35.71	3.18	1.21	3.81	0.74	1.05

从表 13-16 和表 13-17 的对比中可看到，阿里尼特水泥生料化学成分与碱渣的成分很接近。因此不难得出，生产阿里尼特水泥可大量利用碱渣。这是处理碱渣、变废为宝的一个重要技术途径。

前苏联研究者采用回转窑煅烧阿里尼特水泥熟料。中国建筑材料科学研究总院和天津建材研究所在碱渣配料的阿里尼特水泥熟料烧成中采用了制砖轮窑，其生产工艺与回转窑有较大差别，如图 13-1 所示。

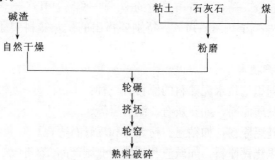

图 13-1　阿里尼特水泥熟料轮窑烧成流程示意图

从图 13-1 可看出，碱渣轮窑烧成工艺与回转窑相比有以下主要特点：

（1）碱渣泥料与粘土等粉料在轮碾机内混合粉磨；

（2）生料中掺入煤粉制成黑泥料；

（3）黑泥料挤成砖坯并装入窑内；

（4）烧成的砖坯破碎成块状熟料。

采用轮窑工艺批量生产阿里尼特水泥熟料取得了成功。这工艺的主要优点是投资低，机械设备少，生产过程中氯盐对设备腐蚀的问题不大。

在熟料中掺入 5% 左右石膏后进行粉磨即制成阿里尼特水泥。粉磨细度为 $80\mu m$ 方孔筛筛余 2%～4%。

5. 性能与应用

碱渣配制成的阿里尼特水泥性能示于表 13-18，用此水泥配制的混凝土的性能示于表 13-19。

表 13-18 碱渣配制的阿里尼特水泥性能

编号	稠度/%	凝结时间/h：min		安定性	抗压/抗折强度/MPa		
		初凝	终凝		3d	7d	28d
1	28.5	0：36	1：16	合格	20.1/3.9	25.4/4.7	34.8/5.6
2	26.7	0：48	1：38	合格	23.7/4.7	32.5/5.7	45.4/6.5

表 13-19 碱渣配制阿里尼特水泥混凝土性能

等级	配比				水泥用量/（kg/m³）	坍落度/cm	抗压强度/MPa	
	水泥	砂	石	水			7d	28d
C20	1	1.65	3.19	0.46	370	4.7	16.7	24.5
C30	1	1.61	3.28	0.48	380	8.9	17.8	35.0

从表 13-18 可看到，碱渣配制的阿里尼特水泥具有基本正常的凝结时间；28 d 软练胶砂抗压强度可达 34～45MPa，没有像有些水泥那样的抗压强度或抗折强度倒缩问题。从表 13-19 可得出，碱渣阿里尼特水泥混凝土具有良好的可工作性，并能达到 C20 和 C30 等级。

天津先锋建材制品厂曾采用碱渣阿里尼特水泥取代矿渣硅酸盐水泥生产方砖和混凝土砌块。这些制品都是素混凝土，没有配筋，不存在钢筋腐蚀问题。

第三节 钡水泥和锶水泥

硅酸盐水泥的主要成分是硅酸钙。钡水泥的主要成分是硅酸钡，由氧化钡（BaO）取代了硅酸钙中的氧化钙（CaO）。锶水泥与钡水泥区别是氧化锶（SrO）取代了硅酸钡中的氧化钡。

原子能辐射的射线主要有 α、β 和 γ 射线，以及中子流。其中 α 和 β 射线的穿透力弱，容易防护，而 γ 射线和中子流的穿透力很强，防护比较复杂。根据辐射对物质作用原理，屏蔽 γ 射线要用高密度的材料，防护中子流则要用轻元素构成的物质。国内外研究和应用的实践表明，用于屏蔽核辐射的材料有金属、无机复合材料和水泥混凝土等。混凝土是用得最多最广的防辐射材料。目前，配制防辐射混凝土常用的水泥是硅酸盐水泥。如核电站核能反应堆容器防护外壳的混凝土都是采用特殊要求的硅酸盐水泥，即核电水泥。为了提高混凝土屏蔽 γ 射线能力，除采用高密度骨料外，国内外科学研究者开发出了密度较高的钡水泥和锶水泥。中国建筑材料科学研究总院胡秀春和于奎昌等于 20 世纪 60 年代开发出了这两种水泥。按于奎昌提供的资料[6]和其他文献资料[23][24]，将钡水泥和锶水泥简要介绍如下：

1. 钡水泥熟料组成

钡水泥矿物组成主要是硅酸三钡（$3BaO \cdot SiO_2$），还有少量硅酸二钡（$2BaO \cdot SiO_2$）。钡水泥的主要化学式组成为：

BaO 75%～81%；

SiO_2 14%～16%；

Al_2O_3 2%～4%；

Fe_2O_3 1%～2%；

MgO 0%～2%。

可见，钡水泥的组成特点是主要成分为硅酸钡，熔媒矿物很少。

2. 钡水泥生产技术

钡水泥的原料主要是重晶石和粘土质原料。为使重晶石加速分解，在生料中加入辅助原料焦炭。对重晶石的质量要求是 $BaSO_4 \geqslant$

88%，$SiO_2 \leqslant 9\%$。

生料制备采用小型辊式磨。由于生料组分密度相差较大，要采取适当措施保证生料的均匀性。

熟料在小回转窑内煅烧。由于 $BaSO_4$ 分解温度高，完成分解的时间较长，所以烧成温度比硅酸盐水泥熟料要高，一般在 $1500 \sim 1600℃$。煅烧时要保持氧化气氛，必须严格控制来料和温度，否则易出生烧料。熟料烧成时的主要反应式为：

$$BaSO_4 + C \longrightarrow BaO + SO_2 + CO$$
$$3BaO + SiO_2 \longrightarrow 3BaO \cdot SiO_2$$

3. 钡水泥的性能与应用

钡水泥的密度为 $4.5 \sim 5.2 \times 10^3 kg/m^3$，显然比硅酸盐水泥的密度 $3.2 \times 10^3 kg/m^3$ 要大得多。

钡水泥的凝结时间初凝为 $20 \sim 30min$，终凝为 $40 \sim 60min$，比普通硅酸盐水泥要快。

钡水泥 28d 胶砂强度可达 $39.2 \sim 49.0MPa$，而且 3d 强度为 28d 强度的 65% 以上，说明早期强度较高。钡水泥混凝土强度示于表 13-20。

表 13-20　钡水泥混凝土强度

混凝土名称	配合比			水灰比	坍落度/cm	抗压强度/MPa			
	水泥	砂	石			1d	3d	7d	28d
钡水泥砾石混凝土	1	1.3	3.0	0.32	1.5	26.4	26.5	32.9	40.5
钡水泥重晶石混凝土	1	1.8	2.8	0.28	0.5	26.4	40.5	47.9	51.3
硅酸盐水泥重晶石混凝土	1	2.7	4.2	0.45	0.5	11.7	20.7	29.9	48.5

从表 13-20 可得出，钡水泥重晶石混凝土的早期强度较高，1d 强度可达 26.4MPa，3d 强度可达 40.5MPa，比硅酸盐水泥混凝土要高。钡水泥混凝土的后期强度与硅酸盐水泥类似，能达 50MPa 左右。

钡水泥的热稳定性较差。钡水泥遇水后按下式发生反应：

$$3BaO \cdot SiO_2 + 8H_2O \longrightarrow BaO \cdot SiO_2 \cdot 6H_2O + 2Ba(OH)_2$$

从反应式可看到，钡水泥水化产物含水量较高。这些水化产物在100℃时会大量脱水，并伴随着强度急剧下降，造成水泥混凝土的热稳定性能较差。这个性能缺陷使水泥应用受到限制。

钡水泥防γ射线性能示于表13-21。

表13-21 钡水泥防γ射线试验结果

混凝土名称	容重/(kg/m³)	Co⁶⁰γ射线穿透结果			Cs¹³⁷γ射线穿透结果		
		吸收系数/cm^{-1}	半厚度/cm	相对半厚度	吸收系数/cm^{-1}	半厚度/cm	相对半厚度
硅酸盐水泥砾石混凝土	2327	0.067	10.28	100	0.096	7.25	100
钡水泥砾石混凝土	2519	0.087	7.82	76.1	0.131	5.27	72.7
钡水泥重晶石混凝土	3314	0.119	5.82	56.6	0.187	3.70	51.0
钡水泥铁珠混凝土	5239	0.179	3.87	37.6	0.240	2.88	39.7

从表13-21可看到，钡水泥砾石混凝土较硅酸盐水泥砾石混凝土吸收系数提高32%～36%，半厚度降低24%～27%；钡水泥重晶石混凝土较硅酸盐水泥砾石混凝土吸收系数提高77%～95%，半厚度降低43%～49%；钡水泥铁珠混凝土较硅酸盐水泥砾石混凝土吸收系数提高150%～167%，半厚度降低60%～62%。这些数据表明，钡水泥防γ射线的功能与硅酸盐水泥相比，具有显著优越性，同时说明混凝土骨料对防γ射线的功能也有很大影响，骨料密度愈大，骨料防γ射线的穿透能力愈强。

钡水泥混凝土适用于防护层厚度有限制的非高温的防γ射线辐射工程，如防护墙、信息源室和活动防护屏等。中国建筑材料科学研究总院开发的钡水泥曾应用北京某医院的γ射线生物屏蔽层和另一家医院的回旋加速器的生物屏蔽层，均取得较好效果。

4. 锶水泥

锶水泥熟料的矿物组成主要是硅酸三锶，主要化学组成为：

SrO　　　71%～76%；

SiO$_2$　　10%～15%；

Al$_2$O$_3$　　4%～7%；

Fe$_2$O$_3$　　3%～6%；

MgO　　　0%～2%。

生产锶水泥的主要原料为碳酸锶和粘土质原料。烧制成的熟料加入适量石膏，便可磨制成水泥。

锶水泥的密度大于硅酸盐水泥，其防 γ 射线的功能虽比硅酸盐水泥好，但较钡水泥稍差。

第十四章　无熟料水泥

　　无熟料水泥在中国水泥行业是指不需经过煅烧而制成的水硬性胶凝材料。这类水泥是用天然的或人造的活性材料、激发剂和硬化剂等原料，按一定比例调配，经粉磨而制成。采用不同的原料可制成不同品种的无熟料水泥。自 20 世纪 50 年代以来，中国研究开发的无熟料水泥主要有四种，即石灰火山灰质水泥、石膏矿渣水泥、碱矿渣水泥和地聚水泥。

第一节　石灰火山灰质水泥

　　石灰火山灰质水泥是用火山灰质材料和碱性激发剂共同磨制而成。火山灰质材料有凝灰岩、火山灰、页岩、煤矸石、粘土、电厂粉煤灰和回转窑窑灰等。碱性激发剂是石灰，包括生石灰和消石灰，掺入量一般为 10%～30%。不同的火山灰质材料配制成不同品种的石灰火山灰质水泥。在全国各地曾生产和推广的石灰火山灰水泥有以下品种：

　　（1）石灰烧粘土水泥，由在 800～1000℃煅烧过的粘土与石灰混合粉磨而成；

　　（2）石灰页岩水泥，由自然的或人工煅烧的页岩与石灰混合磨制而成；

　　（3）石灰火山灰水泥，由天然火山灰与石灰共同粉磨而成；

　　（4）石灰煤矸石水泥，由自燃煤矸石与石灰混合粉磨制成；

　　（5）石灰粉煤灰水泥，用电厂粉煤灰与石灰制成；

　　（6）石灰炉渣水泥，用燃煤炉渣与石灰粉磨而成；

　　（7）石灰窑灰水泥，用回转窑窑灰与石灰混合而成。

　　石灰火山灰质水泥凝结硬化较慢，强度较低，大气稳定性较差，所以仅适用于一般的砌筑砂浆、潮湿环境条件和地下或水中的素混凝土工程。

　　天然的和煅烧的火山灰质材料，其组成上的共同点是都含有脱水后的偏高岭土（$Al_2O_3 \cdot 2SiO_2$）矿物或硅铝玻璃体。该矿物和硅铝玻璃体都具有活性，它们在水中遇到 $Ca(OH)_2$ 后会形成低碱度水化硅酸钙 C-S-H（Ⅰ），从而使水泥硬化并产生强度。然而，低碱度水化硅酸钙在大气中遇到 CO_2 会发生碳化，形成球状方解石，使水泥硬化体表面产生粉化现象和强度下降。所以，石灰火山灰质水泥的大气稳定性较差。

20 世纪 50 年代，在中国当时水泥奇缺，生产建设又急需水泥，政府建材部门曾一度在农村推广石灰火山灰质水泥，用于道路、晒场、水渠和农舍等建设。在使用中发现，这种水泥的大气耐久性较低，随着立窑水泥的发展，很快被淘汰。

第二节　石膏矿渣水泥

石膏矿渣水泥是由基础材料粒化高炉矿渣、激发剂石灰或水泥熟料和增强剂石膏混合粉磨而成的水硬性胶凝材料。石膏增强剂又称硫酸盐增强剂，所以石膏矿渣水泥又称硫酸盐矿渣水泥。

在 20 世纪 50 年代，中国建筑材料科学研究总院缪纪生、吴兆正和成希弼等对石膏矿渣水泥的物化理论、生产技术和性能与应用，做了大量研究开发工作，取得良好结果。1957 年到 1962 年间，石膏矿渣水泥曾在全国推广，用于多层房屋、桥梁和水坝等建设工程，取得了预期结果。进入 20 世纪 70 年代，随着通用硅酸盐水泥迅速发展，高炉矿渣资源愈加紧缺，甚至发展到被列入国家原材料资源的统配名单，按国家计划分配给各水泥企业。由于资源紧缺，加上性能方面的某些缺陷，石膏矿渣水泥虽然具有生产工艺简单和成本较低等优势，到 20 世纪 70 年代后期它开始逐渐淡出中国水泥品种名单。

石膏矿渣水泥目前在全国范围内虽已不再普遍使用，但它的物化理论、生产技术和使用经验，对利用地区性工业废渣、发展地方性无熟料或少熟料水泥具有重要价值和现实意义。例如，利用化铁炉渣、钢渣、铝渣、磷渣和铬铁渣等制造无熟料水泥或少熟料水泥[23]。

1. 水泥生产技术

石膏矿渣水泥是由粒化高炉矿渣、碱性激发剂和硫酸盐激发剂配制而成。硫酸盐激发剂一般采用天然硬石膏，也可采用在 600～

750℃温度下煅烧的无水石膏，两者对水泥性能的影响相似，差别不大。采用二水石膏作为激发剂时，水泥性能则会发生恶化。由于其溶解速度较快，与矿渣的溶出速度不能匹配，因此无法产生较高的强度性能。此外，二水石膏在粉磨时容易脱水，从而使水泥急凝。碱性激发剂有石灰和水泥熟料两种。有条件的企业一般都采用水泥熟料。采用水泥熟料作为碱性激发剂的水泥性能比石灰激发剂的要好得多。随着熟料掺量的增多，水泥性能会进一步改善，但生产成本要提高。石灰作为碱性激发剂时，无法解决石膏矿渣水泥固有的性能缺陷，并且掺量对水泥性能的影响非常敏感，过低时不起激发作用，过高时会使水泥强度下降。

石膏矿渣水泥配比因碱性激发剂的不同而有所区别。

熟料激发剂的矿渣水泥配比：

高炉矿渣　　　　～80％；

无水石膏　　　　～15％；

熟　　料　　　　～5％。

石灰激发剂的矿渣水泥配比：

高炉矿渣　　　　～83％；

无水石膏　　　　～15％；

石　　灰　　　　～2％。

石膏矿渣水泥是由粒化高炉矿渣、硬石膏和熟料或石灰磨制而成。在 20 世纪 70 年代，都是采用管磨作为粉磨设备，先分别粗磨、后混合细磨的二级粉磨工艺。需要指出的是，粉磨矿渣的设备当前应选用辊式磨或辊压磨，可以大幅度节省能耗。

石膏矿渣水泥的粉磨细度对性能有很大影响，一般控制在比表面积 $400\sim500m^2/kg$，比通用硅酸盐水泥的细度要高得多。确定水泥细度的主要根据是矿渣的活性和水泥性能的要求。

2. 粒化高炉矿渣

炼铁高炉排出的熔渣在自然条件下慢冷后便成块状矿渣。这种矿渣大都是由晶相矿物所组成。主要矿物是钙黄长石（C_2AS），另外有透辉石（$CaO \cdot MgO \cdot 2SiO_2$），硅酸二钙（$C_2S$），镁方柱石（$2CaO \cdot MgO \cdot 2SiO_2$），钙镁橄榄石（$CaO \cdot MgO \cdot 2SiO_2$），硫化锰

（MnS）和硫化铁（FeS）等。这些矿物中除硅酸二钙有较弱活性外，其他在常温水中都属惰性矿物。所以，慢冷块状矿渣的活性很低。

为提高活性，对炼铁高炉排出的熔渣进行水淬粒化处理，制成粒化高炉矿渣。这种急冷矿渣与慢冷矿渣的基本区别是前者主要由玻璃体所组成。玻璃体具有活性，在激发剂的作用下发生水化反应，产生水硬性胶结性能。

我国大多数钢铁厂的粒化高炉矿渣化学组成范围如下：

CaO	$27\% \sim 44\%$；
SiO_2	$32\% \sim 43\%$；
Al_2O_3	$5\% \sim 25\%$；
MgO	$4\% \sim 8\%$；
MnO	$0.2\% \sim 1.0\%$；
FeO	$0.1\% \sim 4.0\%$；
S	$0.8\% \sim 2.0\%$。

按化学成分评价粒化高炉矿渣质量，一般采用下列三个成分指数：

（1）碱性指数 M_0

$$M_0 = \frac{w(CaO) + w(MgO)}{w(SiO_2) + w(Al_2O_3)}$$

式中，$w(CaO)$、$w(MgO)$、$w(SiO_2)$ 和 $w(Al_2O_3)$ 表示相应氧化物的质量分数。$M_0 > 1$ 的矿渣称碱性矿渣，$M_0 = 1$ 的矿渣称中性矿渣，$M_0 < 1$ 的矿渣称酸性矿渣。M_0 愈大，矿渣活性愈高。生产石膏矿渣水泥宜采用碱性矿渣，可获得较好的性能指标。不过，通过调整水泥组成和细度也可采用酸性矿渣，但所得性能要差些。

（2）活性指数 M_a

$$M_a = \frac{w(Al_2O_3)}{w(SiO_2)}$$

活性指数 M_a 是表示矿渣中高活性组分与低活性组分之间的比例，从氧化铝含量一个方面来评价矿渣的质量。M_a 值愈大，矿渣活性愈高。

在通常情况下，同时采用 M_0 和 M_a 来判断矿渣的质量，M_a 大的碱性矿渣能改善水泥早期强度，最受用户欢迎。

（3）质量系数 K

$$K = \frac{w(CaO) + w(MgO) + w(Al_2O_3)}{w(SiO_2) + w(MnO) + w(TiO_2)}$$

质量系数 K 是表示矿渣中活性组分与低活性组分加惰性组分之间的比例，在更大的组分范围内综合判断矿渣的质量。K 值愈大，矿渣活性愈高。GB/T 203—2008 国家标准规定，K 值大于 1.2 的矿渣方能用于水泥生产，优等品位矿渣的 K 值必须大于 1.6。

石膏矿渣水泥所用的粒化高炉矿渣要符合现行国家标准的规定。

3. 水泥水化理论

石膏矿渣水泥遇水后，矿渣中的钙硅铝玻璃体在碱性激发剂的作用下加速溶解，离析出 Ca^{2+}、Al^{3+} 和 SiO_4^{2-} 等离子，同时石膏也溶解出 Ca^{2+} 和 SO_4^{2-} 离子。这些离子相互作用，发生化学反应，形成水化产物。新的水化物进行聚沉、发育和长大，完成水泥的水化硬化过程。

水化产物主要是低碱度水化硅酸钙 C-S-H（I）凝胶和高硫型水化硫铝酸钙（$C_3A \cdot 3CaSO_4 \cdot 32H_2O$）晶体。这些凝胶和晶体的互相结合，构成石膏矿渣水泥具有自己特点的水化硬化体物相组成。与石灰火山灰质水泥不同，石膏矿渣水泥的水化物相，不仅有低碱度水化硅酸钙，还有起增强作用的高硫型水化硫铝酸钙，因此使水泥硬化体性能具有自己的特点。

4. 水泥性能

石膏矿渣水泥具有较高的强度性能指标。1957 年到 1962 年推广时，工厂生产的水泥标号都是 400 号到 500 号，有的甚至达到 500 号以上。

石膏矿渣水泥的性能特点是水化热很低，而且抗渗性和抗硫酸盐侵蚀性较好。按这个性能特点，石膏矿渣水泥适用于大体积混凝土工程、水利工程和地下工程。

然而，石膏矿渣水泥硬化体的大气稳定性差，在干空气中会发生表面"起砂"现象。与石灰火山灰质水泥一样，这是由于水化物中低碱度水化硅酸钙与大气中 CO_2 发生反应后形成球状方解石。这个缺点也影响了石膏矿渣水泥的推广应用。

第三节　碱矿渣水泥

碱矿渣水泥是以粒化高炉矿渣为基础材料，用 NaOH 和水玻璃等作为激发剂的一种水硬性胶凝材料。可见，碱矿渣水泥与石膏矿渣水泥的区别在于激发剂不同，前者采用单价较贵的强碱性激发剂，后者则采用单价较低、碱度较弱的激发剂。

碱矿渣水泥是在 20 世纪 60 年代由前苏联学者开发出的水泥新品种。此后，一些东欧国家也有此类研究结果的报道。20 世纪 70 年代到 80 年代，我国建材、冶金和建工等部门的科研单位和高等院校开展了碱矿渣水泥的大量研究开发工作，也进行过小型工程试用，然而至今未见其推广应用。

制作碱矿渣水泥时，粒化高炉矿渣须先经磨细，细度控制在比表面积为 $300\sim400m^2/kg$。高炉矿渣也可用磷矿渣、铜渣和钢渣等工业废渣取代。强碱性激发剂除 NaOH 和水玻璃外，还可采用 Na_2CO_3 和固体 Na_2SiO_3 等，激发剂的掺入量一般是以 Na_2O 计为矿渣的 3%～6%。NaOH 吸湿性很强，水玻璃呈液态，采用这两种激发剂时，碱矿渣水泥的制备方法是在工地或制品厂现场搅拌细磨矿渣粉，然后制作成砂浆或混凝土。采用 Na_2CO_3 或固体 Na_2SiO_3 作为激发剂时，可选择共同粉磨粒化高炉矿渣的制备方法。不过，此法的包装要求较高，必须严防吸湿和碳化变质。碱矿渣水泥最常见的生产方法是现场搅拌粒化高炉矿渣细粉和水玻璃。

碱矿渣水泥具有较高的抗压强度。在一般工艺条件下配制的混凝土，其 28d 抗压强度可达 50～70MPa，1 年可达 70～100MPa。此外还有良好抗渗性能和抗冻性能。抗渗指标可达 1～3MPa，冻融循环可达 300～1000 次。然而，碱矿渣水泥在性能上具有致命的缺点。在干空气中收缩性很大，抗折强度倒缩；表面易产生 NaOH 碳化，使表面硬化不良，以及泛碱现象[23]。

碱矿渣水泥的性能特点与其水化机理密切相关。

前述两种无熟料水泥所用碱性激发剂都是石灰或水泥熟料。在水化过程中，从石灰或熟料中析出的 $Ca(OH)_2$ 对主要组分火山灰质成分或矿渣中的钙硅铝玻璃体进行激发，产生水化产物。这样的化学过程称为 Ca(OH)$_2$ 型激发。碱矿渣水泥所用碱性激发剂是 NaOH、Na$_2$CO$_3$ 和水玻璃等。在水化过程中，从这些激发剂中都析出 NaOH，它对矿渣进行激发，生成水化产物，这种化学反应称为 NaOH 型激发。NaOH 碱度比 Ca(OH)$_2$ 高，NaOH 饱和溶液的 pH 值是 13.5，Ca(OH)$_2$ 饱和溶液的 pH 值是 12.45，所以，NaOH 型激发作用比 Ca(OH)$_2$ 强烈。在同一种基础材料——矿渣的条件下，NaOH 型激发作用产生的水化产物数量和相组成与 Ca(OH)$_2$ 型激发相比必然有着显著区别。碱矿渣水泥水化机理属 NaOH 型激化，形成具有自己特点的水泥石相组成和结构，于是反应出高强度和高收缩等的性能特征。

据报道，碱矿渣水泥在前苏联和东欧国家应用于制造预制件、砌块、海港工程和道路工程等，但以后未见其推广应用。碱矿渣水泥之所以未能在国内外推广，既有激发剂价格高和高炉矿渣稀缺等经济因素，也有性能缺陷等技术因素。

第四节　地聚水泥

地聚水泥是 20 世纪 70 年代法国 Davidovits 教授开发出的水泥新品种。后来，在英国、美国和加拿大等国都有这类水泥的研究情况报道。地聚水泥曾引起我国水泥学术界的重视。一些高等院校对其开展了大量研究工作，还召开过专题报告会，加深了对这种水泥的认识。

该水泥的英文名称叫 Geopolymeric Cement，按原意的译名为地质聚合水泥，简称地聚水泥。按主要成分，地聚水泥是无熟料水泥系列中的一个品种。无熟料水泥系列各品种主要组成示于表 14-1。

表 14-1　无熟料水泥系列各品种组成示意表

水泥名称	基础组分		激发剂	
	火山灰质材料	矿渣材料	Ca(OH)$_2$ 型激发剂	NaOH 型激发剂
石灰火山灰水泥	√		√	
石膏矿渣水泥		√	√	
碱矿渣水泥		√		√
地聚水泥	√			√

从表 14-1 可看到，无熟料水泥组分主要是基础组分和激发剂。基础组分有两种：一种是火山灰质材料，来源于火山灰、煅烧高岭土和粉煤灰等，其活性成分是偏高岭土和硅铝玻璃体；第二种是矿渣材料，来源于粒化高炉矿渣、粒化钢渣和磷渣等，活性成分是钙硅铝玻璃体。无熟料水泥的激发剂也有两种：一种是 $Ca(OH)_2$ 型激发剂，如石灰、水泥熟料等；第二种是 NaOH 型激发剂，如 NaOH、水玻璃等。基础组分与激发剂的不同配置可制成各种无熟料水泥品种。石灰火山灰水泥主要由火山灰质材料与 $Ca(OH)_2$ 型激发剂组成；石膏矿渣水泥主要由粒化高炉矿渣与 $Ca(OH)_2$ 型激发剂组成；碱矿渣水泥主要由粒化高炉矿渣与 NaOH 型激发剂组成；地聚水泥主要由火山灰质材料与 NaOH 型激发剂组成。在无熟料水泥系列各品种的比较中可看到，地聚水泥与碱矿渣水泥相比，基础组分不同而激发剂属相同类型；与石灰火山灰水泥相比，激发剂类型不同，但基础组分相同。地聚水泥与其他无熟料水泥品种在组成上都有着密切关系，据此将它定位于无熟料水泥系列的一个品种是有充分理由的。

据报道，地聚水泥的基础组分大都采用煅烧高岭土、火山灰和粉煤灰等，NaOH 型激发剂采用 NaOH、Na_2CO_3 和水玻璃等。有些报道中基础组分还采用高炉矿渣，这种水泥应属碱矿渣水泥。地聚水泥组成中除基础组分和 NaOH 型激发剂外还采用增强剂，正如石膏矿渣水泥采用石膏增强剂一样。地聚水泥组成中的增强剂有硅灰、氟硅铝酸钠和低钙硅比水化硅酸钙等。

据介绍，地聚水泥具有很好的强度性能，4d 抗压强度达 20MPa，28d 抗压强度可达 100MPa。抗渗性和耐腐蚀性都很优秀，水化热很低。这种水泥已在一些特殊工程中试用，如用于耐腐管道、有害废弃物固化、建筑物保护和抢修工程等。但是在各种文献资料中，尚未见到关于地聚水泥耐久性和用于建筑结构工程上的报道。地聚水泥尚处于研究开发阶段，是否具有像通用硅酸盐水泥那样普遍推广应用的前景尚不明朗。

结　束　语

以特种水泥和通用硅酸盐水泥为主要产品的水泥工业是现代文明的重要部分，在今后可预见的日子里将继续造福于人类。

在当今人类社会可持续发展进程中，特种水泥的应用将更加广泛，新品种将不断产生，发展前景十分美好。

参 考 文 献

[1] H. F. W. Taylor. The Chemistry of Cements [M]. Academic Press, London and New York, 1964.

[2] F. M. Lea. 水泥与混凝土化学. 3 版 [M]. 唐明述，杨南如，胡道和等，译. 北京：中国建筑工业出版社，1980.

[3] 沈威，黄文熙，闵盘荣. 水泥工艺学 [M]. 北京：中国建筑工业出版社，1986.

[4] 王燕谋，苏慕珍，张量. 硫铝酸盐水泥 [M]. 北京：北京工业大学出版社，1999.

[5] В. Н. 容克，Ю. М. 布特，В. ф. 茹拉夫辽夫，С. Д. 奥克拉可夫. 胶凝物质工艺学 [M]. 莫斯科：国立建筑材料文献出版社，1952.（俄文版）

[6] 成希弼，吴兆琦. 特种水泥的生产及应用 [M]. 北京：中国建筑工业出版社，1994.

[7] 建材工业技术监督研究中心，中国标准出版社第五编辑室. 建筑材料标准汇编 水泥. 4 版 [M]. 北京：中国标准出版社，2008.

[8] 成希弼. 从三峡工程看我国中热和低热水泥的质量 [N]. 中国建材报，2002-11-13.

[9] 隋同波，文寨军，王晶. 混凝土技术丛书：水泥品种与性能 [M]. 北京：化学工业出版社，2006.

[10] 韩建国，陈馥. 美俄油井水泥标准中理化指标及差异性研究 [J]. 水泥工程，2008（6）.

[11] 钱荷雯，尹成东，刘昌和，王燕谋. 酒石酸和 CMC 对水泥矿物水化凝结过程的作用 [J]. 硅酸盐学报，1966，5（2）.

[12] 王燕谋. 在压蒸处理不同组成水泥时形成水化硅酸钙的某些工艺参数 [D]. 俄国圣彼德堡建筑大学，1962.（俄文版）

[13] Н. А. 托洛波夫. 水泥化学 [M]. 莫斯科：国立建筑材料文献出版社，1956.（俄文版）

[14] 杨斌. 水泥标准汇编 [M]. 北京：中国标准出版

社，1993.

[15] 刘寿绵，赵李，刘宝良. 亚洲最大年产 60 万吨白水泥生产线建成投产 [J]. 中国水泥，2010 (8).

[16] 艾军，肖全贵，李振兴，刘寿绵. 阿尔博安庆白水泥生产线设计与回顾 [J]. 中国水泥，2011 (10).

[17] 傅智. 高速公路水泥混凝土路面对水泥的技术要求 [J]. 中国水泥，2002 (12).

[18] 水泥与混凝土研究论文选（1954－1984）[M]. 北京：建筑材料科学研究院水泥科学研究所，1984.

[19] 中国建材工业规划研究院. 中国特种水泥工业 [M]. 北京：中国科学技术出版社，1991.

[20] 张传行. 干法窑煅烧硫铝酸盐水泥熟料 [J]. 水泥技术，2010 (2).

[21] 张传行. 小型回转窑转产硫铝酸盐水泥 [J]. 中国水泥，2009 (8).

[22] 刁江京，辛志军，张秋英. 硫铝酸盐水泥的生产与应用 [M]. 北京：中国建材工业出版社，2006.

[23] 胡曙光，等. 特种水泥 [M]. 武汉：武汉工业大学出版社，1999.

[24] 中国硅酸盐学会. 硅酸盐辞典 [M]. 北京：中国建筑工业出版社，1984.